成人教育/网络教育系列规划教材

计算机文化基础

Computer Culture Foundation

周　勇　孙雷军◎主　编

人民交通出版社股份有限公司
China Communications Press Co.,Ltd.

内 容 提 要

全书共分为7章，主要内容包括：计算机基础知识、Windows 7操作系统、文字处理软件Word 2007、电子表格软件Excel 2007、演示文稿制作软件PowerPoint 2007、计算机网络及网络安全、实践应用技巧。本书既注重理论知识，又关注实际操作，书后配有练习以巩固学生对知识点的掌握。

本书适合作为高等学校成人教育学生“计算机文化基础”课程教材，也可作为社会上计算机应用的培训教材以及从事广大成人工作者学习计算机的参考。

图书在版编目(CIP)数据

计算机文化基础／周勇，孙雷军主编．—北京：人民交通出版社股份有限公司，2015.1

ISBN 978-7-114-11985-9

Ⅰ.①计…　Ⅱ.①周…②孙…　Ⅲ.①电子计算机—基本知识　Ⅳ.①TP3

中国版本图书馆CIP数据核字(2015)第012262号

成人教育/网络教育系列规划教材

书　　名： 计算机文化基础
著 作 者： 周　勇　孙雷军
责任编辑： 王　霞　谢海龙
出版发行： 人民交通出版社股份有限公司
地　　址： (100011)北京市朝阳区安定门外外馆斜街3号
网　　址： http://www.ccpress.com.cn
销售电话： (010) 59757973
总 经 销： 人民交通出版社股份有限公司发行部
经　　销： 各地新华书店
印　　刷： 北京市密东印刷有限公司
开　　本： 787×1092　1/16
印　　张： 17
字　　数： 350千
版　　次： 2015年3月　第1版
印　　次： 2016年12月　第2次印刷
书　　号： ISBN 978-7-114-11985-9
定　　价： 38.00元

成人教育/网络教育教学资源及教材建设
专 家 委 员 会

出版说明

随着社会和经济的发展，个人的从业和在职能力要求在不断提高，使个人的终身学习成为必然。个人通过成人教育、网络教育等方式进行在职学习，提升自身的专业知识水平和能力，同时获得学历层次的提升，成为一个有效的途径。

当前，我国成人及网络教育的学生多以在职学习为主，学习模式以自学为主、面授为辅，具有其独特的学习特点。在教学中使用的教材也大多是借用普通高等教育相关专业全日制学历教育学生使用的教材，因为二者的生源背景、教学定位、教学模式完全不同，所以带来极大的不适用，教学效果欠佳。总的来说，目前的成人及网络教育，尚未建立起成熟的适合该层次学生特点的教材及相关教学服务产品体系，教材建设是一个比较薄弱的环节。因此，建立一套适合其教育定位、特点和教学模式的有特色的高品质教材，非常必要和迫切。

《国家中长期教育改革和发展规划纲要（2010—2020年）》和《国家教育事业发展第十二个五年规划》都指出，要加大投入力度，加快发展继续教育。在国家的总体方针指导下，为推进我国成人及网络教育的发展，提高其教育教学质量，人民交通出版社特联合一批高等院校的继续教育学院和相关专业院系，成立了“成人及网络教育系列规划教材专家委员会”，组织各高等院校长期从事成人及网络教育教学的专家和学者，编写出版一批高品质教材。

本套规划教材及教学服务产品包括：纸质教材、多媒体教学课件、题库、辅导用书以及网络教学资源，为成人及网络教育提供全方位、立体化的服务，并具有如下特点：

(1)系统性。在以往职业教育中注重以“点”和“实操技能”教育的基础上，在专业知识体系的全面性、系统性上进行提升。

(2)简明性。该层次教育的目的是注重培养应用型人才，与全日制学历教育相比，教材要相应地降低理论深度，以提供基本的知识体系为目的，“简明”“够用”即可。

(3)实用性。学生以在职学习为主，因此要能帮助其提高自身工作能力和加强理论联系实际解决问题的能力，讲求“实用性”。同时，教材在内容编排上更适合自学。

作为从我国成人及网络教育实际情况出发，而编写出版的专门的全国性通用教材，本套教材主要供成人及网络教育土建类专业学生教学使用，同时还可供普通高等院校相关专业的师生作为参考书和社会人员进修或自学使用，也可作为自学考试参考用书。

本套教材的编写出版如有不当之处，敬请广大师生不吝指正，以使本套教材日臻完善。

人民交通出版社股份有限公司

成人教育/网络教育教学资源及教材建设专家委员会

前言

随着信息社会的不断发展和进步，计算机已经成为当前人们工作和生活的重要工具，掌握计算机的基本知识和一定的操作技能已经成为未来工作和生活的重要能力之一。

计算机基础教育在计算机教学基本课程中占据着重要的地位，是培养学生良好的信息素养以适应未来信息社会发展需要的平台和桥梁，是一项面向现代化、面向未来的基础教育。

本书强调计算机知识的基础性和实用性，着重于培养学生的信息知识和信息处理能力。通过本书引导的计算机基础课程学习，学生不仅可以掌握计算机、网络等基础知识，而且可以为未来在工作中的实践应用打下良好的基础。

全书共分为7章，主要内容包括：计算机基础知识、Windows 7 操作系统、文字处理软件 Word 2007、电子表格软件 Execl 2007、演示文稿制作软件 PowerPoint 2007、计算机网络及网络安全、实践应用技巧。本书既注重理论知识，又关注实际操作，书后配有练习以巩固学生对知识点的掌握。

由于作者水平有限，书中疏漏和不足之处在所难免，恳请广大读者及专家不吝赐教。

编　者

2014年10月

目录

第1章 计算机基础知识

本章要点

- □ 了解计算机的基本概念和基础知识。
- □ 明确计算机硬件系统、软件系统及它们之间的相互关系。
- □ 掌握微型计算机系统的基本组成并了解各部分的功能。
- □ 掌握计算机的基本操作及正确使用。

本章介绍计算机最基本的知识，包括计算机的发展、分类、应用领域；计算机信息的存储，系统的组成及功能；计算机的基本使用操作等。通过学习本章，学生能从整体上了解计算机的基本功能和基本原理，对计算机有一定的认识。

1.1 绪论

1.1.1 计算机的概述

在人类发展的历史过程中,计算机的出现具有极其重要的意义,它使人们传统的工作、学习、日常生活甚至思维方式都发生了深刻变化。对于计算机本身来说,既是科学技术和生产力发展的结果,同时又大大地促进了科学技术和生产力的发展。

计算机是一种能自动、高速、精确地进行信息存储和信息处理的电子设备。它可以执行人们事先为它编写好的程序,对输入的信息进行一系列的加工处理、存储或者传送,输出人们想要的信息。在这一点上,计算机与人脑有相似之处,所以计算机也被称为“电脑”。

1.1.2 计算机的问世及其发展

1. 计算机的问世

在人类社会发展的过程中,需要不断完成越来越复杂的计算,由此发明了许多功能越来越强的计算工具,算盘便是其中之一。

到了近代,传统的计算工具已不能满足科学计算的需要了。比如为了研制更先进的武器,需要一种计算工具来完成诸如高阶矩阵,复杂的数学物理方程等大型运算。为此,美国宾夕法尼亚大学莫尔学院和阿伯丁弹道研究所共同提出并草拟了一项研制一台电子数字计算机的计划。该计划很快得到了美国军方的支持,并定名为“电子数值积分计算机”(Electronic Numerical Integrator And Computer,简称 ENIAC)。

ENIAC 和现在的计算机相比显得很笨拙。它由 18000 多只电子管、10000 多只电容器、70000 多个电阻组成,重达 30t。此外,它的造价也很昂贵,高达 40 万美元。虽然存在很多缺点,但它的意义是空前的——人类社会从此进入了电子计算机时代。ENIAC 的出现被人们称为第四次科技革命的开端。

与此同时,美籍匈牙利科学家冯·诺依曼也在为美国军方研制电子离散变量自动计算机(Electronic Discrete Variable Automatic Computer, EDVAC)。在 EDVAC 中,冯·诺依曼采用了二进制数,并创立了“存储程序式”的设计思想。EDVAC 也被认为是现代计算机的原型。

2. 计算机的发展过程

计算机自诞生之后一直发展迅猛,更新换代快速而频繁。其中,电子器件的变更起到了决定性的作用,是计算机换代的主要标志。人们按照计算机采用的电子器件的不同,将其发展过程分为四个阶段,习惯上称为四代。两代计算机之间在时间轴上有一定的重叠。每一个阶段在技术上都是一次新的突破,在性能上都是一次巨大的飞跃。

(1)第一代计算机(1946~1957 年)

这一代的计算机采用的逻辑元件是电子管,称为电子管计算机,主要用于科学计算。其主要特点有:

①由于电子管体积大、功耗高、反应速度慢且寿命短,所以这一代计算机体积庞大,耗电

量高,可靠性差,维护困难,计算速度慢(1000～10000 次/s),而且造价也高得惊人。

②采用延迟线或磁鼓作为内存储器,外存储器采用磁带机,容量有限。

③没有系统软件,用的是机器语言和符号语言编程;输入输出设备简单,采用穿孔带或卡片输出结果。

(2)第二代计算机(1958～1964 年)

其主要逻辑元件采用晶体管,称为晶体管计算机。在这个时期,计算机的应用领域不断扩大,除科学计算外,还用于数据处理和事务管理。其主要特点有:

①速度和可靠性较第一代都有明显改善,运算速度达到每秒几万次到几十万次,体积、重量、功耗、造价都有大幅度下降。

②内存储器普遍采用磁芯,具有存取速度快、成本低、非易失性好等优点。磁盘开始作为外存储器,容量大大提高。

③计算机语言出现了如 FORTRAN、COBOL 和 ALGOL60 等高级程序设计语言,批处理系统也开始出现。此外,提出了操作系统的概念——系统管理程序。

(3)第三代计算机(1965～1971 年)

在这个阶段,中小规模的集成电路逐渐成为制造计算机逻辑元器件的材料。此时计算机的应用范围已扩大到企业管理、辅助设计和辅助系统领域。其主要特点有:

①速度和稳定性较第二代计算机有了更大程度的提高,计算速度可达每秒几百万次,而体积、重量、功耗大幅度下降。

②存储器普遍采用半导体存储器,存储容量进一步提高,可靠性和存取速度也有了明显改善。

③高级程序设计语言进一步发展,产生了标准化的高级程序设计语言和人机会话式的 BASIC 语言。系统管理程序上升为操作系统,使计算机功能更强,应用范围更广。

(4)第四代计算机(1972 年至今)

集成电路在这个阶段得到了巨大的发展并沿用至今,先后采用了大规模集成电路(Large Scale Integration,简称 LSI)和超大规模集成电路(Very Large Scale Integration,简称 VLSI)制作计算机逻辑元器件、内部存储器。计算机应用领域更广泛。其主要特点有:

①与第三代计算机相比,第四代计算机体积更小,可靠性更强,寿命更长。运算速度达到每秒几千万次到几十亿次。

②软件配置空前丰富,存储容量和可靠性大幅度提高,外存储器除了使用软硬磁盘外,还引进了光盘。

③在操作系统方面,发展了并行处理技术和多机系统;结构化、模块化的程序设计思想开始被提出;各种方便的输入输出设备相继出现,如鼠标、图像扫描仪、打印机等。

1.1.3 计算机的分类

在时间轴上,“分代”代表了计算机纵向的发展,而“分类”说明计算机横向的发展。计算机按照功能可分为专用计算机和通用计算机。前者是针对某一特定领域而专门设计的计算机,如工业控制机、卫星图像机等;而后者是面向多种应用领域和算法的计算机。本书提到的计算机都是指通用计算机。

目前国际上沿用的分类方法是根据美国电气和电子工程师协会(IEEE)于1989年11月提出的标准,把计算机划分为巨型机、小巨型机、大型机、小型机、工作站和个人计算机六类。

(1)巨型机

巨型机(Super Computer)是计算机中性能最高、功能最强、占地最大、价格最贵、具有巨大数据计算能力和数据信息处理能力的计算机,主要用于国防、经济等顶尖技术方面,以及需要超高速大型计算任务的领域,如国家科学院、国家气象局等。目前只有少数几个国家的少数几家公司(如美国的IBM公司、Cray公司)能够生产巨型机。它的研制往往代表了一个国家的科技水平。

(2)小巨型机

小巨型机(Mini Super Computer)是小型超级计算机,或称为桌上型超级计算机,出现于20世纪80年代中期,其功能略低于巨型机,可满足一些有较高应用需求的用户。

(3)大型机

大型机(Mainframe)也有很强的运算能力和很大的存储容量,并有着丰富的外部设备,内存达1GB以上,整机运算速度高达30亿次/s,具有很强的数据处理和管理能力。主要应用于大银行、大公司和规模较大的科研院所。

(4)小型机

小型机(Mini Computer)的性能较好,价格便宜,设计研制周期短,便于及时采用先进工艺,可靠性高,对运行环境要求低,易操作且便于维护,因此是应用领域相对广泛的计算机,如用在工业自动控制、大型分析仪器等。

(5)工作站

工作站(Workstation)是介于PC与小型机之间的一种高档微型计算机,是20世纪70年代后期出现的一种新型计算机系统。它运算速度比微型计算机快,且有较强的联网功能。主要用于特殊的专业领域,如图像处理、计算机辅助设计等。

(6)个人计算机

通常所说的微型机一般就是指个人计算机(Personal Computer,PC)。它是20世纪70年代出现的新机种,具有设计先进、软件丰富、体积小、价格低、操作方便等优点。随着Windows操作系统的出现和发展,PC机已经成为人们最常用的计算机。目前,个人计算机已深入到社会的各个领域,其款式也从台式发展到膝上型、笔记本型及掌上型等。

1.1.4 计算机的应用

计算机可以说是20世纪人类科学发展最大的成就之一,可以看到,它的应用已经广泛而深入地渗透到人类社会的各个领域,服务于科研、生产、交通、商业、国防、卫生等方面。计算机的用途主要表现在以下几个方面。

(1)科学计算

科学计算又称数值计算,是计算机应用最早也是最基本的领域之一,主要是指利用其完成和解决科学研究以及工程技术中的数学计算问题。这一应用,也改变了一些学科的研究方法,比如出现了计算物理、计算化学、生物控制论等新学科,它应用于一些尖端的科学领域中解决复杂的数值问题更为重要，例如人造卫星的轨迹计算、桥梁强度计算、天气预报等。

(2)数据及事务处理

数据及事务处理也称为信息管理，泛指非数值和科技方面的计算处理。其主要特点是原始数据处理量大，并有很多的逻辑判断，结果常以表格或图形形式输出，如各类资料的管理、查询、统计，银行日常账务管理等。

数据及事务处理是目前离人类生活最近、也是应用最广泛的领域。

数据处理与科学计算的不同之处在于，科学计算主要偏重于数值型数据大量、高速、精确的数学计算，而数据处理中的数据不仅有大量的数值型数据，还可以有文字、图形、图像、音频、视频等多种类型的数据。此外，它对数据的处理偏重的不是计算，而是收集、整理、检索、排序、存储等。

(3)自动控制

自动控制又称为过程控制、实时控制，主要是利用计算机的高速、高精度等特性，让事先编写好的程序运行在工业领域中实现生产自动化的应用。计算机在这方面的应用，不但使人类从繁重的工作中解脱出来，而且还可以大大提高产品质量及合格率，如对生产和实验设备及其过程进行控制，可提高其实时性和准确性，提高劳动效率和产品质量，缩短了生产周期。特别是在国防和航空航天领域里，计算机起了决定性的作用。

(4)计算机辅助工程

计算机辅助工程是近几年来迅速发展的一个应用领域，它包括计算机辅助设计(Computer Aided Design，CAD)、计算机辅助制造(Computer Aided Manufacturing，CAM)、计算机辅助教学(Computer Assisted Instruction，CAI)等方面。计算机辅助设计是设计人员利用计算机协助进行优化设计。计算机辅助制造是制造人员利用计算机协助进行生产设备的管理、控制和操作。目前，在电子、机械、造船、航空、建筑等领域都有这两方面相结合的应用，从而可以提高设计质量，缩短设计周期，提高自动化水平。计算机辅助教学是利用计算机的功能程序把教学内容变成软件，特点是使教学生动、活泼、形象，能模仿、虚构场景，从而使学生可以在计算机上学习，激发了他们的学习兴趣，同时提高了教学效率。

(5)计算机网络

计算机网络(Computer Network)是计算机技术和通信技术相结合的产物，其目标是资源共享。目前，利用通信卫星群和光导纤维构成的计算机网络已把全球上的大多数国家联系在一起，从根本上改变了人类感知世界、与人交流的方法，把人们从被动地接受知识变为主动地查询所关心的事件。

(6)人工智能

人工智能(Artificial Intelligence)是计算机应用的一个全新的领域，主要是指利用计算机模拟人的某些智能活动。它不但要求计算机具备很高的运算速度，还要求具备对已有的数据、经验、原则等进行逻辑推理和总结的功能，并且可以利用已有的经验和积累对当前事件进行逻辑推理和判断。目前，其应用主要体现在机器人、专家系统和模式识别三个方面。

此外，计算机的应用领域也遍及到例如娱乐和文化教育、产品艺术造型设计、电子商务等方面。

1.2 计算机系统构成概述

1.2.1 计算机系统的基本构成和工作原理

计算机系统包括硬件系统(Hardware)和软件系统(Software)。硬件系统是指构成计算机的物理实体,是能够收集、加工、处理数据及数据输出的设备和部件总和。而软件系统是指为了运行、管理计算机所编制的各种程序和数据及有关资料的总和。用一个形象的比喻,把你的录音机看作是硬件,那些音乐磁带则是软件。两者是互相协同工作,不可分割的。

计算机的基本工作原理可以概括为存取程序和程序控制。存取程序是指将事先编好的程序和处理中所需要的数据通过输入输出设备输入到内存储器中。程序控制是指从内存储器中逐条读取程序中的指令,执行每条指令相对应的操作,并将结果送回至存储器中。

1.2.2 计算机系统的硬件构成

计算机一般由五大部分组成的,分别为运算器、存储器、控制器、输入设备和输出设备。

1. 运算器(Arithmetic Logic Unit,ALU)

运算器又称为算术逻辑单元,是计算机用来进行数据运算的部件。数据运算包括算术运算和逻辑运算。

2. 存储器(Memory)

存储器是计算机系统中的记忆设备,用来存放程序和数据。

3. 控制器(Controller)

控制器是计算机的控制系统,负责从存储器中取出指令、确定指令类型,并负责向其他部件发出控制信号,保证各部件协调一致地工作。

4. 输入设备(Input Device)

输入设备是指向计算机输入各种数据、程序及各种信息的设备。常用的输入设备有鼠标、键盘等。

5. 输出设备(Output Device)

输出设备则是输出各种结果和数据的设备。典型的输出设备有显示器、打印机等。

1.3 计算机内的信息表示、存储及其他

1.3.1 数制相互转换及运算

1. 进位计数制

在计算机发展初期,冯·诺依曼根据电子元件双稳态的工作特点提出了二进制的思想,并预言二进制的采用将大大简化机器的逻辑线路,并在 ECVAC 的设计中采用了二进制(Binary)。二进制即“逢二进一”的计数制,只有 0 和 1 两个数码,在计算机里的实现可以采用电信号的两个状态表示(如电压的高低,脉冲的有无)。现实生活中,人们最熟悉的是十进

制，因此计算机的输入输出数据也要使用十进制；此外，为了编制程序的方便，还经常使用到八进制和十六进制。下面介绍这几种进位制。

（1）十进制（Decimal）

十进制有两个特点：采用0~9共10个阿拉伯数字符号，相邻两位之间为“逢十进一”或“借一当十”的关系。

我们把某种进位制所使用数码的个数称为该进位计数制的“基数”，数制中某一位上的“1”所表示的数值大小，称为该位的位权。位权是一个指数，以“基数”为底，其幂是数位的序号。数位的序号为以小数点为界，其左边的数位序号为0，向左每一位序号加一。由此，我们可以用一个按位权展开的多项式之和来表示任何一个十进制数，如387.64可表示为：

$$387.64 = 3 \times 10^2 + 8 \times 10^1 + 7 \times 10^0 + 6 \times 10^{-1} + 4 \times 10^{-2}$$

其中，从右向左，每一位对应的权值分别为10^{-2}，10^{-1}，10^0，10^1，10^2。

（2）二进制（Binary）

二进制的特点是：数码采用“0”和“1”，基数是2，相邻两位之间为“逢二进一”或“借一当二”的关系。

与十进制类似，它的位权可表示成“2^i”，其中2为基数，i为数位序号，取值法和十进制相同。所以任何一个二进制数都可以表示为按位权展开的多项式之和，如1011.01可表示为：

$$1011.01 = 1 \times 2^3 + 0 \times 2^2 + 1 \times 2^1 + 1 \times 2^0 + 0 \times 2^{-1} + 1 \times 2^{-2}$$

（3）八进制（Octal）

八进制的特点和上述的进制类似，其特点有：有八个数码0~7，基数是8，相邻两位之间为“逢八进一”或“借一当八”的关系。与十进制类似，它的位权可表示成“8^i”，任何一个八进制数都可表示为按位权展开的多项式之和，如2374.51可表示为：

$$2374.51 = 2 \times 8^3 + 3 \times 8^2 + 7 \times 8^1 + 4 \times 8^0 + 5 \times 8^{-1} + 1 \times 8^{-2}$$

（4）十六进制（Hexadecimal）

同样地，与上述进制数类似，十六进制用的数码有16个，除了0~9之外，又添加了6个字母符号A~F，分别可对应10~15，基数为16，相邻两位之间为“逢十六进一”或“借一当十六”的关系。

与十进制类似，它的位权可表示成“16^i”，任何一个十六进制数都可以表示为按位权展开的多项式之和，如数A5C1.F9可表示为：

$$A5C1.F9 = A \times 16^3 + 5 \times 16^2 + C \times 16^1 + 1 \times 16^0 + F \times 16^{-1} + 5 \times 16^{-2}$$

（5）任意的K进制

把上述的进制数可推广到K进制，K进制的数码共有K个，其基数是K，相邻两位之间为“逢K进一”或“借一当K”的关系。它的位权可表示成“K^i”，i为数位序号。任何一个K进制数都可以表示为按位权展开的多项式之和，表达如下：

$$D = \sum_{k=-\infty}^{\infty} A_k N^k$$

式中，N为基数，A_k为第K位上的数码，N^k为第K位上的位权。

2. 不同进制之间的转换

（1）二进制数、八进制数、十六进制数转换成十进制数

我们前面所介绍的按位权展开的多项式之和就是各进制数转换成十进制数的方法。

例如:

$$101.11 = 1\times2^2 + 0\times2^1 + 1\times2^0 + 0\times2^{-1} + 1\times2^{-2} = 4+0+1+0.5+0.25 = (5.75)_{10}$$

$$(674)_8 = 6\times8^2 + 7\times8^1 + 4\times8^0 = (444)_{10}$$

$$(3FD.5)_{16} = 3\times16^2 + F\times16^1 + D\times16^0 + 5\times16^{-1} = (1021.3125)_{10}$$

注:为了区别起见,利用括号并在右下角标上脚码来表示转换前后的不同进制,以下就不再重复说明。

(2)十进制数转换成二进制数

十进制数与非十进制数的转换需要分为整数和小数两个部分。

①整数部分。整数部分的转换方法是连续除2取余数,直到商数为零为止,最先得到的余数为最低位,最后得到的余数为最高位。

例如:将$(151)_{10}$转换成二进制数

除数	被除数	余数
2	151	余1
2	75	余1
2	37	余1
2	18	余0
2	9	余1
2	4	余0
2	2	余0
2	1	余1
	0	

所以,$(151)_{10} = (10010111)_2$

②小数部分。小数部分转换法是连续乘2,直到小数部分为零或已达到有效精度为止,最先得到的整数为最高位(最靠近小数点),最后得到的整数为最低位。

例如:将$(0.565)_{10}$转换为二进制数

```
  0.565
×     2
———————
  1.130    取整数1
  0.130
×     2
———————
  0.260    取整数0
×     2
———————
  0.520    取整数0
×     2
———————
  1.040    取整数1
```

所以,$(0.565)_{10} = (0.1001)_2$

注:在十进制的小数转换成二进制数的时候,可能会出现有理数变成无理数的情况,如$(0.2)_{10} = (0.0011)_2$。

对于既有整数部分又有小数部分的十进制数,可将其整数部分与小数部分分别转换为二进制数之后,再把两者连接起来。

(3)十进制数转换成八进制和十六进制数

对整数部分"连除基数取余"、对小数部分"连乘基数取整"的转换方法可以推广到十进制数到任意进制数的转换,所不同之处只在于基数的不同。八进制数的进位基数是8,十六进制数的进位基数是16。如将269转换为八进制数和十六进制数的计算如下:

除数	被除数	余数		除数	被除数	余数
8	269	余5		16	269	余13
8	33	余1		16	16	余0
8	4	余4		16	1	余1
	0				0	

所以，$(269)_{10}=(415)_8$，$(269)_{10}=(10D)_{16}$

（4）二进制数与八进制数的转换

①二进制数转换为八进制数。由于三位二进制数所能表示的也是 8 个状态，所以三位二进制数可对应一位八进制数，从而二进制数转换为八进制数可采用“三位并一位法”，即将二进制数从小数点开始整数部分从右向左三位为一组，不足部分在左边补零；小数部分从左向右三位一组，不足部分在右边补零。然后将各组的三位二进制数控权展开后相加，得到一位八进制数，最后将各位八进制数组合在一起得到对应的八进制数。

例如：将$(11101101.1011)_2$转换成八进制数

```
011 101 101.101 100
 ↓   ↓   ↓   ↓   ↓
 3   5   5 . 5   4
```

所以，$(11101101.1011)_2=(355.54)_8$

②八进制数转换为二进制数。八进制数转换为二进制数的方法为，以小数点为界，向左向右每一位八进制数用三位二进制数代替，然后依次连在一起即可（整数部分最高位的零和小数部分最低位的零省去）。

例如：将八进制数$(3416.5)_8$转换为二进制数

```
 3   4   1   6. 5
 ↓   ↓   ↓   ↓  ↓
011 100 001 110.101
```

所以，$(3416.5)_8=(11100001110.101)_2$

（5）二进制数与十六进制数的转换

二进制数与十六进制数的转换和二进制数与八进制数之间的转换相似。

①二进制数转换成十六进制数。因为二进制数与十六进制数之间存在$16^1=2^4$的关系，即四位二进制数对应着一位十六进制数。所以二进制数转换为十六进制数可采用“四位并一位法”，即将二进制数从小数点开始整数部分从右向左四位为一组，不足部分在左边补零；小数部分从左向右四位一组，不足部分在右边补零。

例如：将$(111011.001001)_2$转换成十六进制数

所以，$(111011.001001)_2=(3B.24)_{16}$

```
0011 1011. 0010 0100
 ↓    ↓     ↓    ↓
 3    B.    2    4
```

②十六进制数转换为二进制数。十六进制数转换为二进制数的方法为，以小数点为界，向左向右每一位十六进制数用四位二进制数代替，然后依次连在一起即可（整数部分最高位的零和小数部分最低位的零省去）。

例如：将$(4CD3.A2)_{16}$转换为二进制数

```
 4    C    D    3 .  A    2
 ↓    ↓    ↓    ↓    ↓    ↓
0100 1100 1101 0011. 1010 0010
```

所以，$(4CD3.A2)_{16}=(100110011010011.1010001)_2$

1.3.2 数据存储及在计算机中的表示

对计算机来说，所有能被接受和处理的符号的集合都称为数据，任何一个数据都是以二进制形式在计算机内存储,在进行处理时,我们必须要了解这些数据是怎样存储的。

在计算机内部,常用的数据单位一般有位、字节和字。

1. 位(bit,单位符号为 b)

bit 是 binary digit(二进制数位)的缩写,音译为比特,是指二进制数的一个位。它是计算机存储数据的最小单位,一位只能表示 0 和 1 两种状态。

2. 字节(Byte,单位符号为 B)

通常每 8 个二进制位组成一个字节。字节是存储器系统的最小单位,在实际应用中,一般按容量划分可有 KB、MB、GB、TB 等几种表示法。它们之间关系如下:

$$1KB = 1024B$$

$$1MB = 1024KB$$

$$1GB = 1024MB$$

$$1TB = 1024GB$$

例如:某计算机的硬盘容量标注为 80GB,则该硬盘能存储容量为:

$$80 \times 1024 \times 1024 \times 1024B$$

3. 字(Word)

在计算机中作为一个整体被存取、传送、处理的二进制数串叫作一个字,也叫字长,通常由若干个字节组成。不同的计算机系统的字长是不同的,常见的有 8 位、16 位、32 位、64 位等。字长越长,表示一次并行传送和处理计算的二进制数越多,由此可见,字长是衡量计算机性能的一个重要标志。

1.3.3 常用的计算机信息编码

由于计算机只能识别二进制代码,但是在日常的处理过程中,很大的一部分信息都是字符信息,所以需要对字符进行编码,建立字符与 1 和 0 的对应关系,以便计算机能识别、存储和处理。

1. BCD 码

BCD 码也称为 8421 码或二一十进制码,是一种二进制的数字编码形式。它利用了二进制数的展开表达式形式,即各位的位权从高位到低位分别是 8、4、2、1,它在形式上是二进制,而实质上表示的是十进制数,方便了编码和解码的运算操作。表 1-1 为 BCD 码表,从中可看二进制与十进制数的对应关系。

BCD 码 表 表 1-1

十 进 制	二 进 制	十 进 制	二 进 制
0	0000	5	0101
1	0001	6	0110
2	0010	7	0111
3	0011	8	1000
4	0100	9	1001

2. ASCⅡ码

目前,国际上普遍使用的是美国标准信息交换码,即 ASCⅡ码。它最初只是美国电报部门的一个行业标准，后来被世界标准化组织采用并认定为国际编码标准。ASCⅡ码共有128个字符，用7位二进制数编码，另外增加一位奇偶校验位，共8位。这些字符包括英文大小写字母、阿拉伯数字、常用符号、英文制表符等。

由表1-2中可以看出，数字0～9对应的ASCⅡ码值分别为0110000～00111001，为了便于书写，也可以表示为30H～39H；大写字母A～Z对应的ASCⅡ码值为41H～5AH，小写字母a～z对应的ASCII码值为61H～7AH；通用符号为十、一、*等；控制符号为空格(SP)、回车(CR)等。

ASCⅡ　码　　表1-2

L \ H	0000	0001	0010	0011	0100	0101	0119	0111
0000	NUL	DLE	SP	0	@	P	`	P
0001	SOH	DCI	!	1	A	Q	a	q
0010	STX	DX2	”	2	B	R	b	r
0011	EXT	DC3	#	3	C	S	c	s
0100	EOT	DC4	$	4	D	T	d	t
0101	ENQ	NAK	%	5	E	U	e	u
0110	ACT	SYN	&	6	F	V	f	v
0111	BEL	ETB	’	7	G	W	g	w
1000	BS	CAN	(	8	H	X	h	x
1001	HT	EM	)	9	I	Y	i	y
1010	LF	SUB	*	:	J	Z	j	z
1011	VT	ESC	+	;	K	[	k	{
1100	FF	EC	,	<	L	\	l	|
1101	CR	GS	-	=	M	]	m	}
1110	SO	RS	·	>	N	^	n	~
1111	SI	US	/	?	O	_	o	DEL

3. 汉字编码

在介绍汉字编码标准之前，先来了解一下内码的概念。汉字机内码(也称汉字内码)是指汉字在计算机内部存放、处理、传输的数字代码。每个汉字内码用两个字节表示。为了区别于西文字符，汉字每个字节的高位设置成1。汉字内码与具体的编码方案有关，下面介绍几种常用的汉字编码方案。

(1)《信息交换用汉字编码字符集　基本集》(GB 2312—1980)及其扩充编码

汉字也是字符，汉字的字特别多，并且字形复杂，同音也多。因此，为了能直接使用西文标准键盘来输入汉字，必须为汉字设计相应的编码。1981年，当时的国家标准局组织专家制定并公布了《信息交换用汉字编码字符集　基本集》(GB 2312—1980)，以下简称国标GB 2312—80。这是第一个，也是最基本的中文字符编码标准，也是目前几乎所有中文系统和国际化软件都能支持的中文字符集。

在国标码中一个汉字用两个字节表示，每个字节也只用7位，最高位未定义。一般情况下，将国标码的每个字节的高位设置为1，来作为汉字内码。这样既解决了西文机内码和汉字机内码的二义性，又保证了汉字内码与国标码之间简单的对应关系。

国标 GB 2312—80 的推行，解决了计算机处理汉字信息的问题，但由于表示的汉字有限，因此，中国信息标准化委员会就对原标准进行了扩充，得到了扩充后的汉字编码方案，简称 GBK，使得汉字数量增加到 20902 个。在 GBK 之后，国家质量技术监督局又发布和实施了《信息技术信息交换用汉字编码字符集基本集的扩充集》(GB 18030—2000)(以下简称 GBK2.0)，共收录了 27484 个汉字，从根本上解决了字位不够、字形不足的问题。Windows 2000 和 Windows XP 已提供了对 GBK 2.0 标准的支持。

(2) Unicode

Unicode 是一个名为 Unicode Consortium 的机构制定的字符编码系统，是一个多种语言的统一编码体系，以支援现今世界各种不同语言的书面文本的交换、处理和显示问题。它采用的是 16 位编码体系，因此能够表示 65536 个字符，前 128 个字符是 ASCⅡ码，接下来的 128 个字符是 ASCⅡ码的扩展，其余的字符供不同语言的文字和符号使用。

随着 Unicode 的普及，使全世界各种文字能共处在同一个计算机中，到那个时候，用户就不会再遇到类似于乱码之类的问题了。

(3) 汉字字形码

汉字字形码又称为汉字输出码，其作用是输出汉字，并且还有诸如"宋体"、"楷体"、"隶书"等字体之分。由于汉字内码不能直接作为每个汉字输出的字形信息，还需把汉字码转换为点阵形式的字形码。汉字的字形可以看成是点阵式结构，比如一个汉字由 16×16 个点组成，那么就需要 16×16 个点阵的数据与其对应。在计算机中，由于 8 个二进制作为一个字节，所以 16×16 点阵就表示需要 2×16 = 32B 的二进制数据。同理，24×24 点阵的汉字字形码就需要 3×24 = 72B 来表示一个汉字。点阵越大，分辨率就越高，但相应占用的存储空间就越多。

1.4 微型计算机硬件构成

1.4.1 微型计算机分类及技术指标

1. 微型计算机的分类

(1) 按组成结构分类

根据微型计算机的 CPU、内存、I/O 接口和系统总线组成部件所在的位置可分为：

①单片机组成部分集成在一个超大规模芯片上，其有体积小、功耗低、控制功能强、扩展灵活、微型化和使用方便等优点，广泛用于控制、仪器仪表、通信、家用电器等领域。

单片机芯片在没有开发前，它只是具备功能极强的超大规模集成电路，如果赋予它特定的程序，它便构成一个最小的、完整的微型计算机控制系统，它与单板机或个人电脑有着本质的区别，单片机的应用属于芯片级应用。如图 1-1 所示为单片机及使用单片机芯片构成的仿真系统。

②单板机。各组成部分装配在一块印刷电路板上单板机结构简单、价格低廉、性能较

好，常用于过程控制或作为仪器仪表的控制部件。由于单板机易于使用、便于学习，所以普遍将其作为学习微型计算机原理的实验机型。如图 1-2 所示为单板机。

图 1-1　单片机及使用单片机芯片构成的仿真系统

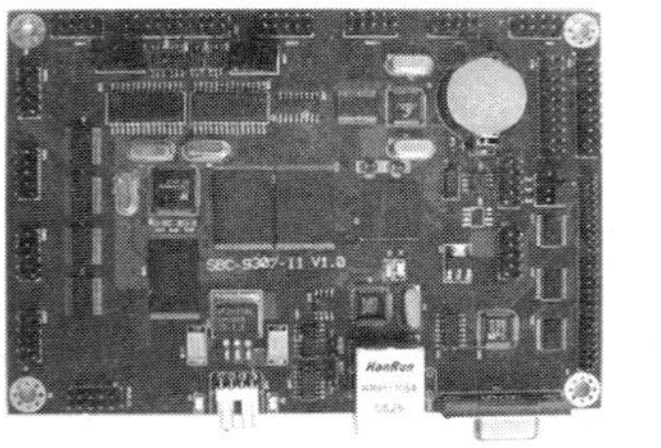

图 1-2　单板机

③多板机。各组成部分装配在多块电路板上，如台式、便携式 PC 机。

(2)按用途分类

微型计算机按用途可分为台式、便挑式、手持式等。

2. 微型计算机的主要性能指标

①CPU 指标。主要包括 CPU 字长、时钟频率。

②运算速度。计算机的运算速度通指平均运算速度，即每秒钟所能执行的指令条数。

③内存容量。反映了内存器存储数据的能力。存储容量越大，其处理数据的范围就越广，并且运算速度一般也越快。

1.4.2 微型计算机的硬件组成及外围设备

1. 微处理器

微处理器(Micro Processor Unit，MPU)包括运算器和控制器两大部件，它是计算机的核心部件。MPU 是一个体积不大而元件的集成度非常高、功能强大的芯片。计算机的所有操作都要受到 MPU 的控制，所以它的品质直接影响整个计算机系统的性能。

MPU 的性能指标主要有字长和时钟主频两个。随着 MPU 主频的不断提高，它对内存 RAM 的存取更快了，而 RAM 的响应速度达不到 MPU 的速度，称为整个系统的“瓶颈”。为了协调 MPU 与 RAM 之间的速度差问题，在 MPU 芯片中又集成了高速缓冲存储器(Cache)，一般主流大小为 2048KB。

2. 存储器

存储器(Memory)是用来存储程序和数据的记忆部件，是计算机中各种信息的存储和交流中心。存储器的功能与录音机类似，使用时可以取出原记录的内容而不破坏其信息(存储器的“读”操作)；也可以将原来保存的内容抹去，重新记录新的内容(存储器的“写”操作)。

存储器分为内部存储器和外部存储器。

(1)内部存储器

内部存储器也称为内存，由大规模集成电路存储器芯片组成，用来存储计算机运行中的各种数据。内存分为 RAM、ROM 及 Cache。

①RAM。RAM 为 Random Access Memory 的缩写，中文名为“随机读写存储器”，既可从中读取信息，也可向其写入信息。在开机之前 RAM 上中没有信息，开机后操作系统对其使用进行管理，关机后其中存储的信息都会消失。RAM 中的信息可随时改变。

②ROM。ROM 为 Read Only Memory 的缩写，中文名为"只读存储器"，即只能从中读取信息，不可向其写入信息。在开机之前 ROM 中已经存有信息，关机后其中的信息不会消失，ROM 中的信息不改变。

③Cache。Cache 中文名叫作"高速缓冲存储器"，在不同速度的设备之间交换信息时起缓冲作用。相比 RAM 和 ROM，其读取速度最快。

(2)外部存储器

外存储器是计算机中的外部设备，用来存放大量暂时不参加运算或处理的数据和程序，计算机若要运行存储在外存中的某个程序，必须将它从外存读到内存中才能执行。

①硬盘。硬盘是由若干个硬盘片组成的盘片组固定安装在驱动器中的磁盘存储器。其主要特点是将盘片、磁头、电动机驱动部件乃至读/写电路等做成一个不可随意拆卸的整体，并密封起来。所以防尘性好、可靠性高，对环境要求不高。

硬盘通常有很大容量，常以千兆字节(GB)为单位，转速通常有 5400r/min 和 7200r/min 两种。硬盘容量大、转速快、存取速度高，但不便携带。

②光盘是利用激光原理进行读、写的设备，是迅速发展的一种辅助存储器，具有存储容量大、可期保存等优点。分不可擦写光盘，如 CD-ROM、DVD-ROM 等；和可擦写光盘，如 CD-RW、DVD-RAM 等。

③U 盘。U 盘是一种基于 USB 接口的无需驱动器的微型高容量活动盘，与传统的存储设备相比，U 盘具有体积小、容量大、即插即用、存取速度快、可靠性好、抗震防潮及携带方便等特点。

3. 输入设备

①键盘。键盘是用户和计算机进行交流的主要输入工具，键盘的每一个按键相当于对应按键的机械开关闭合，产生一个信号，由键盘电路将编码输入到计算机进行处理。按其结构可分为机械式、薄膜式及电容式。目前常用的键盘有 3 种：标准键盘(有 83 个按键)、增强键盘(有 101 个按键)和微软自然键盘(有 104 个按键)。

键盘按键包括数字键、字母键、符号键、功能键和控制键。

②鼠标。鼠标是一种光标移动及定位设备。从外形上看，鼠标是一个可以握在手掌中的小盒子，通过一条电缆线与计算机连接，就像老鼠拖着一条长尾巴。在某些软件中，使用鼠标比键盘更方便。

鼠标可以分为机械式、光电式、半机械半光电和网络式等。鼠标上的按键有两键的，也有三键的，网络鼠标上带有一个滚轮或按键，通过它们可以直接拖动浏览网页。

③其他输入设备。

扫描仪是一种图形、图像输入设备，它可以将图形、图像、照片或文本输入计算机中。如果是文本文件，扫描后经文字识别软件进行识别，便可以保存文字。现有 USB 接口的扫描仪支持热插拔，使用方便，可配备在多媒体计算机上使用。

绘图机可以绘制计算机处理好的图样。其绘制速度快、绘制质量高，因而常使用在计算机辅助设计(CAD)等领域中。

条形码阅读器是一种能够识别条形码的扫描装置，连接在计算机上使用。当阅读器扫描条形码时，就把不同宽窄的黑白条纹翻译成相应的编码供计算机使用。许多自选商场和图书馆都在使用该设备管理商品和图书。

除上述输入设备以外,还有触摸屏、照相机、手写笔、声音输入设备等。

4. 输出设备

①显示器。用于显示主机的运行结果,它以可见光的形式传递和处理信息。

显示器按所采用的显示器件可分为阴极射线管(Cathode Ray Tube,CRT)显示器、液晶显示器(Liquid Crystal Display,LCD)和等离子显示器等。

近年来,液晶显示器已逐步取代CRT显示器,普及率越来越高,成为笔记本电脑和掌上计算机的主要显示设备,在投影机中,它也扮演着非常重要的角色,而且它开始逐渐进入到桌面显示器市场中。

液晶显示器的显著特点有:一是机身薄,节省空间,与比较笨重的CRT显示器相比,液晶显示器只要前者1/3的空间;二是省电,不产生高温,属于低耗能产品,可以做到完全不发热(主要耗电和发热部分存在于背光灯管或LED),而CRT显示器,因显像技术不可避免产生高温;三是无辐射,液晶显示器完全无辐射,这对于长时间在计算机前工作的人来说是一个福音;四是画面柔和不伤眼,可以减少显示器对眼睛的伤害,眼睛不容易疲劳。

显示器的分辨率表示为水平分辨率(一个扫描行中像素的数目)和垂直分辨率(扫描行的数目)的乘积如1024×768,分辨率越高,图像就越清晰。点距是CRT彩色显示器的一项重要的技术指标,它指的是屏幕上相邻两色相向的荧光点之间的最小20~28mm,显示器的分辨率就越高。点距的单位为毫米(mm)。目前,显示器的点距在0.20~0.28mm。

②打印机。打印机属于输出设备,用于打印主机发送的信息。打印机分为两大类:击打式与非击打式。击打式的有针式打印机;非击打式的有激光打印机、喷墨打印机、热敏打印机及静电打印机。

针式打印机靠打印头上的打印针撞击色带而在纸上留下字迹。其优点是造价低,耐用,可以打蜡纸和多层压感纸等。其缺点是精度低,噪声大,体积也较大而不易携带。喷墨打印机的打印头没有打印针,而是一些打印孔。从这些孔中喷出360DPI、720DPI上字迹。喷墨打印机的优点是宁静无噪声,精度比针式打印机高(一般为360DPI、720DPI、1200DPI等),有些型号的喷墨打印机的体积很小,便于携带,价格介于针式打印机与激光打印机之间。其缺点是不能打印蜡纸和压感纸。

激光打印机把电信号转换成光信号,然后把字迹印在复印纸上。其工作原理与复印机相似。不同之处在于:复印机从原稿上用感光来获得信息,而激光打印机从计算机接收信息。激光打印机的优点是印字精度很高。现在的许多报纸、图书的出版稿都是由激光打印机打印的。另一个优点是安静,打印时只发出一点点声音。激光打印机的缺点是造价高,是一般打印机的2~3倍,并且不能打蜡纸。激光打印机属于高档打印机。

5. 接口

接口是CPU(或主机)与外部设备交换信息的部件,起“桥梁”作用。常用接口有以下几种。

①显示适配卡。显示适配卡也称为显示卡,用于主机与显示器之间的连接。

显示卡存储容量与显示质量有密切的关系,存储量越大,图形质量就越高。微型计算机中所采用的显示卡主要有彩色图像显示控制卡(Color MPhils Adapter,CGA)、增强型图形显示控制卡(Enhanced Graphics Adapter, ECA)和视频图形显示控制卡(Video Graphics Array, VCA)等。目前流行的全是增强型的VCA显示卡,如SVGA(Super VGA)和TVGA,其分辨率可以达到1024×768像素、1024×1024像素和1280×1024像素。

②硬盘适配器。接口用于硬盘与主机之间的数据交换。

③并行接口。拥有多条并行线路,一次可以传送多个二进制位,适用于近距离传送。打印机使用这种接口与主机通信。

④串行接口。一次只能传送一个二进制位,只要一条通信线路,适合远距离传送。鼠标、调制解调器(MODEM)可用此接口与主机通信。

⑤USB接口。USB是Universal Serial Bus的简写。USB支持热插拔,有即插即用等优点,所以USB接口已经成为目前大多数外部设备的接口方式。USB有三个规范,即USB1.1,USB2.0和USB3.0。

1.4.3 微型计算机的性能指标

1. 主频

主频是指时钟频率,其单位是兆赫兹(MHz)。计算机的运算速度主要是由主频确定的,如购买计算机时提到酷睿2的2.33G中的2.33G说的就是计算机的主频(2330MHz)。主频越高,其运算速度也就越快。

2. 字长

字长是指计算机的运算器能同时处理的二进制数据的位数,它确定了计算机的运算精度,字长越长,计算机的运算精度就越高,其运算速度也越快。另外,字长也确定计算机指令的直接寻址能力。计算机的字长一般都是字节的1、2、4.8倍,如286微型计算机为16位,386、486、奔腾系列微型计算机为32位,酷睿微型计算机为64位。

3. 存储容量

存储容量分为内存容量和外存容量,这里主要指内存容量。内存储器中可以存储的信息总字节数称为内存容量。目前,酷睿微型计算机的内存容量一般都在1GB以上。内存容量越大,处理数据的范围就越广,运算速度一般也越快。

4. 存取周期

把信息存入存储器的过程称为"写",把信息从存储器取出的过程称为"读"。存储器的访问时间(读写时间)是指存储器进行一次读或写操作所需的时间;存取周期是指连续启动两次独立的读或写操作所需的最短时间。目前,微型计算机的存取周期约为几十纳秒到一百纳秒。

5. 运算速度

运算速度是一项综合的性能指标,用每秒执行百万条指令(Million Instructions Per Second,MIPS)表示,计算机的主频和存取周期对运算速度的影响最大。

除上面提到的这些因素外,衡量一台计算机的性能指标还要考虑机器的兼容性、系统的可靠性、系统的可维护性、机器可以配置的外部设备的最大数目、计算机系统处理汉字的能力、数据库管理系统及网络功能等。性价比可以作为一项综合性评价计算机的性能指标。

1.5 计算机的安全使用知识

1.5.1 计算机操作的注意事项

通常在操作电脑时应注意以下事项：

①注意通风散热。电脑机箱内部各部件工作时都会产生大量的热，因此不仅需要内部有风扇转动，还应注意使计算机的工作环境温度要适宜。

②正确的开关机。电脑的使用不仅仅像电视那样开启和关闭电源就可以的，必须遵守它的开关机流程。开机时应先打开显示器等外设，然后再开主机. 如果将程序颠倒，显示器打开时产生的瞬间高压会对主机内的各部件产生冲击。关机时要跟开机相反，先关主机，再关外设。非必要情况下一定要等到主机完全停止工作时再把电源完全关掉。此外，开关机时的时间间隔不要太短，如果太短. 容易烧坏内部配件，尤其是硬盘，至少间隔 30 秒。

③电压不稳。停电时最好不要使用电脑，反复的启动会给硬件造成过高的损耗。另外狂风和雷雨天气也尽量避免使用电脑，把电源从插座上拔出。

④定期清理计算机主机内的灰尘。根据使用环境的状况，确定是一年还是两年清理一次，尤其是运行频率比较高的系统，否则积累的灰尘容易形成计算机故障，特别是在阴雨天空气潮湿时容易发生故障。

⑤不要带电插拔任何电脑外设及连接件（除热插拔设备外），如打印机、鼠标、键盘、显示器、调制解调器、电脑眼等，否则，轻则烧坏接口，重则烧毁电脑，甚至造成人身伤害，并且，这种情况下任何厂商也不会免费更换烧毁的零部件。

⑥不要将高强度磁场的电器及物品（如大功率非防磁音箱、磁化杯等）放置在距离电脑很近的地方，以免磁化显示器及破坏硬盘、磁盘上的数据。

⑦在电脑正常的运行过程中，严禁移动或震动电脑（包括笔记本电脑），否则容易损坏硬件。

1.5.2 计算机的故障排除

1. 计算机故障的种类

一般在日常使用计算机时，虽然有正确的操作，但也不可能完全避免故障的发生，故障分为软件故障和硬件故障两种。

（1）软件故障

软件故障一般是指由于操作不当、使用各种电脑软件以及因系统或系统参数的设置不当而出现的故降。软件故障一般是可以恢复的。但一定要注意，某些情况下有的软件故障也可转化为硬件故障，常见的软件故障有如下一些表现：

①当软件的版本与运行环境的配置不兼容时。造成软件不能运行、系统死机、文件丢失被改动。

②两种或多种软件程序的运行环境、存取区域或工作地址等发生冲突，造成系统工作混乱。

③由于误操作而运行了具有破坏性的程序、不正确或不兼容的程序、磁盘操作程序、性能测试程序等造成文件丢失和磁盘格式化等。

④计算机病毒引起的故障。

⑤基本的 BIOS 设置、系统引导过程配置和系统命令配置的参数设置不正确或者没有设置,导致计算机也会产生操作故障。

(2)硬件故障

硬件故障是指由计算机硬件引起的故障,影响到主机内的各种板卡、存储器、显示器、电源等不能正常工作。常见的硬件故障有如下一些表现:

①电源故障。导致系统和部件没有供电或只有部分供电。

②硬件工作故障。计算机中的主要硬件如显示器、键盘、磁盘驱动器、鼠标等硬件产生故障,造成系统工作不正常。

③元器件与芯片松动、接触不良、脱落,或者因温度过热而不能正常运行。

④计算机外部和内部各部件间的连接电缆或接线插头(座)松动,甚至松脱或者错误连接。

⑤板卡上的跳线连接脱落、连接错误或开关设置错误,而构成非正常的系统配置。

2. 计算机故障产生的原因

引起计算机出现故障的因素有很多,一般可以归纳为以下几类:

(1)正常使用故障

正常使用故障是由于机械的正常磨损、元器件的老化、使用寿命已到而引起的。如果维护和环境条件较好,可以减少机械磨损等因素,则可以延长计算机的使用年限。

(2)来自电源的故障

电源的电压对计算机的正常工作起着非常重要的作用。电压不稳或时断时开等都会对计算机造成很大影响,严重时会烧毁计算机中的集成电路。因此,平时要注意将计算机的电源与照明、空调等的电源分开。如果电压经常不稳,最好配备相应的保护装置,如后备式 UPS 电源,它具有高低保护预警装置、断电保护功能。而且可以防止瞬时电源断电或电压不稳。

(3)电磁辐射引起的故障

电磁辐射的干扰会使计算机工作失常或遭到破坏,例如程序停止运行、出错、显示信息混乱、数据丢失,甚至死机、主板上的元器件损坏等。电磁干扰一般产生于通信电台、电源中的射频传导、大型可控制设备的开启和关闭等。电磁辐射除距离电磁辐射源较近外,一般是由电源线接入和室内布线不合理引起的。

(4)病毒引起的故障

计算机病毒对系统的危害极大。目前已知的计算机病毒有上万种,不同的病毒会对计算机造成不同的危害。一般的病毒会造成数据丢失、系统不能正常运行,严重的还会损坏主板。所以平时应加强预防措施,养成定期查杀病毒的习惯,对外来软盘及光盘要先检查后使用。

(5)静电放电导致的故障

静电对计算机中的集成电路芯片危害非常大。一般集成电路抗静电放电电压最高是

1000V，而我们平时梳理干燥的头发、脱毛衣、在地毯上行走等产生的静电可高达几千伏甚至上万伏，足可以击穿任何类型的集成电路芯片。目前电脑在抗静电的电路设计方面已做了很大的改进，但是平时还应注意预防静电的危害。一般情况下，机房尽量不要铺设地毯；在空气干燥的季节，要合理配接各种地线；准备打开机箱时，应将手接触一下管道或墙壁等，放掉身上所带的静电后再进行其他操作。

(6)人为原因引起的故障

指由于操作时没有遵守操作规程，不注意操作步骤引起的计算机故障。例如：频繁的开关机、经常搬动和拆装计算机、插头插错，在带电的情况下进行插拔连接线、接口卡，或使用劣质软盘等，这些都会引起计算机故障。

3. 计算机故障排除常用的方法

(1)拔插法

拔插法是排除计算机故障最常用的方法之一。具体操作是有故障的计算机关机后拔出一块插件板再开机，如果故障依旧，则插回插件板，重复以上步骤。一旦拔出某块插件板后故障消失，说明故障点即在该插件板上。此方法的优点是能迅速地找出故障点，缺点是对一些故障如显示字符不正常则不能使用(因为只有一块显卡，无法拔插)。常见的例子是内存块故障。

(2)替换法

替换法也是排除故障最常用的方法之一。在不能使用拔插法来找故障时，可采用替换法来排除故障。此方法是用好的插件板换下可疑的插件板，若故障消失，说明原插件板的确有问题。此方法的优点是方便可靠，尤其是对大规模集成电路芯片(如CPU)，缺点是一般用户很难有较多的备用件，所以在电脑维修部门此方法被经常使用。

(3)敲击法

机器运行时好时坏可能是虚焊、接触不良或金属氧化电阻增大等原因造成的，对于这种情况可以用敲击法进行检查。例如，有的组件管脚没焊好，有时能接触上，有时接触不上，造成机器时好时坏。通过敲击插件板后，使之彻底接触不良，再进行检查就容易发现了。

(4)直接观察法

用手摸、眼看、鼻闻、耳听等方法作辅助检查，一般组件发热的正常温度(指组件外壳的温度)不超过50℃，手指摸上去有一点温度，大的组件摸上去有点热，但不烫手。如果手指摸组件烫手，则组件可能内部短路或是散热不行，应将该组件换下来或是换散热装置。

对电路板，有时要仔细看一下有没有断线、焊锡片、杂物和虚焊等。对变色、龟裂、组件字迹颜色变黄等，应及时更换。

一般机器内部某芯片烧坏时会发出一种臭味，此时应马上关机检查，不应再加电使用。

耳听一般要听有无异声，特别是驱动器更应仔细听。如果听到与正常声音不同则应立即检修。例如，驱动器被启动后，若有撞车声，说明没有寻到零道。

第2章

计算机操作系统

本章要点

□ 了解操作系统的基础知识，包括其概念及分类。
□ 熟悉Windows 7的图形界面。
□ 掌握打开菜单、工具栏、对话框，切换及关闭应用程序等操作。
□ 掌握文件和文件夹的管理操作。
□ 掌握系统的一些基本设置操作。
□ 了解Windows 7系统中的一些附件工具。

操作系统是整个计算机系统中的核心和基石。它的主要功能是控制和管理计算机系统中的硬件资源和软件资源，提高系统资源的利用率。本章从操作系统的定义、分类和演化过程讲起，再具体到Windows 7操作系统及其操作，内容由浅入深，注重对实际动手操作能力的培养。

2.1 操作系统概述

2.1.1 操作系统基本概念

操作系统是用户和计算机之间的一个接口，是软、硬件资源的控制中心，它以尽量合理有效的方法组织用户共享计算机的各种资源。

操作系统对计算机硬件和软件进行管理，向用户提供高级而简单的服务，遮蔽了硬件设备复杂的特征和差异。

操作系统是程序和数据结构的集合，直接与硬件相衔接，由大量极其复杂的系统程序和众多的数据结构集合而成。

操作系统是用户与计算机硬件之间的接口，一般可以分为命令方式、系统调用方式和图形界面方式。

2.1.2 操作系统的功能

根据所管理的计算机系统资源的不同，操作系统主要功能分为：

①处理器管理：主要是对处理器进行分配和调度，并对其运行进行有效控制和管理，充分提高处理器的利用率。

②存储管理：主要是对内存进行管理，包括对内存资源的分配和回收，为程序提供良好的环境，提高存储器的利用率。

③文件管理：主要是对用户使用的程序和数据进行各种管理，实现按名存取，并且为用户提供良好的界面。

④设备管理：主要是对 I/O 设备的管理。在 Windows 中，通过设备管理器或控制面板对设备进行管理。在设备管理器中，用户可以了解计算机硬件的相关信息。

⑤作业管理：主要是对各用户提交的作业进行组织和协调，使作业高效、准确地完成。

2.1.3 操作系统的类型

1. 批处理操作系统

批处理操作系统就是将作业按性质分组（或分批），然后再成组（或成批）地提交给计算机系统，由计算机自动完成计算后再输出结果。这类系统能减少作业建立和结束过程中的时间。多个作业同时执行，共享系统资源，还能提高系统效率。

2. 分时操作系统

分时操作系统是指在一台主机上连接多个终端，多用户共享一台主机，用户交互式地向系统提出服务请求，系统采用时间片轮转方式处理用户请求，并通过交互方式在终端上向用户显示结果。

3. 实时操作系统

实时操作系统以加快响应时间为目标，对随机发生的外部事件做出及时的响应和处理，并控制所有实时设备和实时任务协调一致工作。

4. 网络操作系统

网络操作系统即网络上各计算机方便而有效地共享网络资源，为网络用户提供所需的各种服务的软件和有关规程的集合。网络操作系统有如下功能：

①高效、可靠的网络通信。

②共享资源的有效管理。

③提供电子邮件、文件传输和远程登录等服务。

④网络安全管理。

⑤提供交互操作能力。

5. 分布式操作系统

分布式操作系统是指使大量的计算机通过网络连接在一起，获得极高的运算能力及广泛的数据共享。与网络操作系统相比，分布式操作系统更着重于任务的分布性，即把一个大任务分为若干个子任务，分派到不同的处理站点上去执行。

2.1.4 常用操作系统介绍

在计算机的发展过程中，出现过许多不同的操作系统，其中最为常用的有 DOS、Mac OS、Windows、Linux、Free BSD、UNIX/Xenix、OS/2 等。

1. Windows 操作系统

Windows 操作系统是一种在个人计算机上广泛使用的操作系统，由美国微软公司开发，提供了多任务处理和图形用户界面，使用户对计算机的各种复杂操作只需要通过点击鼠标即可实现。Windows 是系列产品，在发展过程中推出了多种不同的版本，如 Windows 98、Windows 2000、Windows XP、Windows Vista 和 Windows 7 等。从 20 世纪 90 年代起，在个人操作系统领域，Windows 个人操作系统系列占有绝对的垄断地位。

2. UNIX 操作系统

UNIX 操作系统是目前主流操作系统之一，1969 年诞生于美国贝尔实验室，由于其简洁、易于移植等特点而很快得到关注并开始发展和普及，成为跨越从微型机到巨型机范围的重要操作系统。UNIX 是一个功能强大、性能全面的多用户多任务操作系统。UNIX 操作系统也是一个程序的集合，其中包括文本编辑器、编译器和其他系统程序。

3. Linux 操作系统

Linux 是一个多用户操作系统，由 Linus Torvalds 主持开发，遵循 POSIX 标准。它提供 UNIX 的界面，但内部实现完全不同。它是一个自由的、免费的、源代码开放的系统软件。虽然 1991 年才诞生，但 Linux 近几年已被许多企业和机构使用并得到了众多商业用户的支持。

2.2 Windows 7 操作系统

Windows 7 是目前个人计算机中使用最为广泛的操作系统之一，本节主要介绍 Windows 7 的界面和一些窗口的相关操作。

2.2.1 Windows 7 操作系统概述

Windows 7 是目前微软公司开发的最流行的操作系统，继承了部分 Vista 特性，在系统的安全性和稳定性得到加强的同时,重新对性能组件进行了完善和优化,部分功能、操作方式更加质朴,在满足用户娱乐、工作、网络生活中的不同需求等方面达到了一个新的高度。特别是在科技创新方面,实现了较大突破。

1. Windows 7 操作系统常见的版本

①Windows 7 Home Basic(家庭基础版):这是 Windows 7 最基本的版本,提供更快、更简单地找到和打开经常使用的应用程序和文档的方法,为用户带来更便捷的计算机使用体验,其内置的 IE 浏览器也提高了上网浏览的安全性。

②Windows 7 Home Premium(家庭高级版):可帮助用户轻松创建家庭网络和共享用户收藏的所有照片、视频及音乐。还可以观看、暂停、倒回和录制电视节目,实现最佳娱乐体验。

③Windows 7 Professional(专业版):可以使用自动备份功能将数据轻松还原到用户的家庭网络或企业网络中。通过加入域,还可以轻松连接到公司网络,而且更加安全。

④Windows 7 Ultimate(旗舰版):最灵活、强大的版本。它在家庭高级版的娱乐功能和专业版的业务功能基础上结合了显著的易用特性。用户还可以使用 BitLocker 和 BitLocker To-Go 对数据加密。

2. 配置要求及安装

Windows 7 配置要求如下:

①1 GHz 32 位或 64 位处理器。

②1 GB 内存(基于 32 位)或 2GB 内存(基于 64 位)。

③16 GB 可用硬盘空间(基于 32 位)或 20 GB 可用硬盘空间(基于 64 位)。

④带有 WDDM 1.0 或更高版本的驱动程序的 DirectX 9 图形设备。

Windows 7 支持光盘安装、硬盘安装和 USB 存储器安装等方式,用户可以根据实际情况选择不同的方式进行安装。

2.2.2 Windows 7 的界面及操作

Windows 7 操作系统是微软公司推出的新一代操作系统,与之前的 Windows 版本相比有了较大的改进,其界面更加友好、功能更加强大、使用更加方便。

1. Windows 7 的启动

启动计算机的同时就启动了 Windows 7 操作系统。Windows 7 启动过程中可能会出现登录窗口,要求用户进行登录,此时用户只需输入用户名和登录密码即可。这样不仅可提高安全性,还可以使 Windows 7 能够保存个人设置。

2. Windows 7 的关闭

退出 Windows 的使用,应该正确关机,这样可以保存全部的工作并不对系统造成损害。关机的步骤如下:

单击任务栏上的【开始】菜单按钮 (在屏幕左下角)。

单击菜单中的【关机】按钮。

有时单击【关机】按钮后,不会马上关机,屏幕会出现“请不要关闭计算机和电源,系统正在更新中”,此时不要强行关闭计算机,等其更新完毕后会自动关机。

3. Windows 7 的操作方式

Windows 7 以鼠标操作为主,也可以使用键盘操作。在 Windows 7 中,对一个对象实施操作,要先选择对象,再执行命令。

(1)鼠标操作

鼠标的基本操作包括指向、单击、右击、双击和拖放。使用鼠标可以完成全部操作。在不同操作中,鼠标的形状会随之改变,鼠标的形状及其意义如图 2-1 所示。

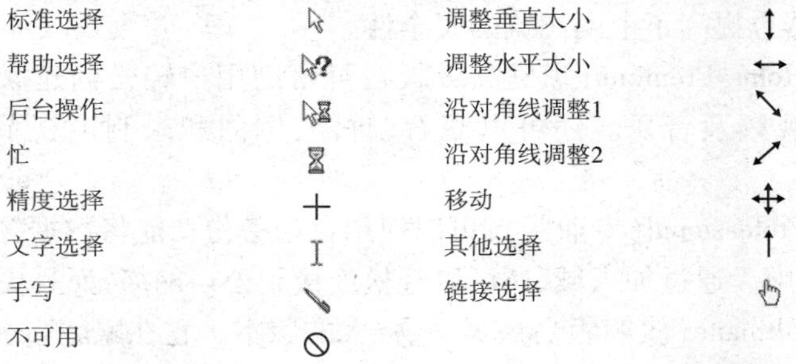

图 2-1 鼠标的形状及其意义

(2)键盘操作

在 Windows 7 中,有时也需要使用键盘进行操作,如快捷键的使用。常用的快捷键见表 2-1。

常用快捷键 表 2-1

Ctrl + Esc	打开“开始”菜单	Enter	确认
Alt + F4	关闭窗口	Esc	取消
Alt + Tab	窗口之间的切换	Ctrl +“空格键”	启动或关闭输入法
Ctrl + Alt + Delete	打开“Windows 任务管理器”,以进行任务管理	Ctrl + Shift	中文输入法的切换

4. Windows 7 的界面

Windows 7 的系统界面与以前的(如 Windows XP 等)版本的界面相比有了明显的变化,不仅色彩艳丽、光泽自然,还增加了超大图标、三维效果窗口、透明效果等。同时,其界面的功能性也有了极大的提升。

Windows 7 界面如图 2-2 所示,简洁、清新,由桌面图标、任务栏等多个部分组成,用户可以根据具体的需要进行个性化设置。

1)桌面的个性化设置

Windows 7 的桌面相比以前的 Windows 版本更加灵活,用户可以根据自己的喜好灵活设置。在桌面右击鼠标,在弹出的快捷菜单中选择【个性化】菜单,系统弹出如图 2-3 所示的个性化设置窗口。在此窗口中可设置桌面背景、窗口颜色、屏幕保护程序等,同时还可以选择自己喜欢的主题,主题是系统集成的一系列设置。

①桌面主题设置

在桌面的空白处右击鼠标,弹出快捷菜单,选择【个性化】选项,将出现个性化设置窗口。在该窗口中,用户可以选择不同的桌面主题,设置后 windows 7 的桌面整体外观将发生改变,包括桌面背景、屏幕保护和声音等。用户也可以制定自己喜欢的主题。

图 2-2　Windows 界面

图 2-3　个性化设置窗口

②设置桌面图标

桌面上排列的一个个图标，称为桌面图标。在 windows 7 中，各种程序、文件以及应用程序的快捷方式等都用图标形象地表示，双击这些图标就可以快速地打开文件、文件夹或应用程序。左下角带有箭头的图标，又称为“快捷方式”。快捷方式是 Windows 提供的一种快速启动程序、打开文件或文件夹的方法。要注意的是这类图标不表示程序或文档本身，只是方便用户打开程序的一种快捷通道。

除了可以设置桌面主题外，用户还可以对桌面的图标进行个性化设置。单击【个性化】

设置窗口中的【更改桌面图标】项，出现如图 2-4 所示的【桌面图标设置】对话框。在【桌面图标】栏中进行选择，设置完成后，单击【确定】按钮。用户可以随心所欲地选择自己喜欢的图标样式。

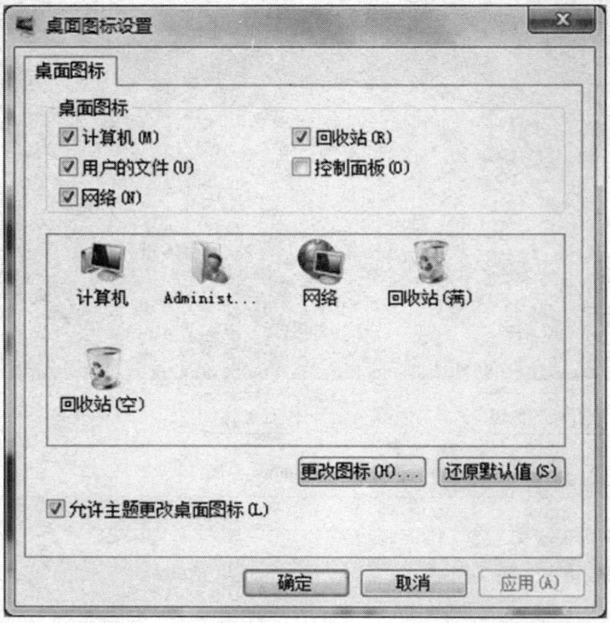

图 2-4　桌面图标设置

③桌面小工具

桌面小工具也是 Windows 7 的新特性之一。Windows 7 附带提供了很多小工具，如时钟、日历、便签等，具体操作方法为在桌面空白处单击鼠标右键，在弹出的快捷菜单中选择【小工具】，用户可以根据需要自由选择实用的小工具，如图 2-5 所示，当选择完毕后其就会出现在桌面上。

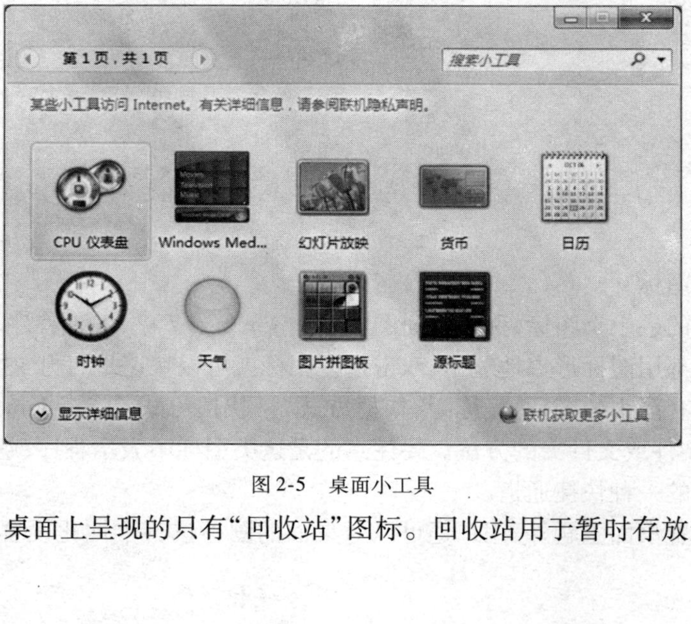

图 2-5　桌面小工具

系统安装后，桌面上呈现的只有“回收站”图标。回收站用于暂时存放删除的文件或其他项目,其中文件或项目可以恢复。回收站实际上是系统在硬盘中开辟的专门存放被删除文件和文件夹的区域,它的容量一般占磁盘空间的10%左右,用户可以重新设置容量。如果回收站满了,则最先放入回收站的文件将被永久删除。用户应定期清理回收站,以释放由回收站占用的硬盘存储空间。一旦清空回收站,则删除的文件或项目就不能再恢复了。Windows 通过这种方式避免误删操作给用户带来损失。

2)任务栏

任务栏是位于桌面下方的一条粗横杠,如图 2-6 所示,在横杠上集中了"开始"按钮、程序按钮区、显示通知区域和显示桌面。用户可以通过在任务栏上进行不同的操作而获得不同的功能。在 Windows 7 中,可以称"任务栏"为"超级任务栏"。除了依旧用于在窗口之间进行切换外,Windows 7 中的任务栏查看起来更加方便,功能更加强大和灵活。尽管任务栏在 Windows 7 中仍然叫"任务栏",但是它更新了外观,并加入了其他特性。例如,在 Windows7 中,用户可以将常用程序"锁定"到任务栏的任意位置,以方便访问。同时,可以根据需要通过单击和拖拽操作重新排列任务栏上的图标。用户可通过任务栏,单击【属性】选项,对相关功能进行调整,如恢复到小尺寸的任务栏窗,也包括对显示通知区域的图标信息进行调整、是否启用任务栏窗口预览(Aero Peek)功能等。

图 2-6 任务栏

(1)【开始】按钮

其功能是用于打开【开始】菜单。【开始】按钮位于任务栏最左边,可以快速启动程序、查找文件及获取帮助。图标为。【开始】菜单是用户最频繁访问的地方之一,几乎所有的计算机操作都可以从这里开始。Windows 7 的【开始】菜单相比前面的 Windows 也有了一定的变化,布局更加合理,使用更加方便。

(2)程序按钮区

Windows 7 中不再有【快速启动栏】这个部分,这里称为程序按钮区。用户可以通过任务栏快速启动应用程序。可以将这些应用都"锁定"到 Windows 7 的任务栏中,用鼠标右键单击桌面或【开始】菜单中想要锁定的程序,选择【锁定到任务栏】即可。

①启动、切换文件操作。在 Windows 7 任务栏的左侧列出了常见的应用程序图标,单击即可打开对应的文件。当运行应用程序时,任务栏中会显示该应用程序的图标。要想对工作窗口进行切换,只要单击任务栏上对应的按钮即可。

②跳转列表。跳转列表功能是 Windows 7 提供的新功能。在任务栏上任意一个图标或按钮上右击,或者向上拖动,都会弹出跳转列表。跳转列表的内容会依据图标类别而不同,如显示该程序的【关闭所有窗口】、【最近打开的项目】等操作。跳转列表简化了用户在程序间的切换和跳转操作。

③Aero 预览窗口。在 Windows 7 中可使用 Aero 桌面透视快速预览打开的窗口,而不必离开当前的窗口。当用户鼠标移动至任务栏中的程序图标时,该图标上方将显示已打开文件的预览缩略图,如图 2-7 所示,此时将鼠标再移至其中任一缩略图时,即可在桌面显示该窗口,将鼠标移去,窗口消失,桌面还原。若用户用鼠标单击任务栏中某个程序图标时,程序

图标上方会显示可停留的缩略图。将鼠标移至其中任一缩略图上，可自由显示并切换桌面显示窗口。需要在桌面显示某窗口时，用鼠标单击该窗口缩略图即可。

图 2-7 Aero 预览

(3)显示通知区域

任务栏的右侧是显示通知区域、输入法图标、扬声器图标、网络图标和日期时间图标，有些程序的运行图标也会在此显示。为了避免该区域占据空间过大，系统会隐藏一些不常用的图标。只需单击【隐藏或显示的图标】按钮▲，就可以找到隐藏的图标。

在此区域单击相对应的图标就会弹出设置窗口，可对系统的时间、日期和输入法等项进行设置。

(4)【显示桌面】功能

在 Windows 7 中，【显示桌面】图标被移到了任务栏的最右边，操作起来更方便、更快捷。鼠标停留在该图标上时，所有打开的窗口都会透明化，类似 Aero Peek 功能，这样可以快捷地浏览桌面。

(5)设置任务栏属性

任务栏也不是固定不变的，用户可以通过任务栏属性对其进行设置。右键单击【任务栏】，单击【属性】即可看到【属性和开始菜单属性】窗口，在此可以对任务栏、【开始】菜单和工具栏的各项内容操作进行设置，例如可以改变任务栏在屏幕中的位置。

3)窗口

窗口是桌面上的一个矩形框，是应用程序运行的一个界面，也表示该程序正在运行，用户可以在此查看运行状态或结果等信息。

(1)窗口的基本组成。

用户打开不同的程序，窗口可能不会完全相同，但是 Windows 7 中的窗口还是有些共同特点。窗口一般由控制按钮、地址栏、菜单栏、工具栏、状态栏、边框、滚动条和窗口工作区等组成，如图 2-8 所示。

①边框：边框是窗口四周的框架。Windows 的窗口都有边框包围，把鼠标放在边框上可以调节窗口的大小。

②控制按钮：位于窗口最上方，列出【最大化】、【最小化】和【关闭】按钮。单击这些按钮，可以对窗口进行相应操作。

③地址栏：地址栏中显示当前打开文件夹的路径。每个路径都由不同的下拉按钮连接而成。单击这些下拉按钮可以在不同文件夹中切换。

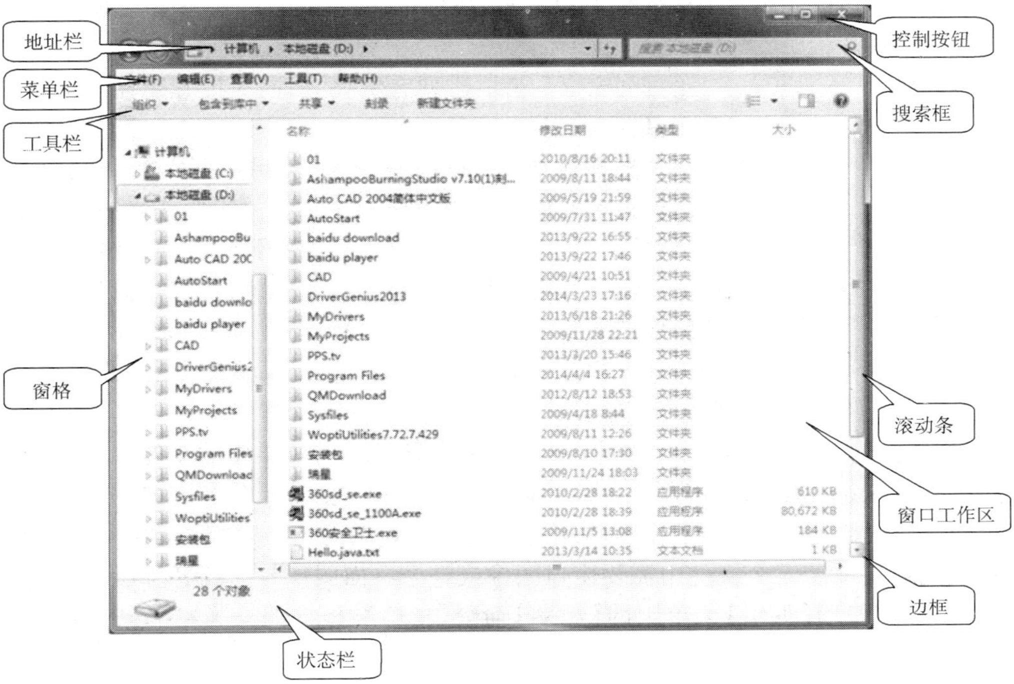

图 2-8　窗口的组成

④工具栏:工具栏用于显示与当前窗口内容相关的一些常用工具按钮,打开不同的窗口或在窗口中选择的对象不同,工具栏中显示的工具按钮也不同。

⑤搜索框:窗口中的搜索框与【开始】菜单中的搜索框在使用方法和作用上相同,都具有在计算机中搜索文件和程序的功能。

⑥窗口工作区:用来显示计算机信息或用户进行信息编辑的主要区域。当内容较多时会出现滚动条。

⑦窗格:窗口中有多种窗格类型,要打开和关闭不同类型的窗格,需要单击工具栏中的【组织】按钮,在弹出的菜单列表中选择【布局】命令,在子菜单中选择所需的窗格类型即可。

(2)窗口的基本操作

在计算机中,大多数的操作都是在窗口中完成的,用户应该熟练掌握窗口的操作方法,常用的窗口操作见表 2-2。

窗口基本操作表　　　　表 2-2

操作项目	操作方法
移动窗口	将鼠标指针移到标题栏上,进行鼠标拖动操作
改变窗口大小	将鼠标指针移到窗口边框或窗口角,当鼠标指针变为双向箭头时,进行鼠标拖动操作。其中在窗口角上的拖动可以同时改变窗口的高度和宽度
最大化	单击【最大化】按钮或双击标题栏
最小化	单击【最小化】按钮
还原	最大化状态时:单击【还原】按钮或双击标题栏;最小化状态时:单击任务栏上对应的按钮
窗口的关闭	单击【关闭】按钮
切换窗口	单击任务栏上的按钮,或者单击桌面上未被完全覆盖的窗口任意部分

窗口操作还可以使用右击任务栏上对应按钮时出现的快捷菜单来完成。对于窗口，还可进行如下操作。

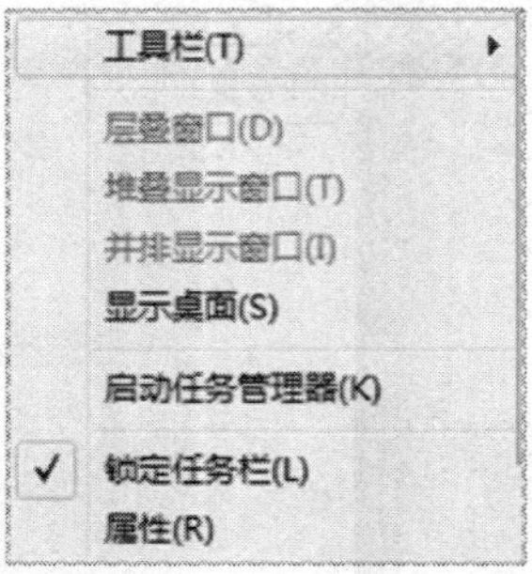

图 2-9　排列窗口

①排列窗口。窗口排列有层叠、横向平铺和纵向平铺 3 种方式。用鼠标右键单击任务栏上的空白区域，弹出一个快捷菜单，然后选择一种排列方式，如图 2-9 所示。需要注意的是，操作前应打开所有要显示的窗口。该操作不显示已关闭的或最小化的窗口。其中，层叠是指各窗口层层相叠，只能看到最前面的窗口内容，叠在后面的窗口基本上只显示标题栏。平铺是指各窗口不相叠，横向或纵向铺满整个桌面。如果要将窗口恢复到原来状态，可以右键单击任务栏上的空白区域，此时快捷菜单中会出现【撤销层叠】或【撤销平铺】命令，然后单击相应命令即可。

②复制窗口或整个桌面图像。按【Print Screen】键复制整个屏幕的图像到剪贴板。按【Alt】+【Print Screen】组合键复制当前活动窗口的图像到剪贴板。复制完的内容存放在剪贴板上面。剪贴板是内存中的一个区域，用于存储被复制或剪切的内容，需要时可以把信息粘贴到目的位置。若某个文件中需要窗口图像或整个桌面图像，在复制完成后，可以再选定插入点，然后使用【编辑】菜单中的【粘贴】命令，把剪贴板内的图像粘贴到文档的插入点处。

③Windows 7 还具有窗口晃动功能，当打开多个窗口时，如果觉得视线过于杂乱，可将光标置于选中窗口的标题栏，按住鼠标左键晃动鼠标，则除了该窗口外，其他窗口都会最小化，再次晃动，这些窗口又重新出现。

在窗口的左上角，是醒目的【前进】与【后退】按钮，类似浏览器中的设置，而在其旁边的向下箭头则分别给出浏览的历史记录或可能的前进方向；在其右边的路径框则不仅给出当前目录的位置，其中的各项也均可单击，帮助用户直接定位到相应层次。而在窗口的右上角，则是功能强大的搜索框，在这里用户可以输入任何想要查询的搜索项。

窗口的工具面板则可视作新形式的菜单，其标准配置包括【组织】等诸多选项，其中【组织】项用来进行相应的设置与操作，其他选项根据文件中具体位置不同，在工具面板中还会出现其他的相应工具项，如浏览回收站时，会出现【清空回收站】、【还原项目】等选项；而在浏览图片目录时，则会出现【放映幻灯片】等选项；浏览音乐或视频文件目录时，则会出现【播放】按钮。

主窗口的左侧面板由两部分组成，位于上方的是收藏夹链接，如文档、图片等，下方是树状的目录列表，值得一提的是目录列表面板中显示的内容自动居中，这样在浏览长文件名或多级目录时不必再拖动滑块以查看具体名称。另外，目录列表面板可折叠、隐藏，而收藏夹链接面板则无法隐藏。

(3)对话框

对话框是 Windows 7 和用户通信的窗口，是一种特殊的窗口。它没有普通窗口中的工具栏、工作区等元素，但是它有自己特殊的一些元素，如按钮、文本框等。用户可以在对话框中进行输入信息、阅读提示、设置选项等操作。不同的对话框有不同的外观，但它们的组成部分是标准化的。对话框有很多组件，如图 2-10 所示列出了一些常见的对话框组件。

对话框的常见组件如下：

①下拉列表框：单击箭头，查看列表，然后单击所需选项。

②单选按钮：单击所需选项，在一组中只能选择一个选项。

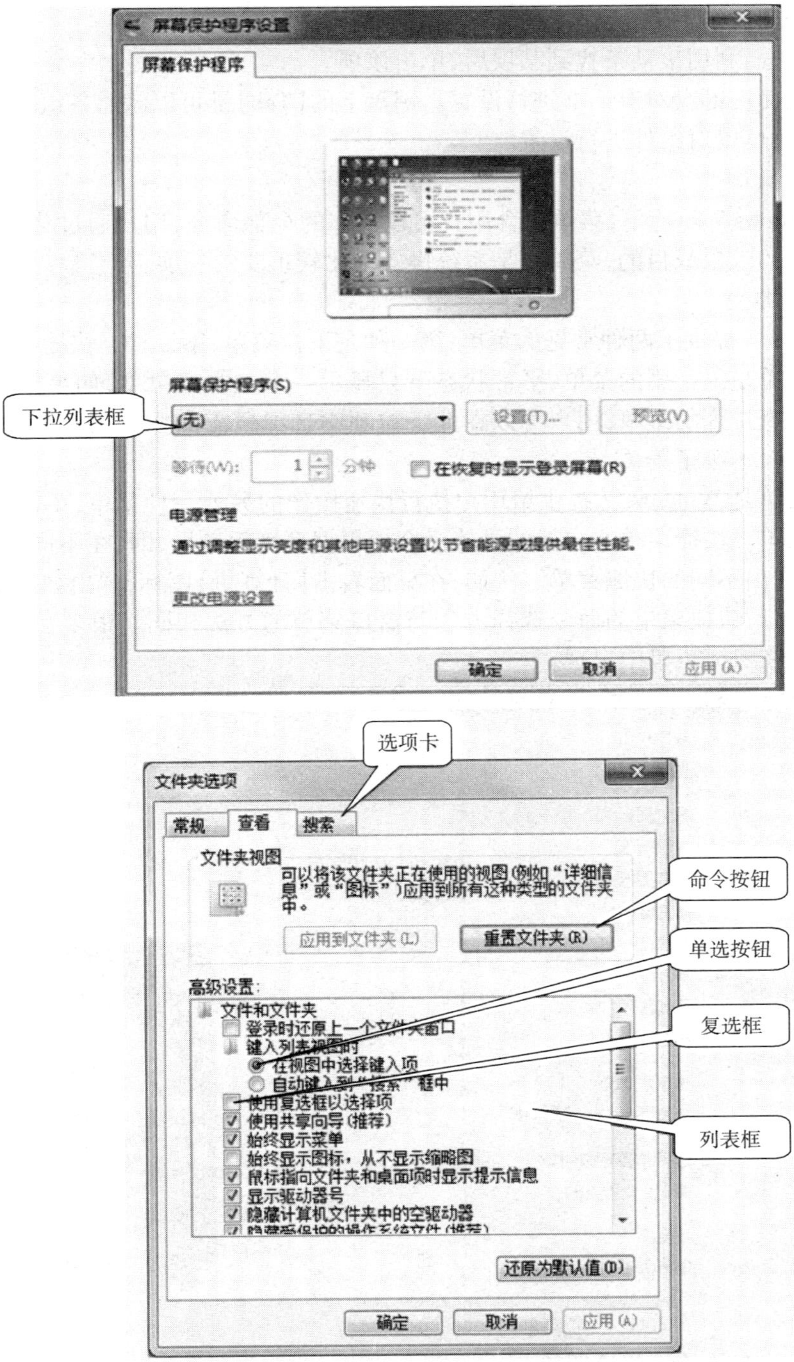

图 2-10　常见的对话框组件

③复选框:单击所需选项,可以多选。

④命令按钮:单击某一命令按钮,可执行相应命令。

⑤选项卡:一个对话框可能有多张选项卡,单击选项卡标签,就选择了该选项卡,然后就可以在这张选项卡上进行操作。

⑥列表框:利用滚动条找到某项后,单击该项。

也可以使用键盘对对话框进行设置。键盘上的【Tab】键可以激活各组件,箭头、字符、空格、回车等键可以对组件进行设置。

5. 菜单操作

在 Windows 7 环境下,菜单包含用户可以操作的全部命令,用户通过菜单命令让计算机完成要达到的效果或目的,菜单也是系统操作中比较重要的一项。

1)菜单类型

Windows 7 提供了两种常见的菜单:第一种是下拉菜单,第二种是快捷菜单。

下拉菜单是最常用的菜单,平常状态下只显示一个文本菜单项,如果单击此菜单,就会出现一个垂直排列的菜单,用户可以在此下拉项中选择所需的操作,如图 2-11 所示。下拉菜单可以包含下级子菜单。

快捷菜单是 Windows 7 提供给用户执行快速操作的另外一种菜单,单击鼠标右键,就会弹出快捷菜单。快捷菜单所包括的具体命令项根据环境而各异,即:在不同的对象上单击鼠标右键,会弹出不同的快捷菜单。例如,在桌面右击【计算机】图标,弹出如图 2-12 所示的快捷菜单,弹出后快捷菜单的命令选择方法与窗口菜单的方法相同。很多在菜单栏中出现的命令同时也在快捷菜单中出现。

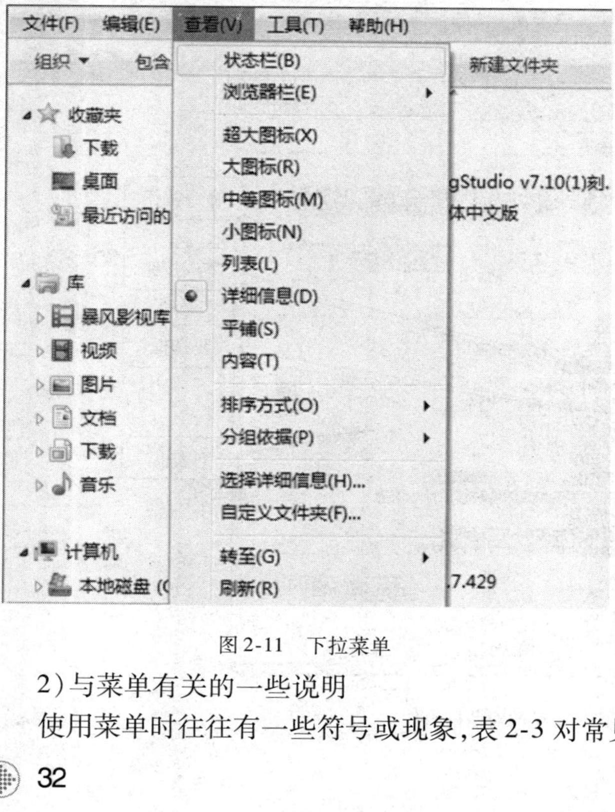

图 2-11 下拉菜单

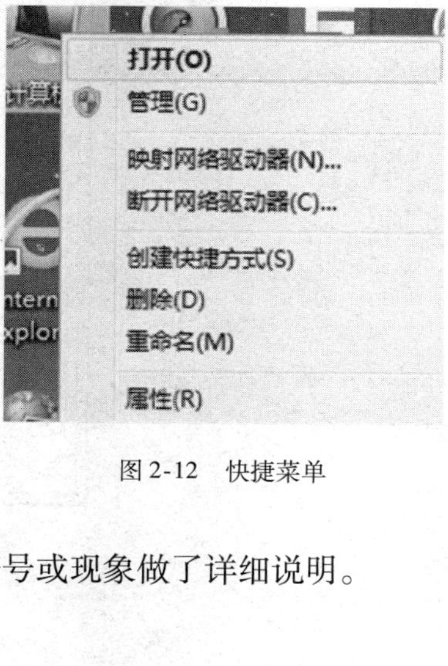

图 2-12 快捷菜单

2)与菜单有关的一些说明

使用菜单时往往有一些符号或现象,表 2-3 对常见的符号或现象做了详细说明。

常见符号及说明 表2-3

内　容	说　明
▶	表示它有下级子菜单,当鼠标指向该菜单项时,自动出现下级子菜单
…	表示该菜单项有对话框
✓	“是”选择标记。当菜单项前有该符号时,表示该命令有效;若再选择该命令,则删除该标记
·	它是在分组菜单中的单选符号,当某一项被选中时,该项之前带有“.”
︾	当菜单太长时,在菜单中会出现这个符号。鼠标指针指向该符号时,菜单会自动伸长
快捷键	显示在菜单项右侧的键盘符号。它表示执行该菜单项的操作可以不通过菜单,而只要按下对应的快捷键就可以了
菜单项呈浅色	当菜单项呈浅色时表示当前状态下不可以使用该菜单项,该命令只有在选取了文档中的某些文字后,才变成可使用的颜色

3)菜单命令的选择

(1)打开菜单

打开窗口的菜单有两种方式,分别是鼠标方式和键盘方式。

鼠标方式即采用鼠标单击菜单标题;键盘方式即采用同时按【Alt】键和菜单中带有下划线的字母键。例如,打开IE浏览器的【查看】菜单,可以按键盘中的【Alt】+【V】。

(2)关闭菜单

若已打开了某个菜单,但又不想选择菜单项,则可以关闭菜单。其方法非常简单,在菜单外任意位置单击鼠标左键。

(3)执行菜单命令

执行菜单命令可以有多种方法:当菜单命令项旁有一个带有下划线的字母时,可在打开菜单后,按键盘上的该字母键;当菜单命令项的右侧有快捷键时,可以不打开菜单,直接按键盘上的这些键,大多数程序的快捷键都是相通的;或完全使用鼠标,当打开菜单后,用鼠标单击菜单项。

2.2.3 Windows 7 资源管理器

在Windows 7中,资源管理器可以方便地对计算机中的内容进行查看、移动、删除等管理,其界面如图2-13所示。

打开资源管理器的方法有很多,这里介绍其中的三种:

①右击【开始】菜单,在弹出的菜单中选择【打开Windows资源管理器】命令。

②在【开始】菜单中,选择【所有程序】→【附件】→【Windows资源管理器】命令。

③用【Windows】+【E】快捷键。

1. 窗口及其显示形式

资源管理器窗口分为左右两个窗格,中间由“分界线”分隔。左窗格显示着文件中的树状结构;右窗格显示着当前文件夹中的子文件夹和文件,如图2-13所示,显示了“库”文件夹下的所有文件。下方显示右侧窗格中的文件数目。用鼠标拖动中间的分界线可以调整左右窗格的大小。

Windows 7资源管理器的菜单栏与前面的版本相比有了一定的变化,如图2-14所示。

【复制】、【粘贴】、【布局】和【删除】等项都在【组织】下拉菜单中显示。

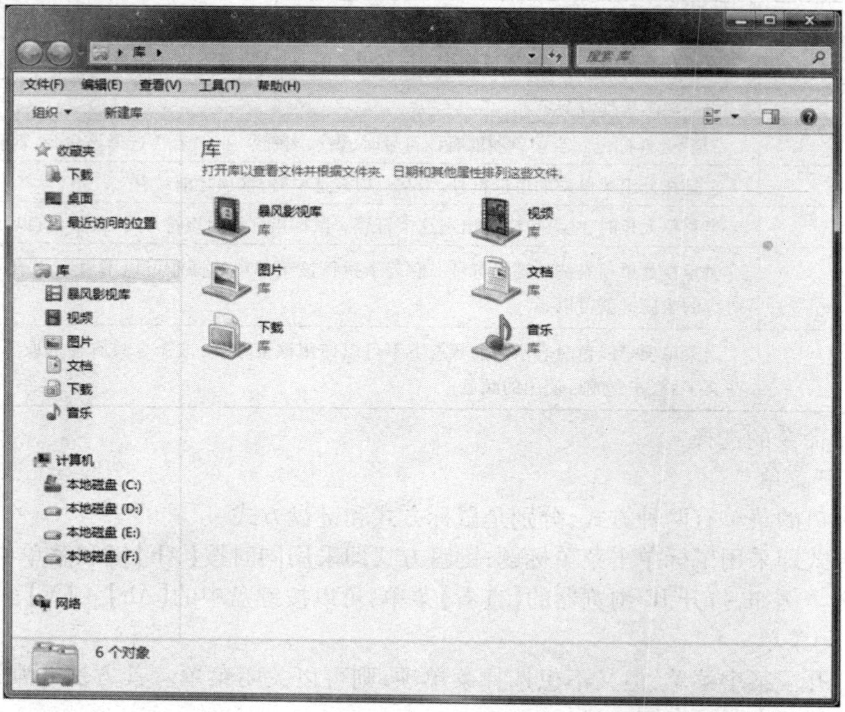

图 2-13　资源管理器

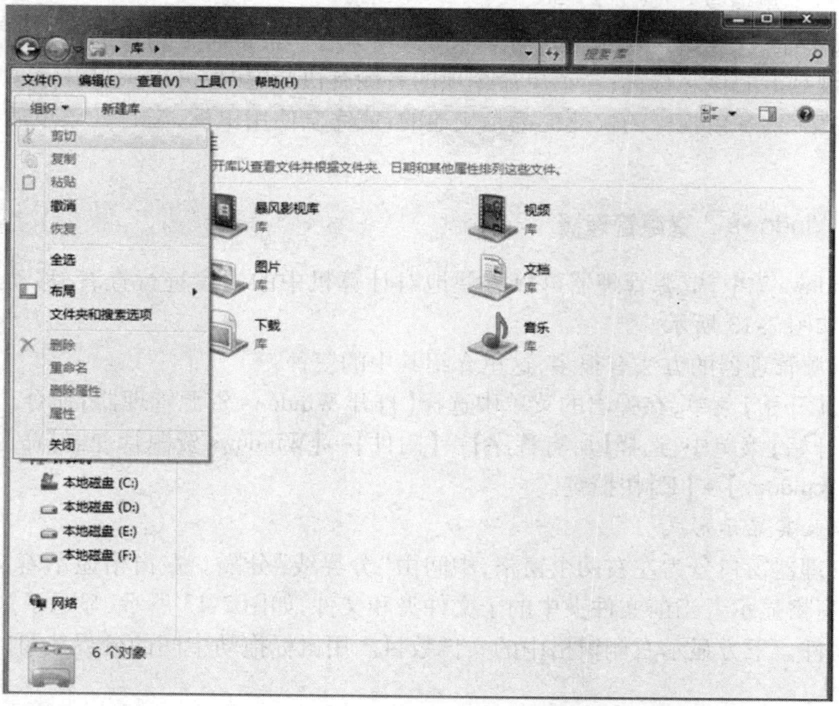

图 2-14　组织菜单

在菜单栏右侧有视图按钮，在此可以选择视图方式。在 Windows 7 中打开一个文件夹，文件夹会以窗口的形式出现，该文件夹下的所有文件和子文件夹都在此窗口中。文件夹的显示方式有 7 种，分别是超大图标、大图标、中等图标、小图标、列表、详细信息、平铺和内容。

2. 查看资源

资源管理器可以用来管理计算机中的硬盘、光盘、打印机、控制面板、回收站等资源。

计算机中所有文件和文件夹的组织方式称为文件系统，在 Windows 环境下，采用分组管理的方法，即称为多级目录或树形目录的目录组织形式。多级目录是把目录按一定的类型进行分组，并在分组下可以再细分，其形状就像一棵树，称为树状结构。这种树形的组织形式非常直观，也易于管理。树上的每一个对象，又称为“结点”，它们显示在资源管理器窗口的左窗格中。

从窗口的左窗格可以看到，磁盘或光盘和有些文件夹旁边有“◢”号，有些文件夹旁边有“▷”号，还有些文件夹旁边没有任何标记。它们分别表示不同的含义：

①“◢”：表示该文件夹存在子文件夹，但子文件夹处于折叠状态，即未展开。

②“▷”：表示该文件夹存在子文件夹，其下一级子文件夹已经展开。

③无标记：表示该文件夹不存在子文件夹，但有可能存在文件。

3. Windows 7 操作系统的文件和文件夹管理

计算机中的信息以文件形式存储在外存储器中，操作系统把它们以一定的结构组织起来。文件和文件夹是 Windows 7 中重要的基本概念。

1）文件和文件名

文件名由文件主名和扩展名两部分组成。一般将文件主名直接称为文件名，表示文件的名称。文件的扩展名一般标识文件类型，也称作文件的后缀。如某文件的文件名为“ACD. txt”，表示其主名为“ACD”，扩展名为“. txt”。

有关文件名的命令规则：

①文件主名：在 Windows 7 中可以使用最多达 255 个字符的长文件名。

②扩展名：从小圆点“. ”开始，后跟 0 ~ 3 个 ASC Ⅱ 字符。扩展名可以没有，无扩展名时则小圆点可省略。

③文件主名和扩展名中允许出现的 ASC Ⅱ 字符是：英文字母（A ~ Z 大小写母被认为是一样的）；数字符号（0 ~ 9）；汉字；特殊符号包括：$ 、#、&、@ 、!、(、)、% 、_、{、}、^、‘ ’ 、~ 等。

注意不能在文件名中出现的符号是：\/ : * ?” < > I。常见的文件类型见表 2-4。

常见的文件类型 表 2-4

. EXE	可执行程序文件	. COM	系统程序文件
. TXT	文本文件	. C	C 语言源程序
. DBF	Visual FoxPro 表文件	. BMP	画图文件
. HTM	超文本主页文件	. WAV	声音文件
. DOC	Word 文档	. XLS	Excel 文档
. PPT	PowerPoint 文档	. HLP	帮助文件

在 Windows 7 中，文件名或扩展名的表示中允许使用文件通配符。文件通配符有“ * ”和“?”，“ * ”表示任意一串字符，而“?”表示任意一个字符。

为了让用户更方便地使用和区分各种类型的文件，Windows 7 系统为每个文件都分配一个图标。同种类型的文件图标相同，不同扩展名的文件可以很方便地通过不同的图标区分开来。计算机外存储器中有成千上万个文件，如果都放在一起将造成管理上的混乱，因此引进文件夹的概念。文件夹是存放文件的地方，每个文件夹对应磁盘上一块空间，每个文件夹可以存放很多不同类型的文件。

2）文件和文件夹的基本操作

在了解完文件和文件夹的基本概念后，接下来介绍文件和文件夹的基本操作方法。

（1）文件或文件夹的建立、打开和重命名

文件或文件夹的建立方法：首先找到要存放该文件或文件夹的位置，然后在空白处单击鼠标右键，在弹出的快捷菜单中选择【新建】，最后输入文件名即可。或直接单击资源管理器菜单栏的【新建文件夹】按钮也可以建立文件夹。

文件或文件夹的打开方法：一般情况下，双击即可打开文件或文件夹。

文件或文件夹的重命名方法：首先选择要重新命名的文件或文件夹，然后在该文件或文件夹上单击鼠标右键选择【重命名】，再输入新的文件名即可。也可以选定对象后，直接按下键盘上的【F2】键，再输入新的文件名即可。

（2）文件或文件夹的复制、粘贴、剪切和删除

①文件或文件夹的复制。

先选择对象，然后在该对象上单击鼠标右键，在弹出的快捷菜单中选择【复制】，再打开目的盘（即新位置），在空白处单击鼠标右键，在弹出的快捷菜单中选择【粘贴】，这时原位置和新位置都存在这个文件。

先选择对象，按住鼠标左键拖动到新的位置即可。但若是在同一个磁盘，则要按住【Ctrl】键再拖动。

先选择对象，按【Ctrl】+【C】键，再找到新位置，按【Ctrl】+【V】键。

②文件或文件夹的粘贴。

粘贴是在剪切或复制以后才能进行的操作，剪切或复制后，找到新位置，在空白处单击鼠标右键，选择【粘贴】即可（剪切一次，只能粘贴一次；复制一次可粘贴多次）。

③文件或文件夹的剪切（移动）。

先选择要移动的对象，然后在该对象上单击鼠标右键，在弹出的快捷菜单中选择【剪切】，再打开目的盘（即新位置），在空白处单击鼠标右键，在弹出的快捷菜单中选择【粘贴】，这时原位置就不存在这个文件了。

先选择对象，按键盘上的【Shift】键，按住鼠标左键拖动到新的位置即可。

先选择对象，按【Ctrl】+【X】键，再找到新位置，按【Ctrl】+【V】键。

④文件或文件夹的删除方法。

把文件删除到回收站里（可恢复）：

先选择要删除的文件或文件夹，然后按键盘上的【Delete】键。

先选择要删除的文件或文件夹，然后单击鼠标右键，选择【删除】。

先选择要删除的文件或文件夹，然后按住鼠标左键不放，直接拖动到回收站即可。

把文件从计算机里彻底删除（不可恢复）：

先按以上方法把文件删除到回收站里，再在回收站上单击鼠标右键，选择【清空回收站】。

选择要删除的文件或文件夹，按键盘上的【Shift】+【Delete】键，即可一次性删除。

(3)文件或文件夹的选择

在资源管理器中进行文件操作前，往往要先选择文件，被选中的文件将以高亮显示。选择多个文件或文件夹只能在右窗格中进行。选择的常用方法见表2-5。

文件、文件夹选择的常用方法　　表2-5

选择的项目	操 作 方 法
一个对象	单击需要选择的对象
所有对象	使用【编辑】菜单的【全部选定】命令项或使用快捷键【Ctrl】+【A】
不连续的多个对象	先选择一个对象，再按住【Ctrl】键，同时单击其他对象
连续的多个对象	先选择一个对象，再按住【Shift】键，单击最后一个对象，或者用鼠标从空白处开始，往要选择的对象方向拖出矩形框
除少量对象外，选择其他多个对象	先选定少量不需要的文件，再使用【编辑】菜单的【反向选择】命令项

注：采用【Ctrl】键或【Shift】键来选择对象的方式在其他应用软件中也常常可以使用，如在Word中利用【Shift】键选择大段连续文字，在【Excel】中利用【Ctrl】键选择不相邻的单元格等。

(4)文件或文件夹的属性设置

Windows 7中文件或文件夹都可以设置属性，Windows 7的文件或文件夹的属性有如下三种形式：

①只读：表示该文件只可以读取或执行，但不能对它修改。

②隐藏：具有隐藏属性的文件，用【资源管理器】的【文件夹选项】(在【工具】菜单中)命令可以将它们设置成在Windows环境下不可见，它可以防止用户无意中修改文件或文件夹。

③存档：一些应用程序使用文件或文件夹的存档属性来控制哪些文件应该备份。文件属性的设置是通过【属性】对话框来实现的。右击文件或文件夹，在弹出的快捷菜单中选择【属性】命令，即可弹出属性对话框，如图2-15所示，用户可以在此对话框中对属性进行设置。

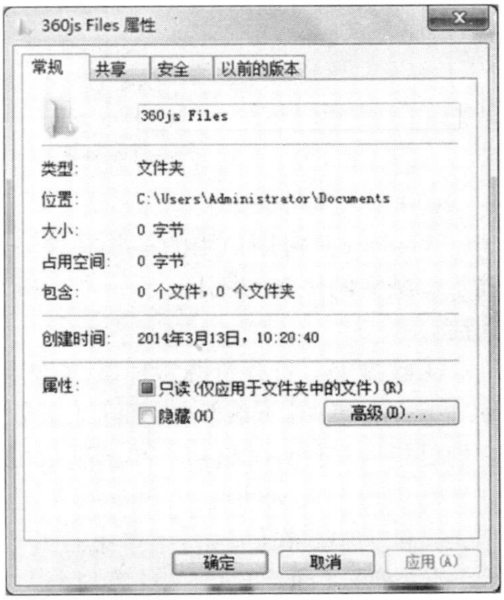

图2-15　文件属性对话框

(5)搜索文件和文件夹

Windows7提供了强大的搜索功能，它可以在本地计算机、网络或Internet上搜索需要的文件或信息。这里介绍本地计算机上文件或文件夹的搜索。在资源管理器的右上角有搜索框。用户要搜索文件或文件夹时直接在框中输入文本，系统会在当前目录下搜索出所有相关的文件或文件夹，并以黄色高亮显示出来。如果基于文件属性搜索文件，可以在输入文本前先单击搜索框，在搜索框的下方会弹出搜索筛选器，让用户根据【修改日期】等条件限制搜索范围。

Windows 7跟Windows之前的版本相比增强了搜索功能，增加了索引机制。默认情况下，Windows 7 对系统预置的用户个人文件夹和库进行了索引。在有索引的位置进行搜索时,实际上是在索引数据库中进行搜索,而不是在实际硬盘的位置上进行搜索,这样就大大提高了搜索的速度。

(6)设置文件夹选项

在 Windows 7 中,【文件夹选项】有了一定的变化,更名为【文件夹和搜索选项】。【文件夹和搜索选项】命令是用来设置其他查看方式的。打开方式为在【组织】下拉菜单中选择【文件夹和搜索选项】,弹出【文件夹选项】对话框。

①【常规】选项卡:可以选择显示风格,如图 2-16 所示。

②【查看】选项卡:可以设置文件夹视图,同时也可以设置是否显示隐藏文件、是否隐藏已知文件类型的扩展名等。

③【搜索】选项卡:可以对搜索的内容进行选择,也可以选择搜索方式和搜索位置,如图 2-17 所示。

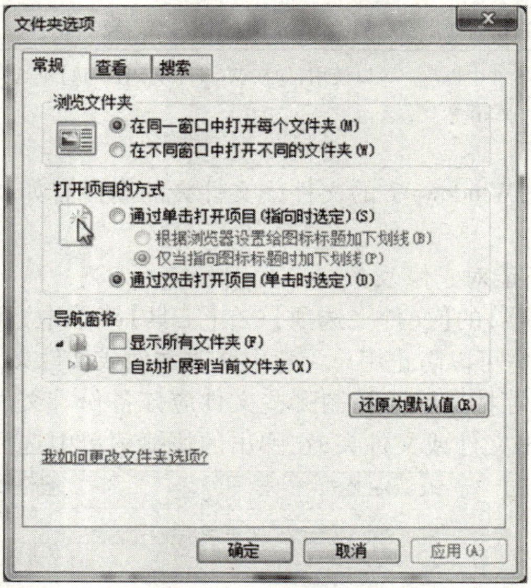

图 2-16　文件夹【常规】选项

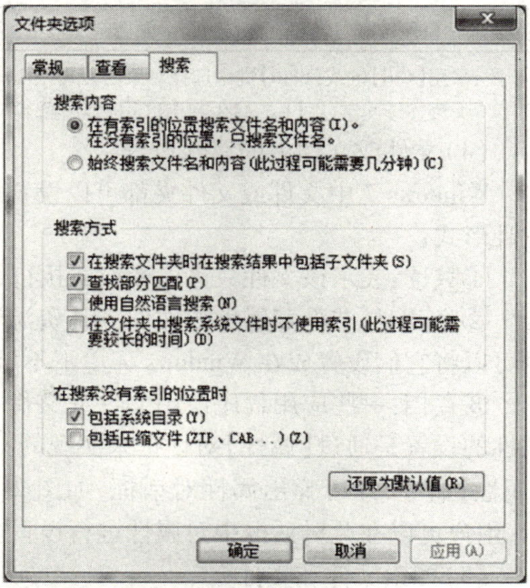

图 2-17　文件夹【搜索】选项

(7)个人文件夹

Windows 7 对用户用的一些文件夹进行了重新设计和组织,设置了用户个人文件夹,增强了收藏夹的概念,并引入了一个新概念:库。通过这些改进使得用户操作起来更为方便快捷。

①收藏夹。打开资源管理器,左侧导航窗格中会显示收藏夹的节点。展开该节点后,会发现下面有诸如【下载】、【桌面】、【最近访问的位置】等项目。这些项目本身并不是文件夹,它们是指向文件夹的链接。单击项目可以导航到对应的文件夹或栏目中去,方便用户操作。

②用户个人文件夹。Windows 7 把与用户个人数据相关的内容组织到了以用户命名的个人文件夹中。在【开始】菜单中打开以当前用户命名的文件夹,用户可以访问诸如【联系人】、【文档】、【图片】、【下载】等与个人数据相关的文件夹或链接,使个人管理数据更为方便快捷。

③库。Windows 7 新增的【库】用来收集整理不同位置的文件夹,把它们集中显示在一起,如图 2-18 所示,不管这些文件夹在位置上是不是在一起的,只要需要就可以把它们组织到一个库中来。库本身并不存储文件,它只是一个抽象的组织方式,用来查看操作库中所包含项目对应的文件夹。默认情况下,Windows 7 包含的库有:视频、图片、文档、音乐。如果觉得这些库还不够,可以在库的空白处右击,在弹出菜单中选择【新建】一个【库】命令新建一个库,也可以在资源管理器工具栏中直接选择【新建库】命令创建一个新库。要删除一个库,直接在屏幕上右击,在弹出的菜单中选择【删除】命令即可。要往库中添加项目,可以在要添加的项目上右击,在弹出菜单中选择【包含到库中】命令,再选择相应的库即可。

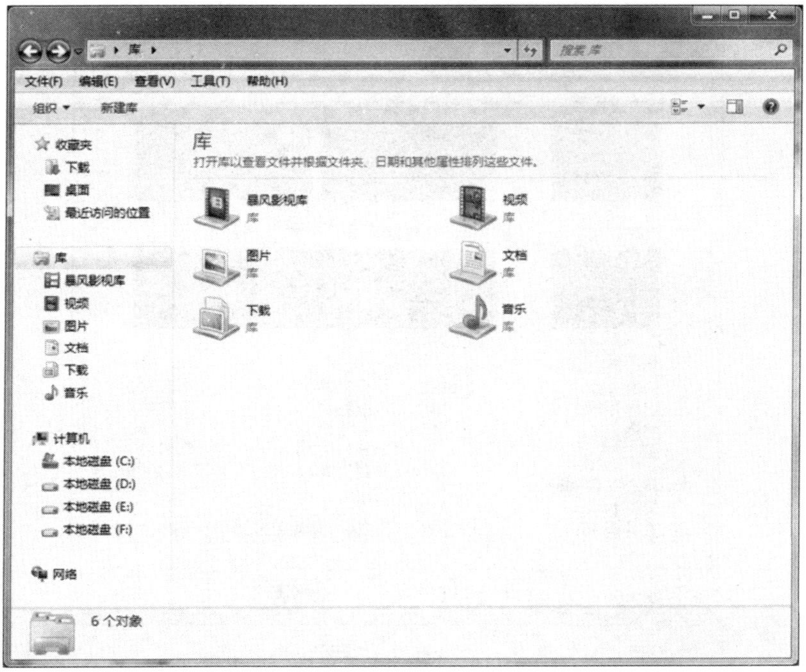

图 2-18 库

4. Windows 7 操作系统的程序管理与操作

在 Windows 7 中,不仅要管理文件和文件夹,还要对应用程序进行管理。

(1)启动应用程序

启动应用程序的几种常用方法如下:

①用鼠标左键单击【开始】按钮,在【所有程序】中选择要启动的应用程序。

②使用【资源管理器】找到应用程序文件,用鼠标双击该应用程序文件。

③如果应用程序在【桌面】上生成了快捷方式,则用鼠标双击该快捷图标。

④通过打开【文档文件】,自动启动与该文档类型相关联的应用程序并打开该文档。

(2)关闭应用程序

关闭应用程序的几种常用方法如下:

①用鼠标单击应用程序窗口标题右端的【关闭】按钮。

②用鼠标单击应用程序窗口【文件】菜单中的【退出】。

③用鼠标双击应用程序窗口标题栏左端的控制菜单图标。

④使用键盘，只需按【Alt】+【F4】组合键即可立即关闭当前的应用程序。

(3)任务管理器

在 Windows 7 中，同时按下【Ctrl】+【Alt】+【Delete】或【Ctrl】+【Shift】+【Esc】键，或者用鼠标右键单击任务栏的空白处，在弹出的快捷菜单中选择【任务管理器】，便会出现如图 2-19 所示的【Windows 任务管理器】窗口。在【Windows 任务管理器】中，可以管理当前正在运行的应用程序和进程，并查看有关计算机性能、联网及用户的信息。

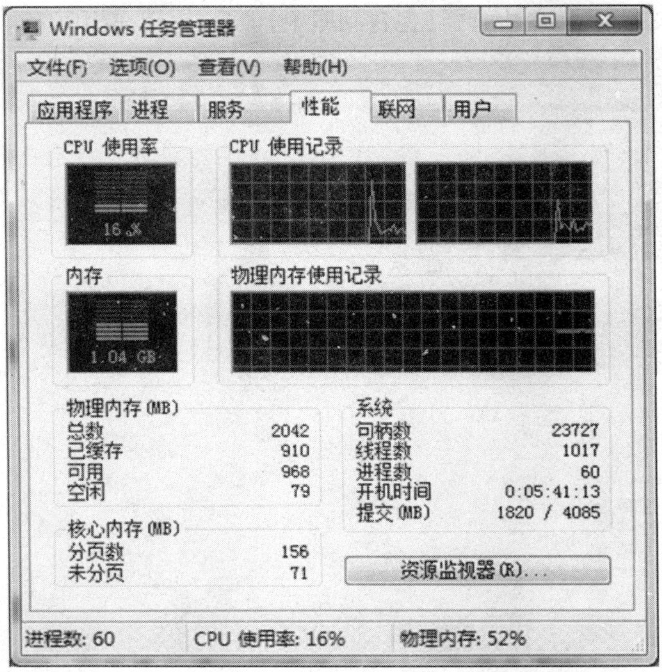

图 2-19　任务管理器

任务管理器被激活时，只在显示通知区域显示为一个绿色图标，而不是像其他程序那样当最小化时显示在任务栏中。

在【Windows 任务管理器】中也可以结束程序的运行。终止未响应的应用程序的方法：系统出现“死机”，往往是因为存在未响应的应用程序，此时通过任务管理器终止这些未响应的应用程序后，系统就可以恢复正常了。终止进程运行的方法：当 CPU 的使用率长时间达到或接近 100%，或者系统提供的内存长时间处于几乎耗尽的状态时，通常是系统感染了蠕虫病毒的缘故。利用任务管理器，找到 CPU 使用率高或内存占用率高的进程，然后终止它。需要注意的是，系统进程无法停止。

2.2.4　Windows 7 控制面板与系统设置

1. 控制面板

Windows 7 安装时，系统会自动检测计算机系统中的硬件设备，将系统调整到最佳的使用状态。Windows 7 控制面板集中了用来配置系统的全部应用程序，用户可根据自己的使用习惯对系统做一些更改。例如,更改显示器、键盘、鼠标等的配置,添加或删除 Windows 7 应用程序、添加输入法等。

控制面板的启动方法:使用【开始】菜单的【控制面板】命令,或利用【计算机】或【资源管理器】窗口打开【控制面板】。【控制面板】界面如图 2-20 所示。

图 2-20 【控制面板】界面

1)【显示】属性设置

【显示】属性用来设置计算机屏幕外观基本属性,如图 2-21 所示。其基本功能如下:

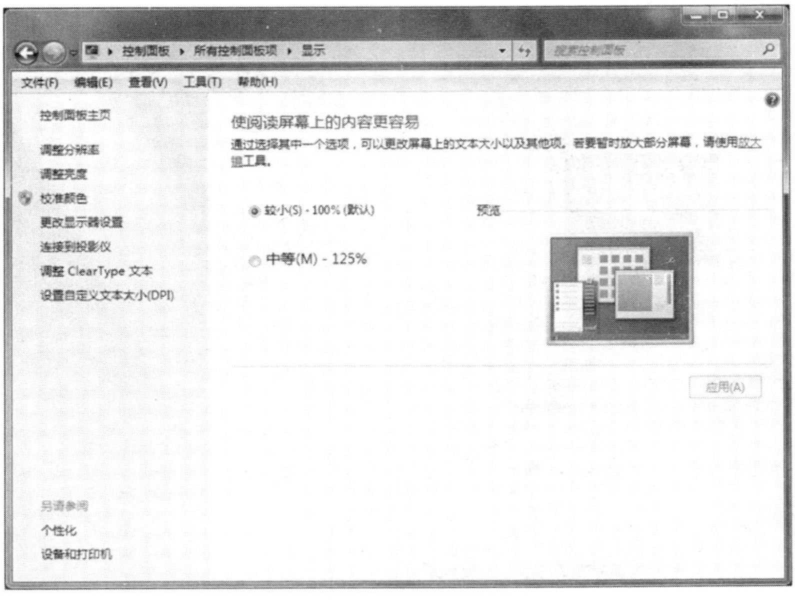

图 2-21 【显示】属性窗口

(1)设置桌面

打开【显示】对话框中的【更改桌面背景】选项卡,在【背景】列表框里选择用户所需的桌面背景;在【位置】下拉列表框中列出了【居中】、【平铺】和【拉伸】等6种显示方式,用户可以根据需要选择所需的选项,设置完成后,然后单击【保存修改】按钮。

如果选择多幅图片作为动态桌面时,可以在【更改图片时间间隔】下拉菜单中选择切换时间。

(2)设置显示器分辨率

分辨率就是屏幕图像的精密度,是指显示器所能显示的像素的多少。由于屏幕上的点、线和面都是由像素组成的,显示器可显示的像素越多,画面就越精细,同样的屏幕区域内能显示的信息也越多,所以分辨率是系统非常重要的性能指标之一。

打开【显示】对话框的【调整分辨率】选项卡,在【分辨率】下拉列表框中进行选择即可。

(3)设置屏幕保护程序。

打开【显示】对话框的【更改屏幕保护程序】选项卡,如图2-22所示,在【屏幕保护程序】下拉列表框中选择一个屏幕保护程序,然后在【等待】文本框中输入启动屏幕保护程序的等待时间,【在恢复时使用密码保护】复选框用于设置屏幕保护程序密码。设置完成后,然后单击【确定】按钮。

2)设备管理

在Windows 7操作系统中,设备管理器是管理计算机硬件设备的工具,用户可以借助设备管理器查看计算机中所安装的硬件设备、设置设备属性、安装或更新驱动程序、停用或卸载设备,功能非常强大。如图2-23所示,设备管理器显示了本地计算机安装的所有硬件设备,如光存储设备、CPU、硬盘、显示器、显卡、网卡、调制解调器等。如果设备前面有一个红色的叉,说明该设备已被禁止或停用,右击该设备,在弹出的菜单中选择【启用】命令即可重新启动该设备。如果设备前面有黄色的问号或感叹号,说明该设备的驱动程序安装不正常,需要重新更新设备驱动程序。

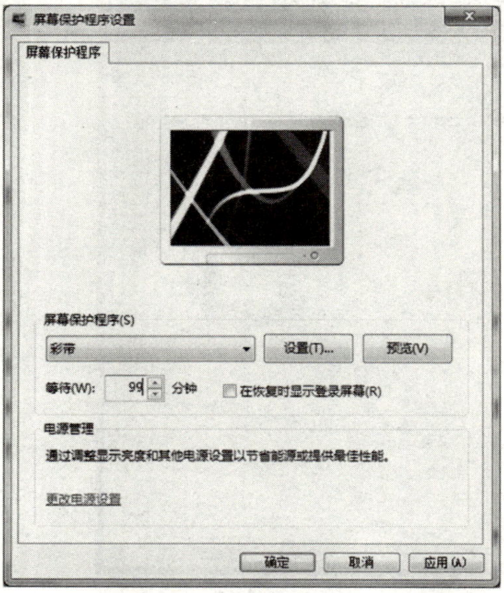

图2-22 屏幕保护程序

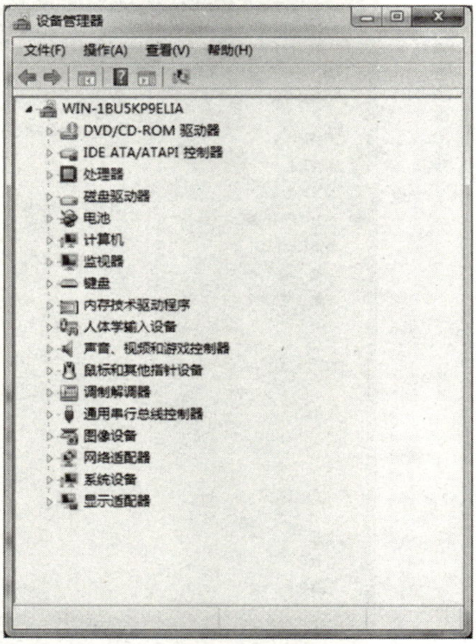

图2-23 设备管理器

任何一个设备如果要在操作系统下工作,必须能够与系统进行互动,接受系统的指令进行工作,并把工作状态返回给系统。设备驱动程序就是负责系统与设备进行交互的程序。设备的驱动程序是系统和设备通信的接口,工作不正常,设备就无法正常工作。计算机的硬件设备多种多样,千差万别,每一种设备都应该有与其相对应的驱动程序,才能正常地在系统管理下运行。

如果计算机有不能正常工作的设备,可能需要更新驱动程序。在【设备管理器】中的设备上右击,在弹出的菜单中选择【更新驱动程序软件】命令,如图2-24所示。有两种搜索驱动程序软件的方法,一种是让Windows自动搜索最匹配的驱动程序,一种是手动浏览计算机来查找要安装的驱动程序文件。一般推荐使用前者,如果系统自动搜索无法完成,在已经从光盘或Internet上下载到了合适的驱动程序文件的情况下可以使用后者。如果手动查找驱动程序,通过【浏览】按钮找到驱动程序文件所在位置,单击【下一步】按钮,按照提示安装即可。

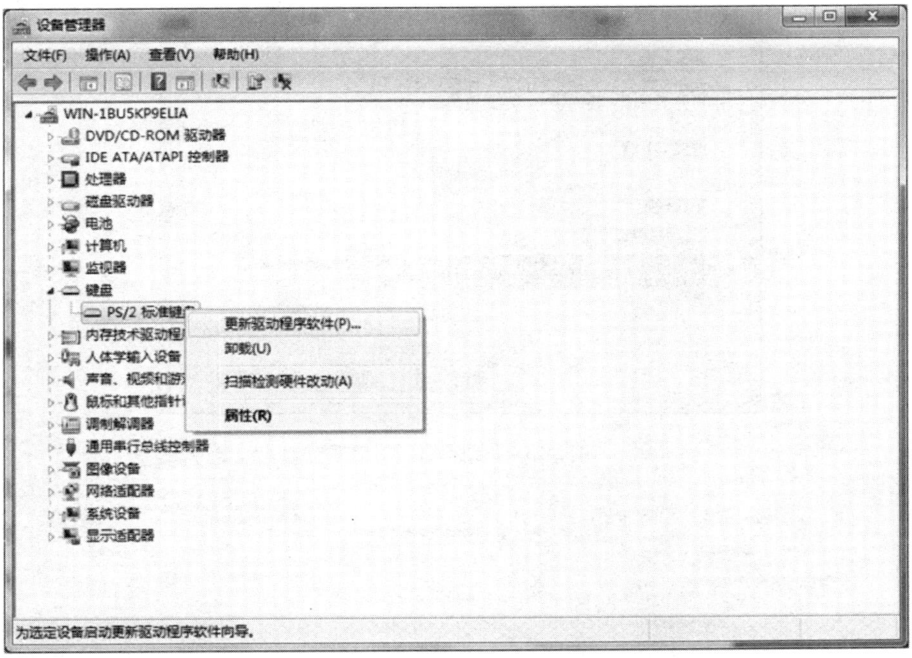

图2-24 更新设备驱动程序

3)常见硬件设备的属性设置

在控制面板窗口中,可以对常用的硬件设备如鼠标、键盘、打印机等进行设置。

(1)鼠标的属性设置

【控制面板】中的【鼠标】程序项用来更改鼠标设置。双击【控制面板】中的【鼠标】程序项,将打开【鼠标属性】对话框,如图2-25所示。在【鼠标属性】对话框中,有多个选项卡。

①【按钮】选项卡:可以将鼠标左、右键功能对调,可以设置双击速度。

②【指针】选项卡:可以设置指针方案,各种状态下指针显示的形状。

③【指针选项】选项卡:可以设置显示鼠标的指针移动速度等。

④【滑轮】选项卡:可以设置垂直滚动的行数和水平滚动的字符数。

⑤【硬件】选项卡:可以查看鼠标的相关硬件信息。

⑥【装置设定值】选项卡:可以设置触摸板的值及 touchpad 图标。

用户可以根据自己的需要在各选项卡中做设置,最后单击【确定】或【应用】按钮。

(2)设备和打印机设置。

单击【设备和打印机】,可以看到如图 2-26 所示窗口,【添加设备】选项用来向计算机添加无线或网络设备。【添加打印机】选项主要启动添加打印机向导,该向导将帮助用户安装打印机。

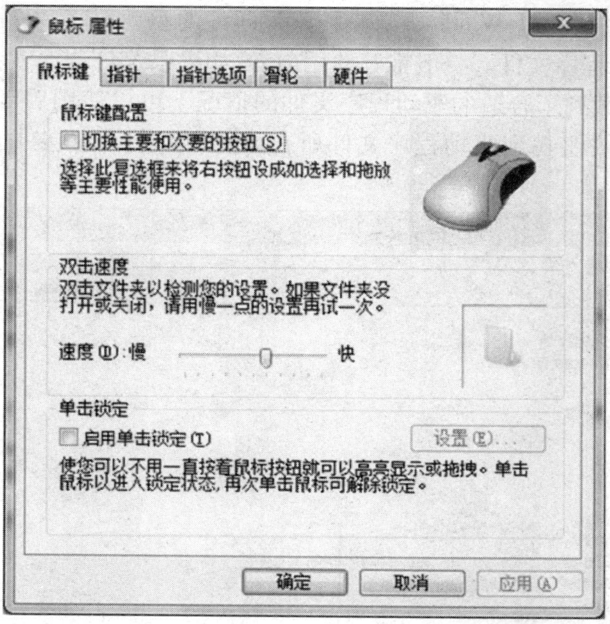

图 2-25 【鼠标属性】对话框

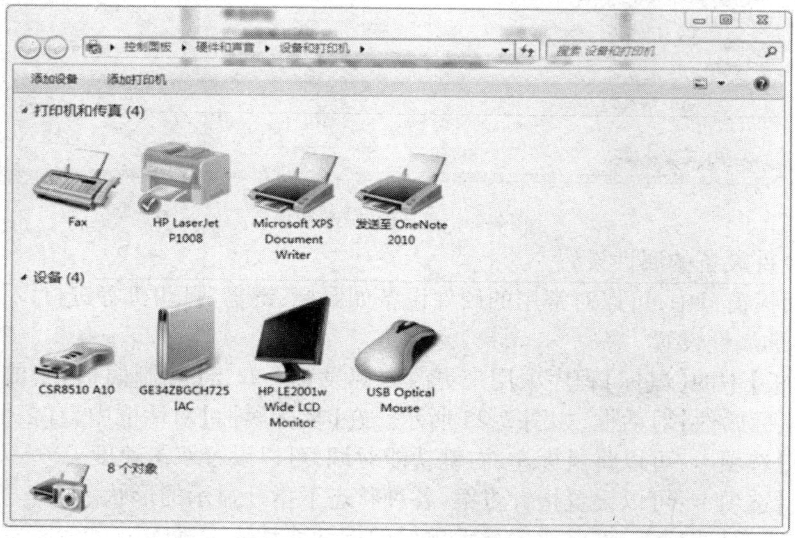

图 2-26 打印机设置窗口

4）安装和卸载应用程序

在【控制面板】窗口中单击【程序和功能】，打开【程序和功能】窗口就可以看到系统中可以卸载、更改和修复应用程序，若要卸载或修复某个程序，只需从列表中将其选中并右击，选择相应的操作即可，如图 2-27 所示。

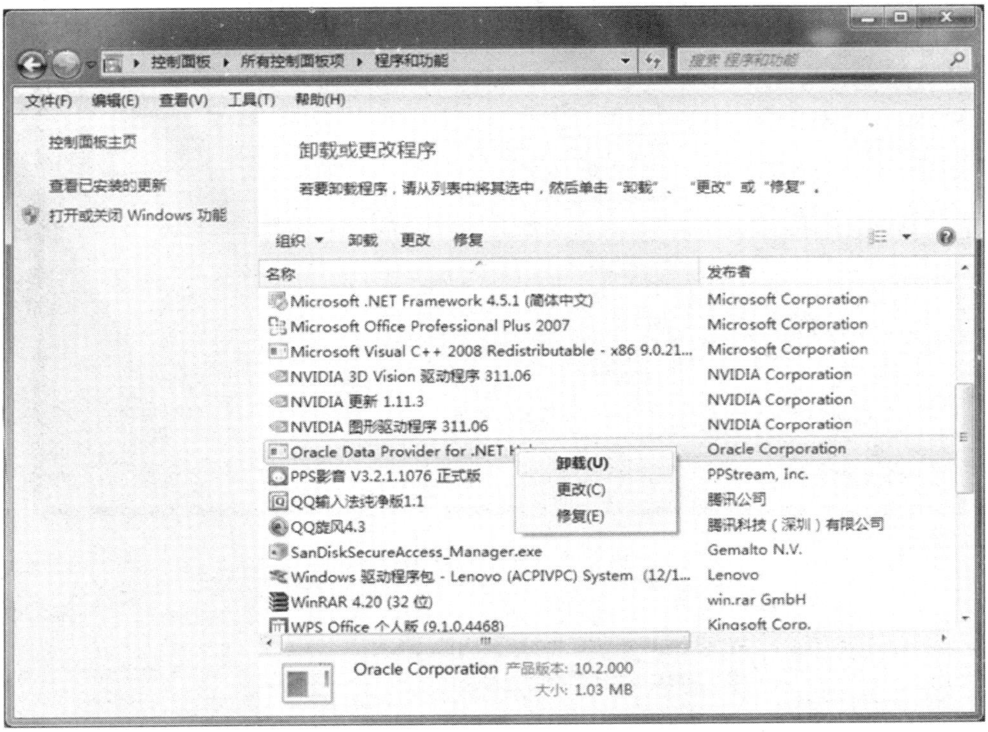

图 2-27 【程序和功能】窗口

特别注意，删除程序不要直接从文件夹中删除，一方面它无法彻底删除程序，另一方面可能导致其他程序无法运行。

5）备份文件和设置

Windows 7 提供了强大的备份与还原功能，可以备份文件、文件夹及系统文件，有效避免了误删、磁盘损坏等原因给用户带来的损失。执行如图 2-28 所示操作，可以在【控制面板】中选择【备份和还原】图标，打开【备份和还原】窗口。

备份 Windows 7 数据：备份 Windows 7 数据非常简单，只需单击【立即备份】就行，过程全自动运行。为了 Windows 7 数据的安全性，建议把备份的数据保存在移动硬盘等其他非本地磁盘上。

还原 Windows 7 数据：如果 Windows 7 系统出现问题，需要还原到早期的系统之中，那么还原的前提就是之前为 Windows 7 做过最少一次备份。在【备份或还原】窗口中选择【还原我的文件】即可，如图 2-29 所示。

为了提高恢复 Windows 7 数据的成功率，建议用户创建系统映像或者创建系统修复光盘。

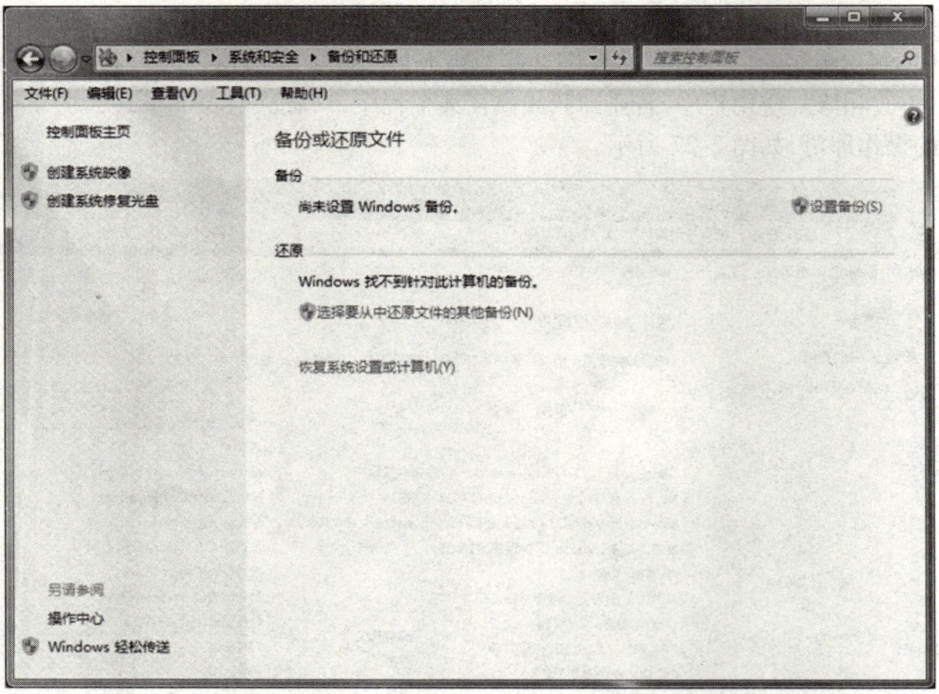

图 2-28 【备份和还原】窗口

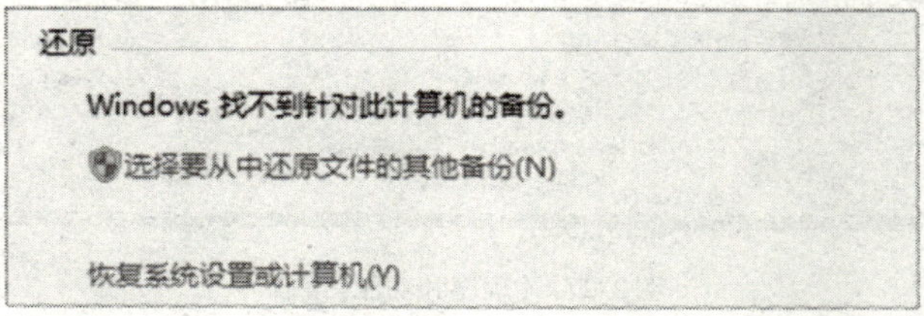

图 2-29 还原数据

2. 账户管理

Windows 7 中的账户(注:计算机中常用“帐户”,本书均统一使用“账户”)类型分为:计算机管理员账户、标准账户和来宾账户。不同账户的使用权限不同。计算机管理员账户可以存取所有文件、添加或删除程序、改变系统设置、添加或删除用户账户等,对计算机拥有最大的操作权限。标准账户只能访问已经安装到计算机上的程序,操作权限受到限制。来宾账户没有密码,可以快速登录进行受限操作。来宾账户(Guest)权限比受限账户更小,可提供给临时使用计算机的用户。

(1)创建用户账户与管理

用户以系统管理员的身份登录到 Windows 7 系统后,可以创建新账户,具体操作如下:

①执行【开始】→【控制面板】命令,打开【控制面板】窗口,单击【用户账户】图标,打开【用户账户】窗口,如图 2-30 所示。

②单击【管理其他账户】,在弹出的窗口的下方单击【创建一个新账号】按钮,在弹出的窗口里输入用户名,然后根据提示信息,选择一个用户的账户类型。

图 2-30 【用户账户】窗口

③单击【创建用户】按钮即可创建一个新账户。

创建完成后可根据需要对账户的类型、名称、密码等进行修改，只需在如图 2-30 所示的相应位置单击相应的按钮即可。

(2)切换账户

Windows 7 中的账户之间可以进行快速切换，具体操作方法是：在如图 2-30 所示的窗口中单击【管理其他账户】在弹出的窗口中选择其他的账户，如图 2-31 所示。这样就可以从一个账户切换到另一个账户，并且原来账户里的程序仍然继续执行。

图 2-31 【管理账户】窗口

(3)家长控制

在 Windows 7 中,用户可以对孩子的计算机使用设置限制,而无须站在孩子身后。例如,用户可以限制儿童使用计算机的时段、可以玩的游戏以及可以运行的程序。具体操作方法如下:

①如图 2-30 所示,单击左下角的【家长控制】按钮,单击其中需要启动【家长控制】功能的账户。

②打开如图 2-32 所示的【用户控制】窗口,选中【启用,应用当前设置】按钮,即可对此账户的使用时间、游戏等级等进行限制。

图 2-32 【用户控制】窗口

3. 使用【帮助】功能

在使用计算机的过程中,如果遇到问题可以使用 Windows 帮助和支持中心来获得帮助,用户可以选择多种方式来获得帮助。

①利用【帮助和支持中心】窗口获得帮助:选择【开始】→【帮助和支持】命令,打开【帮助和支持中心】窗口。在该窗口中列出了一些较常用的帮助主题及其所支持的任务,用户可以很方便地找到所需要的内容。

②通过应用程序的【帮助】菜单获得帮助:Windows 7 打开的应用程序窗口中一般都带有【帮助】菜单。单击【帮助】菜单可以获得相应的帮助信息。

③按【F1】功能键,可以获得当前操作的帮助信息。

4. 系统工具与其他附件

Windows 7 提供了许多功能强大的磁盘管理和系统维护的工具,如磁盘清理、磁盘碎片整理、备份和系统还原等实用系统工具。使用这些系统工具,用户可以有效地管理和维护计算机系统。

(1)磁盘清理

Windows 在运行过程中生成的各种垃圾文件(如.BAK、.OLD、.TMP 文件以及浏览器的

CACHE 文件、TEMP 文件夹等）会占用大量的磁盘空间，这些垃圾文件广泛分布在磁盘的不同文件夹中，手工清除非常麻烦，Windows 7 附带的“磁盘清理程序”可轻松地解决这一问题。

磁盘清理程序是一个垃圾文件清除工具，它可以找出磁盘中的各种无用文件，保持系统的简洁，提高系统性能。

使用【磁盘清理】的步骤如下：

①执行【开始】→【程序】→【附件】→【系统工具】→【磁盘清理】命令，打开【驱动器选择】对话框，选择需要清理的驱动器，单击【确定】按钮，如图 2-33 所示。

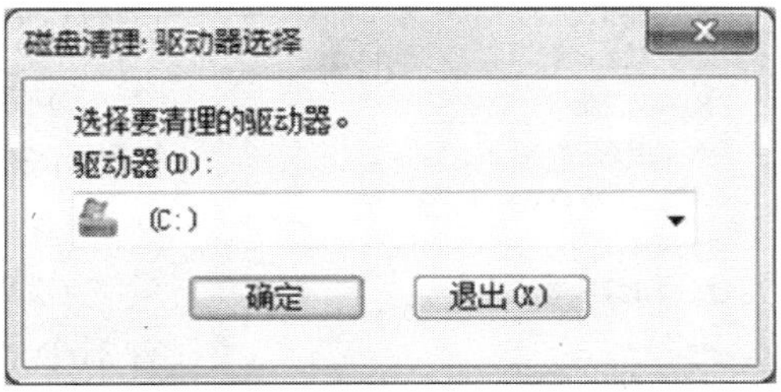

图 2-33 驱动器选择

②在弹出的【磁盘清理】对话框里选择要清理的内容，然后单击【确定】，如图 2-34 所示，系统会提示是否真的要删除选定的内容，单击【确定】按钮后删除要清理的内容。

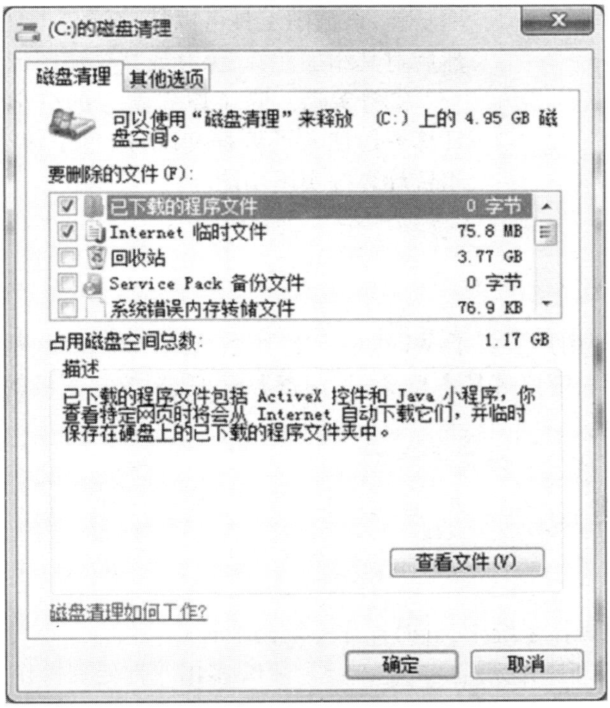

图 2-34 磁盘清理

(2)磁盘碎片整理程序

当用户对磁盘进行多次读写操作后，会产生多处不连续的不可用的磁盘空间，即“碎片”。如果磁盘“碎片”过多，就会降低磁盘的访问速度，影响系统的性能。

利用【磁盘碎片整理程序】可以分析本地磁盘与合并碎片文件和文件夹，使每个文件或文件夹都可以占用磁盘上单独而连续的磁盘空间。合并文件和文件夹碎片的过程称为碎片整理。使用磁盘碎片整理程序整理磁盘的方法如下：

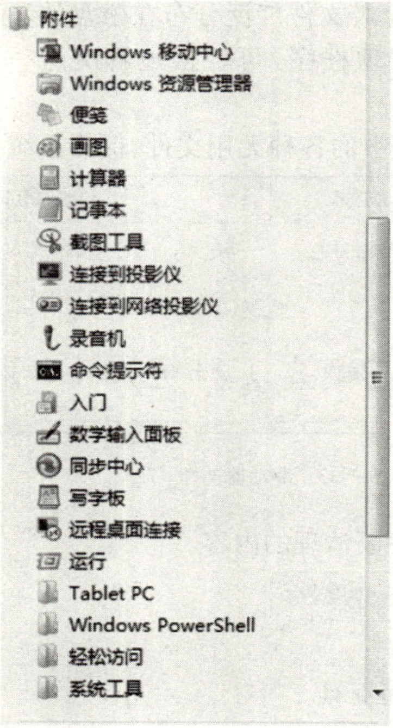

图 2-35 附件内容

①执行【开始】→【程序】→【附件】→【系统工具】→【磁盘碎片整理程序】命令，打开【磁盘碎片整理程序】窗口。

②在【卷】列表框中选择要整理的磁盘，单击【分析】按钮，程序开始分析磁盘碎片情况并把分析结果显示在【分析显示】区域。

③分析结束后，如果有必要整理碎片，系统会弹出对话框提示碎片整理，用户单击【碎片整理】按钮进行整理。

(3)常用附件介绍

在 Windows 7 操作系统中，开始菜单的【附件】选项下有不少实用的小工具，许多都是用户经常使用的，比如记事本、写字板、计算器、画图等。这些系统自带的工具如图 2-35 所示，使用户使用电脑更便捷、更有效率。

①截图工具。【截图工具】是 Windows 7 提供的一项新增功能，该截图工具可以捕获屏幕上任何对象的屏幕快照，然后对其添加注释、保存或共享该图像，使用简单、方便。

②计算器。除了原先就有的科学计算器功能外，新的计算器还加入了编程和统计、单位转换、日期计算及贷款、租赁计算等实用功能。

2.3 本章小结

通过本章学习，使用户了解了 Windows 7 操作系统的工作界面、基本操作方法，理解文件、文件夹、程序、文档、窗口等基本概念，掌握资源管理器、控制面板的使用，使用户能够轻松、熟练地使用计算机。

2.4 本章习题

一、选择题

1. 在各类计算机操作系统中，分时操作系统是一种(　　)。

A. 单用户批处理操作系统　　B. 多用户批处理操作系统

C. 单用户交互式操作系统　　D. 多用户交互式操作系统

2. Windows 中的回收站是(　　)。

A. 内存中的一块区域　　B. 硬盘中的一块区域

C. 软盘中的一块区域　　D. 高速缓存中的一块区域

3. 在一个 Windows 应用程序窗口中，按【Alt】+【F4】键会(　　)。

A. 关闭应用窗口　　B. 关闭文档窗口

C. 使应用程序窗口最小化为图标　　D. 退出 Windows，进入命令提示符

4. 计算机操作系统的作用是(　　)。

A. 管理计算机系统的全部软、硬件资源,合理组织计算机的工作流程,以达到充分利用计算机资源,为用户提供使用计算机的友好界面

B. 对用户存储的文件进行管理,方便用户

C. 执行用户输入的各类命令

D. 为汉字操作系统提供运行基础

5. 下列 Windows 文件名中,错误的是(　　)。

A. A. B. C　　B. My Program　　C. X#Y. BAS　　D. E > F. DOC

6. 用鼠标拖放功能实现文件或文件夹在不同的磁盘间移动时,正确的操作是(　　)。

A. 用鼠标左键拖放文件或文件夹到目的文件夹上

B. 用鼠标右键拖放文件或文件夹到目的文件夹上,然后在弹出的菜单中选择“移动到当前位置”

C. 按住 Ctrl 键,并用鼠标左键拖放文件或文件夹到目的文件夹上

D. 按住 Shift 键,并用鼠标右键拖放文件或文件夹到目的文件夹上

7. 在 Windows 环境下,能运行的应用程序文件必须具有的扩展名是(　　)。

A. . EXE、. PRG. 、COM　　B. . EXE、. COM、. BAT

C. . TXT、. DBF、. COM　　D. . COM、. SYS、. BAT

8. Windows 7 中,不能在【任务栏】内进行的操作是(　　)。

A. 设置系统日期和时间　　B. 排列桌面图标

C. 排列和切换窗口　　D. 启动【开始】菜单

二、填空题

1. Windows 应用程序菜单中的命令项后面若带有“…”,表示选择该命令后,屏幕会出现一个________。

2. 在 Windows 中卸载应用程序,可用【控制面板】中的【________】命令。

3. 在 Windows 的下拉式菜单显示约定中,浅灰色命令字表示________。

4. 在 Windows 中,如果只记得某个文件或文件夹的名称,忘记了它的位置,那么,要打开它的最简便的方法是________。

5. 在 Windows 中,资源管理器左侧的一些图标没有标记表示________。

6. 不少微机软件的安装程序都具有相同的文件名,Windows 系统也如此,其安装程序的文件名一般为________。

7. 在 Windows 环境下,当某项的内容比较多时,即使窗口最大化也无法显示全部内容。此时可以利用窗口上的________来阅读全部内容。

8. 具有及时性和高可靠性的操作系统是________。

三、简答题

1. 什么是操作系统? 操作系统的主要功能是什么? 列举出常用的操作系统。

2. 使用 Windows【控制面板】中的【添加/删除程序】方法删除 Windows 应用程序有什么作用和好处?

3. 利用【资源管理器】进行管理的好处是什么?

第3章 文字处理软件Word 2007

本章要点

- □ 了解文字处理软件的基本概念和功能。
- □ 掌握Word的启动和退出。
- □ 掌握文档的打开与保存。
- □ 掌握文档的基本编辑，包括文本的选定、复制与删除、查找与替换等操作。
- □ 学会文档的排版设置以及页面的设置。
- □ 了解目录的生成及设置自动更正与操作。

Word是微软公司推出的办公套装软件中使用频率最高、功能最强大的一个组件，也是目前最流行的文字处理软件之一。它可以进行图文混合处理以及其他形式的各种编辑，特别适合于办公人员和专业排版人员使用。

3.1 Word 2007 的概述及基本操作

随着计算机技术的发展，文字信息处理技术也进行着一场革命性的变革。在当今的办公软件中，Word 占据着相当重要的位置，是目前办公领域使用最广泛的文字编辑与处理软件。

使用 Word 可以轻松地编辑办公文件和制作图文并茂的电子文档。Word 2007 采用了全新的操作界面，使文字处理变得更直观、更简单、更高效。除了操作界面的更新外，Word 2007 也对早期版本的部分功能进行了增强，同时新增了一些实用的功能。

本章将从文档的基本操作、文档的排版与编辑、表格创建与修饰、图文混排以及页面的设置等方面介绍 Word 2007 的使用方法。

3.1.1 Word 2007 的启动和退出

1. *启动* Word 2007

方法 1：利用【开始】菜单启动。

具体步骤如下：

①单击任务栏左端的【开始】按钮，打开【开始】菜单。

②将鼠标指针移动到【程序】菜单项，打开【程序】级联菜单。

③选择【程序】级联菜单中的【Microsoft Office】下的【Microsoft Word 2007】命令并单击，即可启动 Word 2007。

方法 2：利用桌面快捷方式启动。

若【桌面】上有 Word 2007 快捷方式图标，则可以双击该图标启动 Word 2007。

方法 3：通过 Word 2007 文件启动。

双击文件扩展名为“. docx”的文件即可启动 Word 2007 并打开该文件。

2. *退出* Word 2007

退出 Word 2007 应用程序前要保存编辑后的文档，退出时可使用下列方法之一。

①单击 Word 2007 窗口标题栏最左端的【Office 按钮】图标，然后单击【退出 Word】按钮。

②单击 Word 2007 窗口标题栏最右端的【关闭】按钮。

③双击 Word 2007 窗口标题栏最左端的【Office 按钮】图标。

④在 Word 2007 窗口标题栏上右击鼠标，在弹出的快捷菜单中单击【关闭】命令，如图 3-1 所示。

⑤按快捷键【Alt】+【F4】。

若在退出前没有保存编辑后的文档，则在退出时出现提示框，询问用户是否对修改过的文档进行保存，用户可以根据自己的需要单击相应的按钮。

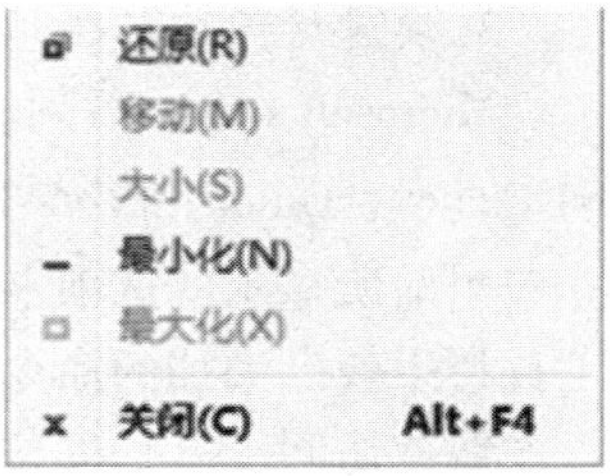

图 3-1 快捷菜单

3.1.2 Word 2007 的主界面介绍

启动 Word 2007 后即可打开 Word 2007 的窗口，如图 3-2 所示。Word 2007 窗口主要由 Office 按钮、动态命令选项卡、快速访问工具栏、标题栏、功能区、工作区和状态栏等部分组成。

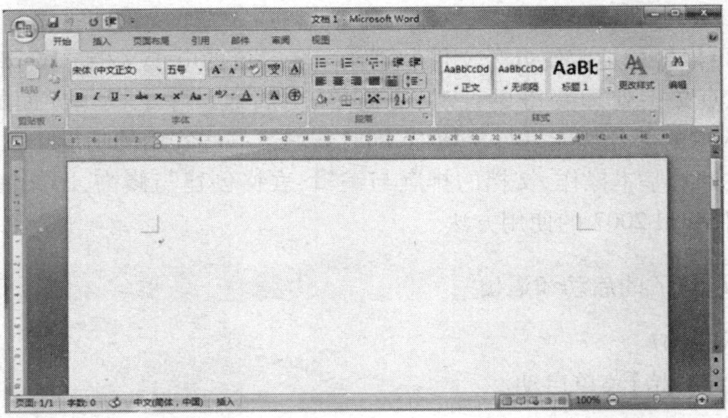

图 3-2　Word 2007 的工作界面

下面分别对 Word 2007 窗口中的各组成部分进行简单介绍。

1.【Office 按钮】图标

【Office 按钮】图标位于 Word 2007 窗口的左上角，该按钮取代了旧版本 Office 程序中的【文件】菜单。单击此按钮，可以进行新建文档、保存文档、准备要部署文档等操作，并且通过它还可以访问其他一些特殊的应用选项。

2. 标题栏

标题栏位于 Word 2007 窗口的最顶端，主要用于显示当前编辑的文档名称。在标题栏最右端有一组窗口控制按钮。单击最小化按钮可使 Word 窗口缩小成 Windows 任务栏中的一个任务按钮；单击最大化按钮可使 Word 窗口最大化成整个屏幕，此时最大化按钮改变为还原按钮；单击还原按钮使 Word 窗口恢复到原来窗口大小，此时，还原按钮又改变为最大化按钮；单击关闭按钮，如果同时打开有多个文档，则关闭当前的文档窗口，否则就关闭 Word 窗口，退出 Word 程序。

3. 快速访问工具栏

Microsoft Office 系列应用程序将原来的工具栏设计成单个的、灵活性相对较好的快速访问工具栏(Quick Access Bar)。它是一个可自定义的工具栏，包含了一组独立于当前所显示的选项卡的命令，这使得用户在操作时不需要切换选项卡，直接到快速访问工具栏中找已添加的命令来完成操作即可。

快速访问工具栏的位置可以在功能区选项卡的上方和下方进行切换。方法是在快速启动工具栏上右击鼠标弹出一快捷菜单，如图 3-3 所示。单击【在功能区下方显示快速访问工具栏】命令，则可将快速访问工具栏移动到功能区选项卡下方显示，如图 3-4 所示。

若希望快速访问工具栏回到功能区选项卡上方显示，可以在快速访问工具栏上单击鼠标右键，在弹出的快捷菜单中选择【在功能区上方显示快速访问工具栏】命令，则快速访问工具栏恢复到功能区选项卡上方显示。

可根据需要灵活地向快速访问工具栏中添加或删除一些常用的命令，如新建文件、保存文件、打开文件、撤销和快速打印等命令，具体方法如下。

①用鼠标单击快速访问工具栏右侧的下拉按钮，则会弹出一下拉列表，如图3-5所示。在列表中选中命令或者取消选中的命令，即可实现在快速访问工具栏中增加或删除命令。

图3-3 快速访问工具栏的快捷菜单

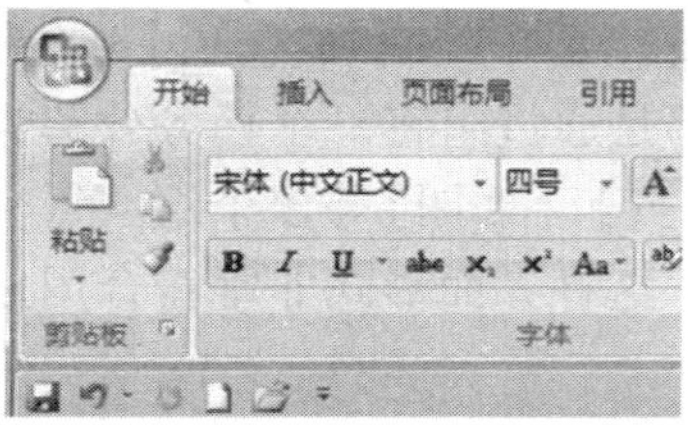

图3-4 功能区选项卡下方显示

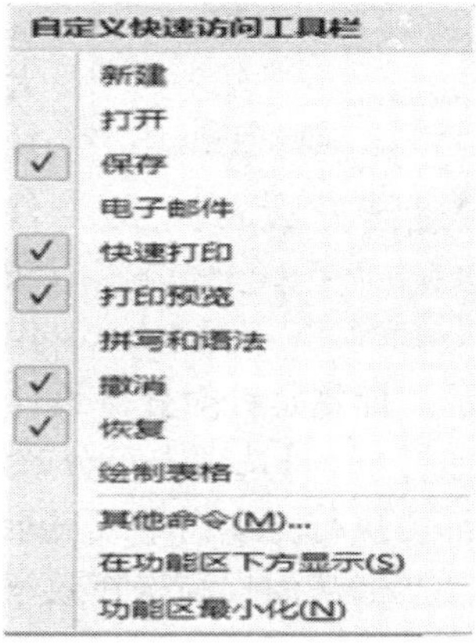

图3-5 快速访问工具栏的下拉列表

若在下拉列表中选择【其他命令】，则会打开【Word 选项】对话框。在该对话框的【自定义】选项设置页面中选择相应的命令，然后单击【添加】或【删除】按钮增加或减少在快速访问工具栏中显示的命令。若想使快速访问工具栏恢复到初始默认命令状态，则可以在如图3-6所示的【Word 选项】对话框的【自定义】选项设置页面中单击【重设】按钮。

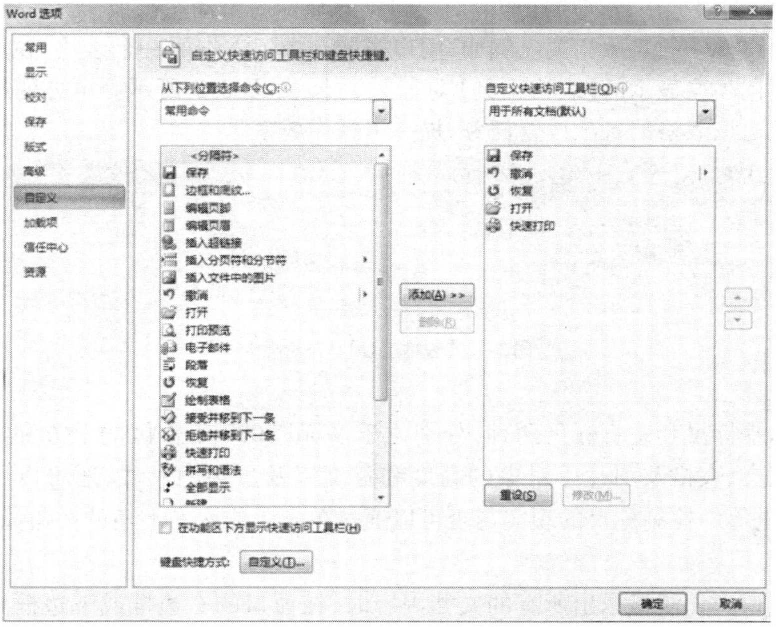

图3-6 【Word 选项】对话框

②直接从功能区选项卡向快速访问工具栏添加命令。

a. 在功能区上，选择相应的选项卡或组以显示要添加到快速访问工具栏的命令。

b. 选择要添加到快速访问工具栏的命令。例如，选择【开始】功能区选项卡中的【粘贴】命令，右击该按钮弹出一快捷菜单，如图 3-7 所示。从中选择【添加到快速访问工具栏】命令即可。

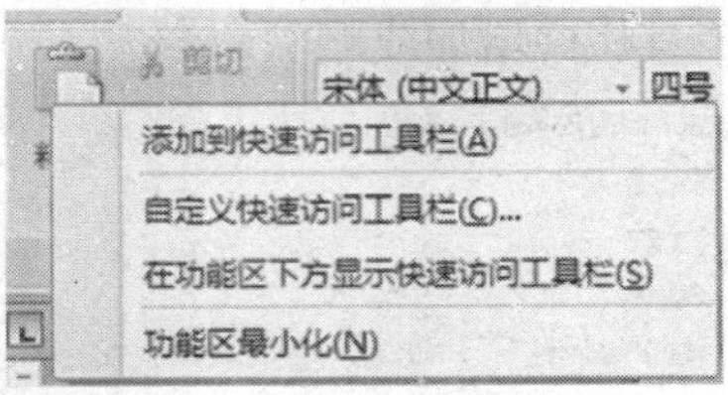

图 3-7　向快速访问工具栏添加命令的快捷菜单

4. 功能区

微软公司对 Office 2007 做了全新的用户界面设计。最大的创新之一就是取消了下拉式菜单命令，取而代之的是功能区。功能区是用户界面的一个按任务分组命令的组件，显示的是一些使用频率最高的命令。在 Word 2007 的功能区中，主要分为【开始】、【插入】、【页面布局】、【引用】、【邮件】、【审阅】、【视图】和【加载项】8 个标签，如图 3-8 所示。标签是针对任务设计的，在每个标签中，都是通过组将一个任务分解为多个子任务。例如，【插入】选项卡可分解为【文本】、【表格】、【页】、【插图】等多个组。每个组中的命令按钮都可执行一项命令或显示一个命令下拉列表。这种界面形式非常符合用户的操作习惯，便于记忆，从而提高操作效率。

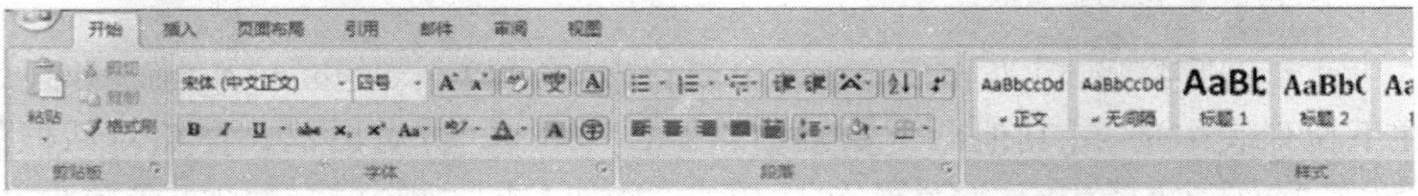

图 3-8　功能区

5. 动态选项卡

Word 2007 会根据用户当前操作的对象自动地显示一个动态选项卡，该选项卡中所有命令都和当前用户操作的对象相关。例如，用户当前选择了文中的一个表格，在功能区中会自动产生一个黄色高亮显示的【表格工具】动态选项卡，如图 3-9 所示。可方便地利用此选项中的命令完成对该表格的各项设置任务，提高了操作效率。

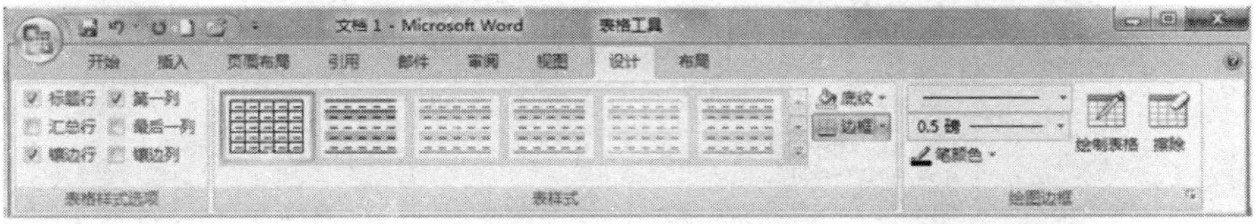

图 3-9　【表格工具】动态选项卡

6. 标尺

标尺有水平标尺和垂直标尺两种，分别位于 Word 2007 工作区的上方和左侧。标尺可以用来查看正文、表格及图片等对象的高度和宽度以及页边距尺寸，还可以用来设置制表位、段落的缩进等。控制标尺的现实与否可以通过单击工作区右上角的按钮来实现。

7. 滚动条

当文档窗口内无法显示出所有的文档内容时，在窗口的右边框或下边框处会出现一个垂直滚动条或水平滚动条，使用滚动条中的滑块或按钮可滚动工作区内的文档，以便查看窗口中其他内容。

8. 编辑区

Word 2007 窗口中最大的一部分空白区域即为文档编辑区,所有关于文本、图片及表格等内容的操作都将在该区域中完成,如图 3-10 所示。文档编辑区中有闪烁的光标,用来定位文本的输入位置。

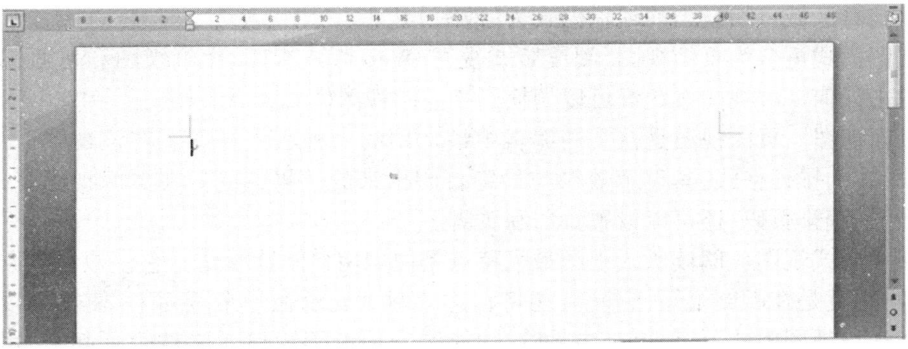

图 3-10　文档编辑区

9. 状态栏

状态栏位于 Word 2007 窗口的底部,如图 3-11 所示。它用来显示当前文档的一些信息,如页面信息、字数、自动更正、当前输入语言、编辑模式、视图模式和显示比例等。

图 3-11　状态栏

①页面信息主要用于显示当前页及文档总页数。例如,3/8 表示当前页为第三页,文档总页数为 8,单击页面信息区域,可打开【定位】选项卡,如图 3-12 所示。在对话框中确定定位目标为“页”后,可在【输入页号】文本框中输入要定位的页号,则可直接转到相应页进行编辑操作。若在页号前加入“ + ”或“ - ”符号,则表示相对于当前页向后或向前翻页数。

②字数信息主要用于显示当前文档中的字数统计信息。单击字数统计对话框,如图 3-13 所示。

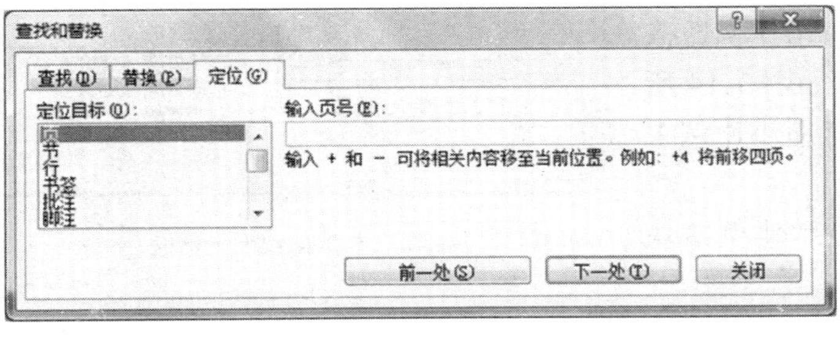

图 3-12　【定位】选项卡

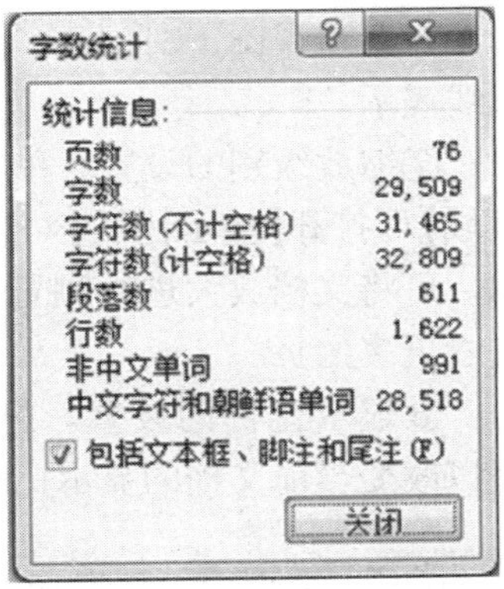

图 3-13　【字数统计】对话框

③自动更正主要用于发现校对错误，单击该区域可定位到需要更正的位置，并显示自动更正相关的快捷菜单。

④语言信息主要用于显示当前输入语言类型，如“中文（中国）”或“英语（美国）”等信息。该信息会随用户输入法的切换而自动改变，使用户明确当前输入状态。

⑤编辑模式有两种状态，分别为【插入】和【改写】状态。编辑模式默认为【插入】状态，单击插入信息区域可切换当前编辑模式为【改写】状态。

⑥视图模式可分为页面视图、阅读版式视图、Web 版式视图、大纲视图和普通视图 5 种视图。单击任何一种视图按钮都可以切换到相应的视图模式查看文档。

a. 页面视图。页面视图是在文档编辑中最常用的一种版式视图。在该视图下，用户可以看到图、文的排列格式，其显示效果与最终打印出来的效果相同。在页面视图下，用户不仅可以查看、编排页码，还可以设置页眉和页脚。

b. 阅读版式视图。阅读版式视图最大特点是便于用户阅读操作。它模拟书本阅读的方式，让用户感觉是在翻阅书籍，它同时能将相连的两页显示在一个版面上，使得阅读文档十分方便。在该视图模式下，【Office 按钮】、功能区选项卡等窗口元素被隐藏起来，用户可以单击【工具】按钮选择各种阅读工具。

c. Web 版式视图。Web 版式视图以网页的形式显示 Word 2007 文档，采用该视图版式可以编辑用于 Internet 网站发布的文档。这样，就可以将 Word 中编辑的文档直接用于网站，并可通过浏览器直接浏览。

d. 大纲视图。大纲视图主要用于 Word 2007 文档标题层次结构的设置和显示，并可以方便地折叠和展开各种层级的文档，还可以用大纲视图来组织文档并审阅、处理文档的结构。大纲视图为设计大型文档、在文档之中整块移动、生成目录和其他列表提供了一个方便的途径。

e. 普通视图。普通视图模式是一种简化的页面布局，该视图模式取消了页面边距、分栏、页眉页脚和图片等元素，尽可能多地显示文档内容，在该视图模式下，不仅可以快速地输入和编辑文字，还可以对跨页的内容进行编辑。在普通视图下，页与页之间的分隔以一条虚线表示。

⑦缩放级别的设置。单击【显示比例数值区域】可打开【显示比例】对话框，如图 3-14 所示。可将文档放大进行浏览，也可缩小比例来查看更多的页。

⑧显示比例的设置。拖动显示比例滑块可以改变当前文档的显示比例。

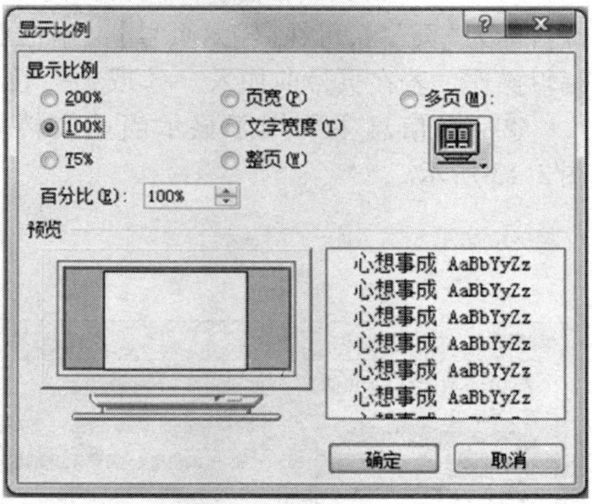

图 3-14 【显示比例】对话框

3.1.3 文档的基础操作

Word 文档是文本、表格、图片等对象的载体。对于 Word 2007 的文档基本操作主要包括文档的打开、新建、录入、保存、关闭等操作。

1. 新建空白文档

启动 Word 2007 后，程序会自动新建一个空白文档，其创建方法包括以下几种。

①通过功能按钮单击【快速访问工具栏】右侧按钮，在下拉菜单中选择【新建】命令，在快速访问工具栏中将显示出【新建】按钮，此后只要单击该按钮，即可新建一个空白文档。

②通过【新建文档】对话框单击【office 按钮】图标，在下拉菜单中选择【新建】命令，打开如图 3-15 所示的【新建文档】对话框，在中间的列表框中选择【空白文档】选项后，单击【创建】按钮即可创建一个空白文档。

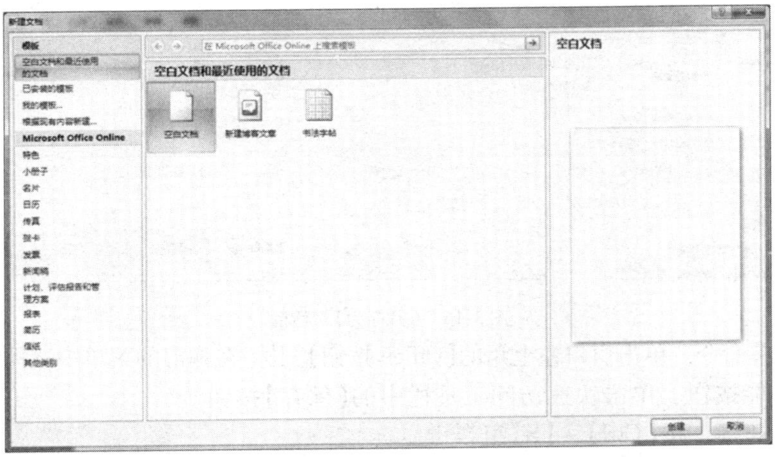

图 3-15 【新建文档】对话框

③通过快捷键启动 Word 2007 后按【Ctrl】+【N】组合键也可创建一个空白文档。

启动 Word 并连续创建多个文档后，新建文档的名称按顺序依次默认为“文档 1”、“文档 2”、“文档 3”等，其扩展名为“. docx”。

2. 利用模板向导新建文档

除了新建空白文档之外，在 Word 2007 中内置有多种用途的模板，利用这些模板可快速地创建各种类型的文档。可以根据实际需要选择特定模板新建 Word 文档，在模板中添加相应的内容即可完成一份漂亮工整的 Word 文档。使用模板向导新建文档的步骤如下。

①单击【Office 按钮】图标，在弹出的菜单中选择【新建】命令，打开【新建文档】对话框，如图 3-15 所示。

②在【新建文档】对话框中单击【已安装的模板】选项，在出现的【已安装的模板】列表中选择一个模板，然后单击【创建】按钮，即可套用打开的模板。

提示：若用户计算机已连接上网络，还可在【新建文档】对话框的【Microsoft Office Online】选项中选择使用网络提供的更多 Word 模板来创建文档。

3. 保存文档

保存文档是把文档作为一个文件保存在磁盘上，如果不进行保存操作，则文档的内容只驻留在计算机的内存中，为了永久保存所建立的文档，在退出 Word 前应将它作为磁盘文件永久保存起来。

①保存新建文档。对于新创建的 Word 文档,在第一次保存时将弹出【另存为】对话框,如图 3-16 所示。一般需要指定文档的保存路径与保存名称,如果有特殊需要,还可以设定保存格式。保存新建文档的方法有以下 3 种。

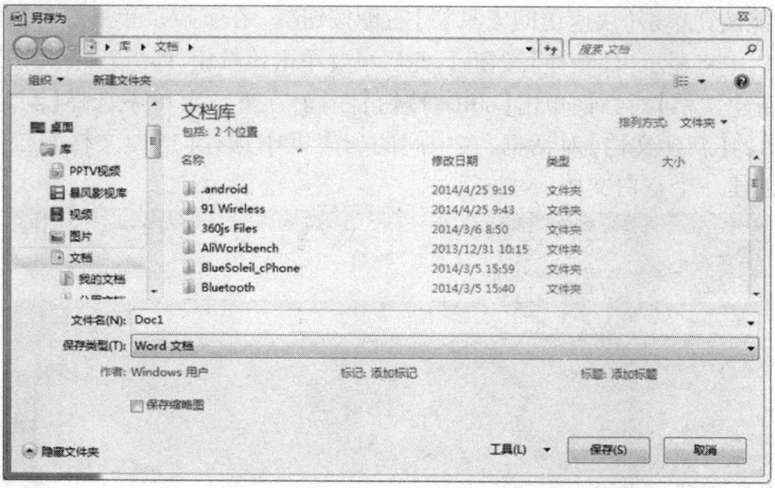

图 3-16 【另存为】对话框

a. 通过菜单命令。单击窗口左上角的【Office 按钮】图标,在弹出的菜单中选择【保存】命令。

b. 通过功能按钮。单击快速访问工具栏中的【保存】按钮。

c. 使用快捷键。按【Ctrl】+【S】组合键。

对文档进行首次保存后,以后再执行保存操作时,Word 将自动覆盖原文档,而不会再弹出【另存为】对话框。

②另存为文档。另存为文档是将当前已经保存过的文档以不同的名称保存或另保存一份副本到系统的其他位置,而不影响原文档的内容,同时关闭当前文档,自动切换到另存的文档中进行编辑。另存为文档的操作步骤如下。

a. 单击【office 按钮】图标,在弹出的菜单中选择【另存为】命令。

b. 在【另存为】子菜单中选择保存文档副本的形式,即可打开【另存为】对话框。在【另存为】对话框中,设置保存文档的路径、文件名和保存类型。

c. 单击【保存】按钮,即可将该文档在计算机中保存一份副本。

③自动保存文档在编辑文档的过程中,为防止意外情况(停电、非法操作等)导致当前编辑的内容丢失,Word 2007 提供了自动保存功能,可以每隔一段时间就自动保存一次文档,从而极大限度地避免文档内容的丢失。

设置文档自动保存的操作步骤如下。

a. 单击【Office 按钮】图标,在弹出的菜单中选择【Word 选项】命令,打开【Word 选项】对话框。

b. 在【Word 选项】对话框中选择【保存】选项,在打开的【自定义文档保存方式】窗格中勾选【保存自动恢复信息时间间隔】复选框,在【分钟】微调框中输入自动保存文档的时间间隔,如输入“15”。

c. 单击【确定】按钮。

注:Word 2007 默认自动保存间隔是 10min,设置自动保存文档的时间间隔不宜过短,因

为频繁地保存文档会影响系统的运行速度，降低工作效率。

4. 关闭文档

要关闭一个文档主要有以下几种操作方法。

①通过菜单命令。单击【Office 按钮】图标，在弹出的菜单中选择【关闭】命令。

②通过【关闭】按钮。单击标题栏右侧的【关闭】按钮。

③使用快捷菜单。右击标题栏，在弹出的快捷菜单中选择【关闭】命令。

④使用快捷键。按组合键【Ctrl】+【F4】。

如果在关闭文档前未对编辑的文档进行保存，系统将打开一个提示询问用户是否进行保存，单击【是】按钮，将保存文档并关闭文档；单击【否】按钮将不保存文档，同时关闭文档；单击【取消】按钮将不关闭文档。

5. 打开文档

在 Word 运行过程中，有时需要同时打开其他文档，这样就需要在 Word 中将文档打开。打开文档主要有以下几种操作方法。

①通过菜单命令。单击【Office 按钮】图标，在弹出的菜单中选择【打开】命令，将打开如图 3-17 所示的【打开】对话框，在其中选择文档的保存路径，然后选中要打开的文档，单击“打开”按钮。

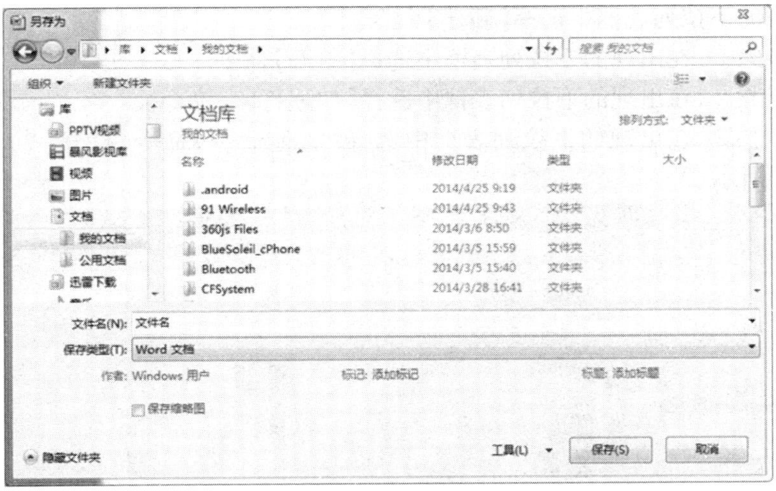

图 3-17 【打开】对话框

②通过功能按钮。在快速访问工具栏中显示出【打开】按钮，单击该按钮，既可打开【打开】对话框，从中选择并打开文档。

③使用快捷键。按【Ctrl】+【O】组合键，在打开的【打开】对话框中选择并打开文档。

④直接打开文档。直接找到文件的保存路径，用鼠标双击要打开的 Word 文档即可。

6. 转换文档

由 Word 2003 或早期版本所新建的文档，在 Word 2007 中以兼容模式打开。由于以前的 Word 版本不能使用 Word 2007 的新增功能，所以可以利用 Word 2007 提供的转换文档功能将由早期版本创建的文档转换为全新的格式。操作方法如下。

①Word 2007 中打开一个由 Word 2003 创建的文档，该文档以兼容模式打开。

②单击【Office 按钮】图标,在弹出的菜单中选择【转换】命令,即可将文档转换为 Word 2007 格式。

3.1.4 本节练习

启动 Word 2007 新建一个 Word 文档,在快速访问工具栏中增加【新建】、【打开】、【快速打印】、【更多】和【Word 模板】命令,如图 3-18 所示。

1. 案例分析

本案例主要涉及的知识点如下。

图 3-18 修改后的快速访问工具栏

①启动 Word 2007。

②使用快速访问工具栏。

③自定义快速访问工具栏。

④退出 Word 2007。

2. 实现步骤

①单击【开始】菜单,选择【所有程序】菜单中的【Microsoft Office】下的【Microsoft Office Word 2007】命令启动 Word 2007。

②单击快速访问工具栏右侧的下拉按钮打开下拉列表框。

③在出现的下拉列表框中选择【新建】命令。

④重复步骤②,在出现的下拉列表框中选择【打开】命令。

⑤重复步骤②,在出现的下拉列表框中选择【快速打印】命令。

⑥重复步骤②,在出现的下拉列表框中选择【其他命令】命令,打开【Word 选项】对话框,如图 3-19 所示。

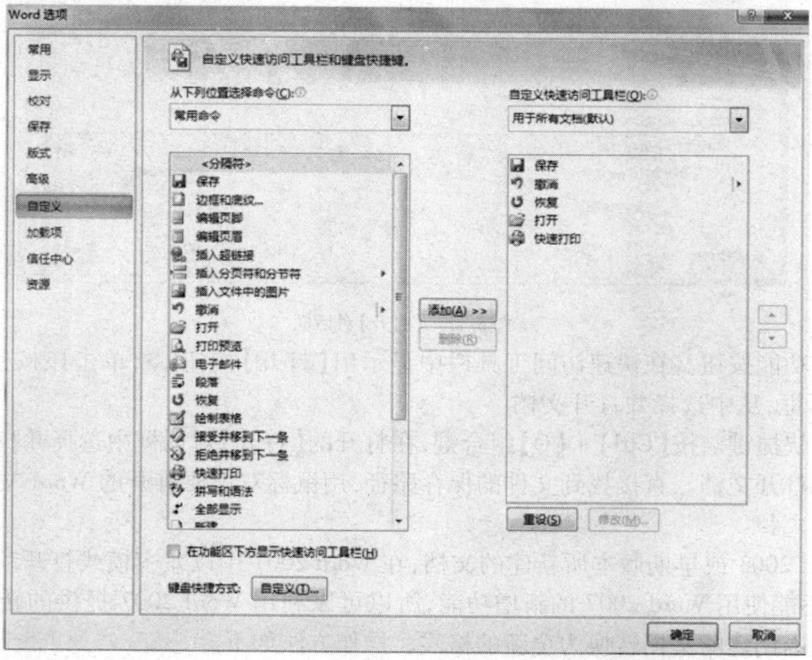

图 3-19 【Word 选项】对话框

⑦单击【常用命令】后面的下拉按钮，在出现的下拉列表框中选择【所有命令】选项显示所有可能添加到自定义快速访问工具栏的命令。

⑧在列表框中依次选择【Word 模板】命令和【更多】命令，单击【添加】按钮将其添加到自定义快速访问工具栏的下拉列表框中，然后单击【确定】按钮。

⑨单击窗口右上角的关闭按钮，退出 Word 2007。

3.2 Word 2007 文档基本编辑

Word 文档是文本、表格、图片等对象的载体。对于 Word 2007 的文档基本编辑主要包括文档中文本的输入、文本的选定、复制与移动文本以及查找和替换等操作。

3.2.1 文本内容的输入

创建了一个新文档后，用户就可以在 Word 编辑区中直接输入和编辑文档了。在文档编辑区中有一条闪烁的短竖线，称为插入点，表示在此处可以输入文档内容。文档的内容主要是文字，也可以是符号、图片、表格、图形等。

1. 改写/插入状态

在输入文本之前首先要注意一下状态栏当前是改写状态还是插入状态。状态栏中若显示【插入】，则表示当前为插入状态，即输入文本将显示在光标指示的位置，其后的文本自动后移；状态栏中若显示【改写】，则表示当前为改写状态，输入文本将覆盖其后的文本内容。

改写/插入状态的切换可以通过单击状态栏上的【插入】或【改写】来实现。

2. 输入文本

当输入文本时，插入点自左向右移动。如果输入了一个错误的字符或汉字，那么可以按【Backspace】键删除该错字，然后继续再输入。

Word 有自动换行的功能，当输入到达每行的末尾时不必按【Enter】键，Word 会自动换行，只有想要另起一个新的段落时才按【Enter】键。按【Enter】键表示一个段落的结束，新段落的开始。

Word 2007 既可输入汉字，又可输入英文。中/英文输入法的切换方法有：

①单击 Windows【任务栏】右端的【语言指示器】按钮，在【输入法】列表中单击所需的输入法。

②按组合键【Ctrl】+【空格】键可以在中/英文输入法之间快速切换；按组合键【Ctrl】+【Shift】可以在各种输入法之间循环切换。

3. 插入符号和特殊字符

输入时如果遇到键盘上没有的一些特殊符号，除了利用汉字输入法的软键盘外，还可以使用 Word 提供的【插入】功能进行插入。例如，在文档中插入符号，操作步骤如下。

①将插入点定位到要插入符号的位置，在【插入】选项卡中单击【符号】组中的▾，在弹出的下拉菜单中选择【其他符号】命令。

②打开如图 3-20 所示的【符号】对话框，在【符号】选项卡的【子集】下拉列表中选择【数学运算符】选项，列表框中将显示出所有的数学运算符。

③在列表框中选择“≠”符号,单击【插入】按钮,即可将选定的符号插入到文档的指定位置。

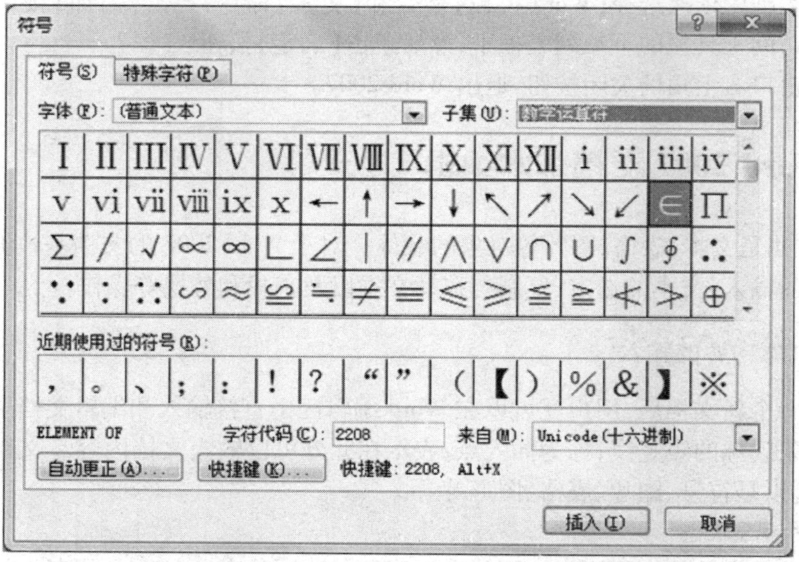

图3-20 【符号】对话框

3.2.2 选定文本

在文档中输入文本后,需要对文本进行各种编辑和设置操作,在做这些操作之前要先选择相应的文本,也就是指明要对哪些文本进行操作。若能熟练掌握文本的选定方,将有助于提高工作效率。选择文本有以下几种方法。

①选择任意大小的文本区首先将“I”形鼠标指针移到所要选定文本区的开始处,然后拖动鼠标直到所选定文本区的最后一个文字处并松开鼠标左键。这样,鼠标所拖动过的区域就被选定。如果要取消选定区域,可以用鼠标单击文档中的任意位置。

②选择矩形区域中的文本将鼠标指针移动到所选区域的左上角,按住【Alt】键,拖动鼠标直到区域的右下角,放开鼠标。

③选择一个词组在要选择的词组中间双击鼠标,即可选中该词组。

④选择一个句子按住【Ctrl】键,将鼠标光标移到所要选句子的任意处单击一下。

⑤选择一行或多行将鼠标指针移到所选行左端的选定区,单击一下就可选定一行文本,如果在选定区拖动鼠标,则可选定若干个连续行。若要选择多个不连续的行,可按【Ctrl】键再在每一行的选定区单击鼠标。

⑥选择一个段落将鼠标指针移到所要选定段落的任意行处连击三下鼠标左键。或者将鼠标指针移到所要选定段落左侧的选定区,当鼠标指针变成向右上方指的箭头时双击。

⑦选择整个文档将鼠标指针移到文档左侧的选定区并连续快速三击鼠标左键。也可以单击【开始】选项卡【编辑】组中【选择】下拉列表框中的【全选】命令,还可以接按快捷键【Ctrl】+【A】选定全文。

3.2.3 文本的复制与移动

在编辑文档时,常常需要重复输入一些前面已经输入过的文本,使用复制操作可以减少输入量和键入错误,提高效率。另外,还经常需要将某些文本从一个位置移动到另一个位置,以调整文档的结构,这就需要移动这些文本。

1. 复制文本

在复制操作前,首先选中要复制的文本。对选中的文本进行复制及粘贴操作主要有几种方法。

①利用快捷键选中文本,按组合键【Ctrl】+【C】,此时,所选定的文本的副本被临时保存在剪贴板之中。然后,将插入点移到插入文本的目标位置后,按组合键【Ctrl】+【V】,此时所选定的文本的副本就被复制到指定位置。

②利用快捷菜单选中文本,单击鼠标右键,在弹出的快捷菜单中选择【复制】命令,然后,将插入点移到插入文本的目标位置,再单击鼠标右键,在弹出的快捷菜单中【粘贴】命令。

③利用选项卡选中文本,单击【开始】选项卡中的【复制】按钮进行复制操作,然后,将插入点移到插入文本的目标位置,再单击【粘贴】按钮,即可将选定的文本的副本复制到指定位置。

2. 移动文本

在移动操作前,首先选中要移动的文本。要实现文本的移动,可利用剪切和粘贴操作完成,主要有以下几种方法。

①利用快捷键选中文本,按组合键【Ctrl】+【X】,此时所选定的文本被剪切掉并临时保存在剪贴板中,然后,将插入点移到插入文本的目标位置后,按组合键【Ctrl】+【V】,所选定的文本就被移动到指定位置。

②利用快捷菜单选中文本,单击鼠标右键,在弹出的快捷菜单中选择【剪切】命令,然后,将插入点移到插入文本的目标位置,再单击鼠标右键,在弹出的快捷菜单中选择【粘贴】命令。

③利用选项卡选中文本,单击【开始】选项卡中的【剪切】按钮进行剪操作,然后,将插入点移到插入文本的目标位置,再单击【粘贴】按钮,即可将选定的文本移动到指定的位置。

除了以上3种方法外,还可通过鼠标拖拉移动文本。如果所要移动的文本块比较短小,而且目标位置就在同一屏幕中,那么用鼠标拖动实现移动显得更为简捷。一般的操作方法是先选定要移动的文本,然后将鼠标指针移到所选定的文本区,使其变成向左指箭头,再按住鼠标左键并拖至目标位置。如果在按鼠标左键之前先按下【Ctrl】键再进行拖动,则实现的是复制功能。

3.2.4 文档中的查找与替换

使用Word提供的查找与替换功能,可以快速实现在较长的文档中查找与替换相同的内容。Word 2007提供了强大的查找与替换功能,可以查找和替换文本、格式、段落标记及其他的一些特定项。

1. 查找文本

查找文档中的指定内容,可按如下操作步骤进行。

①单击【开始】选项卡上【编辑】组中的【查找】按钮或按组合键【Ctrl】+【F】打开【查找和替换】对话框。

②单击【查找】标签,在【查找内容】列表框中输入要查找的文本,如输入【实验】。可以使用通配符来扩展搜索,以找到包含特定字母和字母组合的单词或短语。

③若要直观地浏览所查找的文本在文档中出现的每个位置,可以在对话框中单击【阅读突出显示】按钮,然后再单击【全部突出显示】按钮即可。虽然文本在屏幕上会突出显示,但在文档打印时并不会有所变化。

④若在对话框中单击【在以下项中查找】按钮,则可以有4个命令供用户选择,分别为【当前所选内容】、【主文档】、【页眉和页脚】和【主文档中的文本框】。可根据要查找文本所在的位置选择查找范围。默认为从插入点所在位置向后查找。

⑤若在对话框中单击【查找下一处】按钮,Word 2007便按指定的范围查找指定内容所出现的第一个位置,并将找到的内容以选中状态显示;如果再单击【查找下一处】按钮或按【Enter】键,Word 2007使继续向后查找指定内容的第二次出现位置,依次类推。如果单击【取消】按钮,那么关闭【查找和替换】对话框,插入点停留在当前查找到的文本处。

提示:当关闭【查找相替换】对话框后,可单击垂直滚动条下端的【前一次查找/定位】按钮或【下一次查找/定位】按钮,继续查找指定的文本。

2. 高级查找

上面所讲的查找为常规查找,如果需要指定查找条件,可以单击【查找和替换】对话框中的【更多】按钮,打开一个能设置各种查找条件的对话框。设置好这些选项后,可以速查找出符合条件的文本来。

在【查找】选项卡的【高级】选项中的各个选项的功能如下。

①【查找内容】列表框用来输入要查找的文本,或者单击列表框右端的按钮,列表中列出最近查找过的文本供选用。

②【搜索】下拉列表框用于选择查找和替换的方向,列表中有【全部】、【向上】和【向下】3个选项。【全部】选项表示从插入点开始向文档末尾查,然后再从文档开头查找到插入点处;【向下】选项表示从插入点查找到文档末尾;【向上】选项表示从插入点开始向文档开头处查找。

③单击【格式】按钮可以打开下拉列表框,从中选择命令就可以设置查找与替代的文本格式、段落格式及样式等。

④单击【特殊字符】按钮,可以打开【特殊字符】列表,从中选择所需的特殊字符。

3. 替换文本

有时需要将文档中多次出现的某些字/词替换为另一个字/词,利用【查找和替换】功能会收到很好的效果。

【替换】的操作与【查找】操作类似,具体步骤如下。

①单击【开始】选项卡中【编辑】组的【替换】按钮,或按组合键【Ctrl】+【H】,打开【查找和替换】对话框。

②在【查找内容】下拉列表框中输入要查找的内容,如"实验";在【替换为】下拉列表框中,输入要替换的内容,如"试验",如图 3-21 所示。

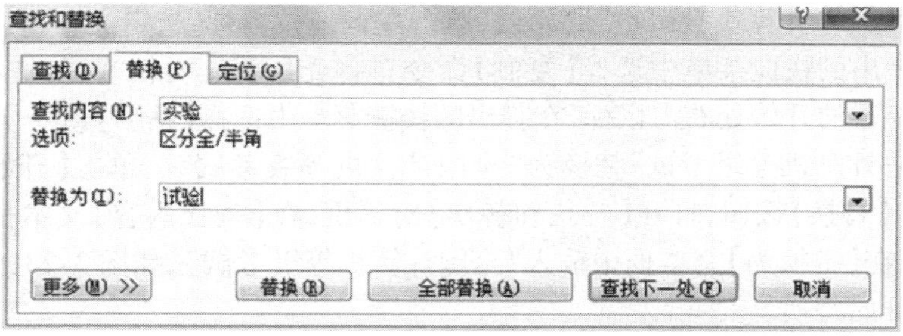

图 3-21　设置好查找和替换内容的"查找和替换"对话框

③单击【查找下一处】按钮开始查找,找到目标后反向显示。如果确要替换,则单击【替换】按钮,否则再单击【查找下一处】按钮继续查找。反复进行可以边查找边替换。如果要全部替换,那么只要单击【全都替换】按钮就可一次替换完毕。

同样,也可以使用【高级】功能来设置所查找和替换文字的格式,直接将替换的文字设置成指定的格式。

3.2.5　本节练习

利用 Word 2007 可以制作各种文档材料,如招标书、通知、信函等。本练习的主要任务是制作一个全国计算机等级考试报名的通知,如图 3-22 所示。

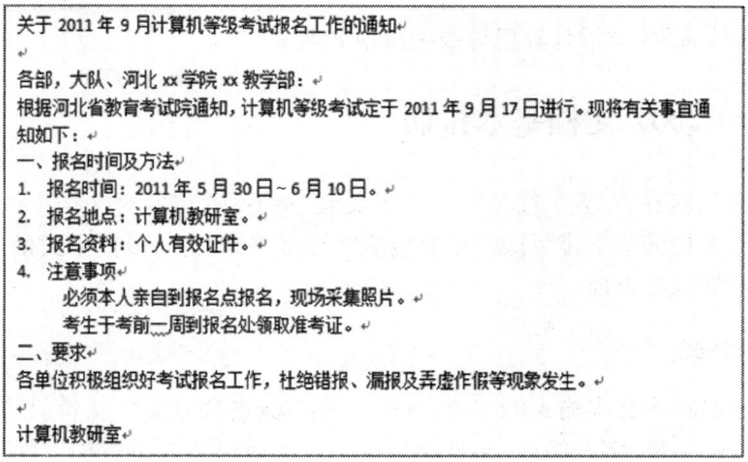

关于 2011 年 9 月计算机等级考试报名工作的通知

各部,大队、河北 xx 学院 xx 教学部:

根据河北省教育考试院通知,计算机等级考试定于 2011 年 9 月 17 日进行。现将有关事宜通知如下:

一、报名时间及方法

1. 报名时间:2011 年 5 月 30 日~6 月 10 日。
2. 报名地点:计算机教研室。
3. 报名资料:个人有效证件。
4. 注意事项
    必须本人亲自到报名点报名,现场采集照片。
    考生于考前一周到报名处领取准考证。

二、要求

各单位积极组织好考试报名工作,杜绝错报、漏报及弄虚作假等现象发生。

计算机教研室

图 3-22　案例样图

1. 案例分析

本案例主要涉及的知识点如下。

①文本的选定。

②复制和粘贴文本。

③查找和替换文本。

④保存文档。

2. 实现步骤

①首先创建一空白文档并录入文字，然后将“计算机教研室”文本复制粘贴到文档的结尾处。将光标置于“计算机教研室”起始处，单击左键拖拉鼠标，选定文本“计算计教研室”，右击鼠标，在弹出的快捷菜单中选择【复制】命令口将光标置于文档末尾，按【Enter】键使段落换行，在新一行的开始处右击鼠标，在弹出的快捷菜单中选择【粘贴】命令。

②将文本“计算机等级考试”替换为“全国计算机等级考试”。单击【开始】选项卡中的【编辑】组里的【替换】按钮，打开【查找和替换】对话框，在【查找内容】文本框中输入“计算机等级考试”，在【替换为】文本框中输入“全国计算机等级考试”，如图 3-23 所示。单击【全部替换】按钮开始替换。

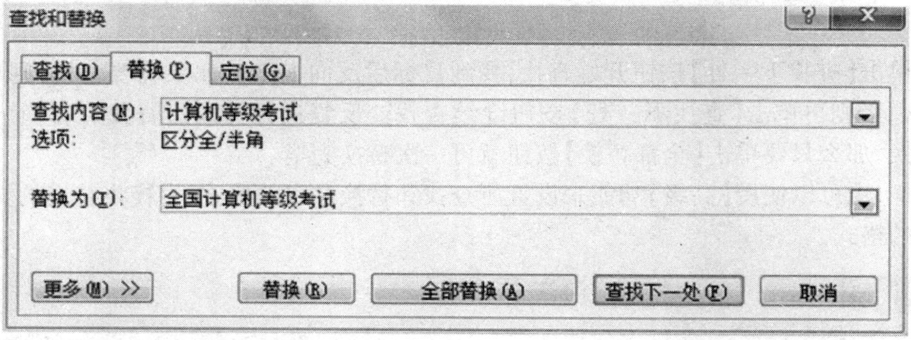

图 3-23 【查找和替换】对话框

③单击快速启动工具栏中的【保存】命令，在打开的【另存为】对话框中确认保存位置为【桌面】，保存文件名为“全国计算机等级考试报名通知”。

3.3 Word 2007 文档基本排版

在文档中输入内容后，为了使其看起来更美观、更专业，需要对文档中的文本进行进一步的排版操作。文档的基本排版操作主要包括字符格式的设置、段落格式的设置、设置页面以及设置边框和底纹等方面。

3.3.1 字符格式

所谓的字符是作为文本输入的字母、汉字、数字、标点符号及特殊符号等。字符格式主要包括字体、字号、字形、字符颜色、字符底纹以及字体效果等几个方面。在设置时，既可以设置单个字符，也可以同时对多个字符进行设置。在 Word 2007 中设置字符格式主要有浮动菜单、选项卡设置及字体对话框设置 3 种方法。

1. 通过浮动菜单设置字符格式

选中文本后，在选中的文本旁边出现一个半透明的浮动菜单，当光标移动到半透明菜单上时，浮动菜单即显现出来，如图 3-24 所示。这是 Word 2007 与以前版本的一个比较显著的不同。

①设置字体。选中文字后，单击“字体”按钮 宋体，在列表中选择相应字体。例如，在案

例文档“全国计算机等级考试报名通知”中选中除标题行以外的所有文字，将鼠标移动到浮动菜单上，在字体列表中选择“宋体”字体。

图 3-24 【格式】浮动菜单

②设置字号。选中文字后，单击【字号】按钮 ，在列表中选择相应字号以单击【增大字体】按钮 和【缩小字体】按钮 来改变文字的大小。

③格式刷 的使用。可以使用格式刷将选中的源字体格式复制到其他文本中。

例如，选中“全国计算机等级考试报名通知”文档中的文字“一、报名时间及方法”，按前面方法设置字体为“黑体”，若想让文档中的文字“二、要求”也为“黑体”，则在选中“一、报名时间及方法”后，单击【格式刷】按钮 ，鼠标旁边会显示一个格式刷，此时文字“一、报名时间及方法”的格式被复制为源格式，然后拖动鼠标选中文字“二、要求”，则被选中的文字就具有与“一、报名时间及方法”相同的格式。

若要反复使用格式刷，只需双击浮动菜单中的【格式刷】按钮，就可反复使用复制的源格式，待格式复制结束后，再次单击【格式刷】即可。

④设置字体加粗与倾斜。选中文字后，单击加粗命令按钮 即可使选中的文字加粗显示；若选中文字后单击倾斜命令按钮 ，还可以使选中的文字倾斜显示。

⑤设置不同颜色突出显示文本。选中文字后，单击【以不同颜色突出显示文本】按钮旁的下拉按钮 ，打开颜色列表，选择要设置的突出显示的颜色。

⑥设置字体颜色。选中文字后，单击【字体颜色】按钮旁的下拉按钮，打开颜色列表，选择要设置的颜色即可。

2. 通过选项卡设置字符格式

选项卡除了可以设置在浮动菜单中具有的字体格式外，还可以设置其他的字符格式。操作前仍需选定需要设置格式的文本，然后单击【开始】选项卡，单击【字体】组中的功能按钮即可实现相应的格式设置。

Word 2007 在【字体】组中增加了一些在以前版本的工具栏上所不具备的新的格式按钮，主要有以下几个。

①【清除格式】按钮 。选中文字后，单击【清除格式】按钮，则选中的文字中的英文字体恢复为“Times New Roman”字体，字号恢复为“五号”，其他的特殊格式，如文字颜色等，将会消失；选中的文字中的中文字体恢复为“宋体”，字号也恢复为“五号”。

②【删除线】按钮 。选中文本后，单击该按钮就可在选定的文本中间画一条线，再次单击该按钮则可取消此删除线。

③【下标】按钮 和【上标】按钮 。选中文本后，单击【下标】按钮，则可使选中的文本以小字符的形式显示在所选位置文字基线的下方。单击【上标】按钮，则可使选中的文本以小字符的形式显示在所选位置文字基线的上方。

3. 通过【字体】对话框设置字符格式

单击【开始】选项卡【字体】组右下角的对话框启动器按钮，即可打开【字体】对话框，如图 3-25 所示。该对话框有两个选项卡，分别是【字体】和【字符间距】。【字体】选项卡主要可以用来设置文字的字体、字形、字号、字体颜色、下划线类型及颜色、着重号及其他特殊的文字格式。【字符间距】选项卡主要可以用来设置字符缩放、字符间距和设置字符位置等格式。Word 2007 中所有字符格式都可以在【字体】对话框中进行设置。

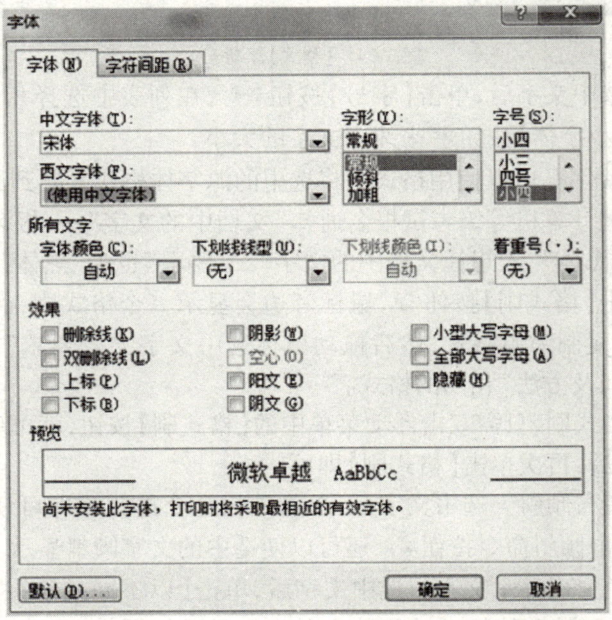

图 3-25 【字体】对话框

3.3.2 段落格式的编辑

在 Word 2007 中段落是以【Enter】键结束的内容，即以段落标记符结束的内容。设置段落格式后，可以使整个文档看起来结构分明、条理清楚、版面整洁。段落格式的设置主要包括段落的对齐方式、段落的缩进、行间距与段间距等几个方面。设置段落格式仍然可以采用浮动菜单、选项卡设置及段落对话框 3 种方法。

1. 通过浮动菜单设置段落格式

在浮动菜单中，除了前面介绍的设置字符格式的按钮外，还有一些按钮可用来设置段落的格式。

①设置文本对齐方式。选中文本后，单击浮动菜单中的【居中】按钮，可实现选中文本的居中对齐。除了居中对齐外，Word 2007 还提供了文本靠左对齐、靠右对齐及分散对齐，这 3 种对齐方式无法在浮动菜单中实现，可以使用选项卡或【段落】对话框来进行设置。

②减少或增加缩进量。选中要设置缩进量的段落，单击浮动菜单中的【减少缩进量】按钮或【增加缩进量】按钮，可减少或增加选中段落向左边界的缩进值。

③设置项目符号。选中要设置项目符号的段落，单击浮动菜单中的【项目符号】按钮右

侧的下拉按钮，在出现的列表中选择一种项目符号即可。

2. 通过选项卡设置段落格式

选项卡除了可以设置在浮动菜单中具有的段落格式外，还可以设置其他的段落格式，如行距、显示/隐藏编辑标记等。操作前可以将光标置于要设置格式的段落，然后单击【开始】选项卡，选择【段落】组中的功能按钮即可实现相应的格式设置。

①设置文本对齐方式。将光标置于要设置格式的段落，然后单击【开始】选项卡【段落】组中的【文本左对齐】按钮、【文本右对齐】按钮、【两端对齐】按钮或者【分散对齐】按钮，可分别实现文本的左对齐、右对齐、两端对齐或者分散对齐方式。

②设置编辑标记的显示或隐藏。将光标置于文档中，单击【开始】选项卡【段落】组中的【显示/隐藏编辑标记】按钮，可显示或隐藏段落标记及空格等其他格式符号。

③设置行距和段间距。行距是指一个段落中行与行之间的距离。将光标置于行距的段落中，单击【开始】选项卡【段落】组中的【行距】按钮，在弹出的表中可选择 Word 中预设的行距。

段间距是指一个文档中段落与段落之间的距离，在编排一些段落较多的文档时，可以适当调整段间距，以达到使文档结构更合理的目的。将光标置于要调整段间距的段落中。单击【开始】选项卡【段落】组中的【行距】按钮，在弹出的下拉列表中可选择【增加段前间距】或【增加段后间距】，则可增加段前或段后间距。

④设置项目符号和编号。将光标置于要设置项目符号或编号的段落中，单击【开始】选项卡【段落】组中的【编号】按钮右侧的下拉按钮，在弹出的下拉列表中选择一种编号即可给该段落添加编号。若单击【开始】选项卡【段落】组中的【项目符号】按钮右侧的下拉按钮，在弹出的下拉列表中选择一种项目符号即可给该段落添加项目符号。

3. 通过【段落】对话框设置段落格式

单击【开始】选项卡【段落】组右下角的对话框启动器按钮，即可打开【段落】对话框。该对话框有 3 个选项卡，分别是【缩进和间距】选项卡、【换行和分页】选项卡和【中文版式】选项卡。【缩进和间距】选项卡主要可以用来设置段落的对齐方式、缩进方式、段间距及行距。【换行和分页】选项卡主要可以用来设置分页选项及格式设置例外项。【中文版式】选项卡主要可以用来设置换行选项及字符间距选项。Word 2007 中所有的段落格式都可以在【段落】对话框中进行设置。

3.3.3 页码与行号

在整个文档中，尤其是较长的文档，每页加上页码或给每行加上行号会使文本更容易阅读。

1. 插入页码

单击【插入】选项卡的【页眉和页脚】组中的【页码】按钮，弹出如图 3-26 所示下拉列表，从中选择相应的命令为文档设置合适的页码即可。

提示：只有在页面视图和打印预览方式下可以看到插入的页码，普通视图和大纲视图下看不到页码。

2. 插入行号

单击【页面布局】选项卡的【页面设置】组中的【行号】按钮，弹出如图 3-27 所示的下拉列表，从中选择相应的命令为文档设置合适的行号即可。

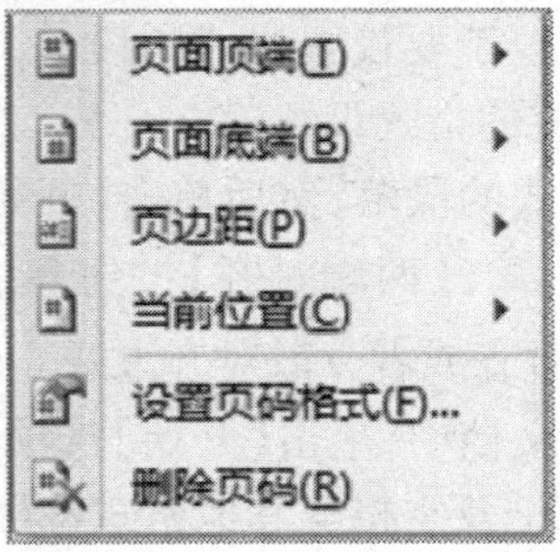

图 3-26 【页码】下拉列表

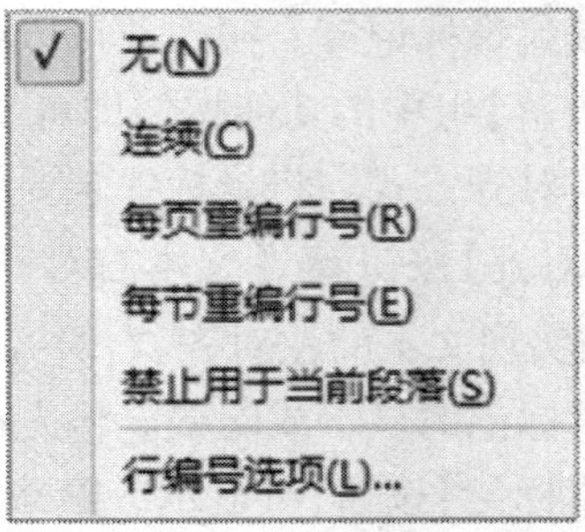

图 3-27 【行号】下拉列表

3.3.4 设置边框和底纹

为文本或段落添加边框与底纹，可以突出显示重要的内容，提高文档的整体效果，使整个文档更加美观和专业。在给文档中的内容添加边框和底纹时，可以选择是为文字添加还是为段落添加。

1. 设置边框

边框是一种修饰文字或段落的方式，给文字或段落加上边框可以强调相应的内容，突出显示。

①通过【字符边框】按钮设置边框。给文字添加边框可以先选定相应的文字，再单击【开始】选项卡【字体】组中的【字符边框】按钮，则可以给选定的文字添加一个边框。若要取消文字的边框，则可重复刚才的操作。

②通过【边框】按钮设置边框。若要给文本设置其他样式的边框，可选定一段文本后，单击【开始】选项卡【段落】的【边框】按钮右侧的下拉按钮，打开如图 3-28 所示的下拉列表，从中选择相应的命令为文档设置合适的其他样式的边框。

③通过【边框和底纹】对话框设置边框。选中文本后，打开如图 3-28 所示的下拉列表，从中选择【边框和底纹】命令可以打开【边框和底纹】对话框。在【边框】选项卡中的【设置】、【样式】、【颜色】、【宽度】等列表中选定所需的参数，即可给选定文本设置边框。需要注意的是，在该选项卡的【应用于】下拉列表框中应选定【文字】选项，可以为选定的文本添加边框，若选定【段落】选项则可为选定文本所在的段落添加边框。

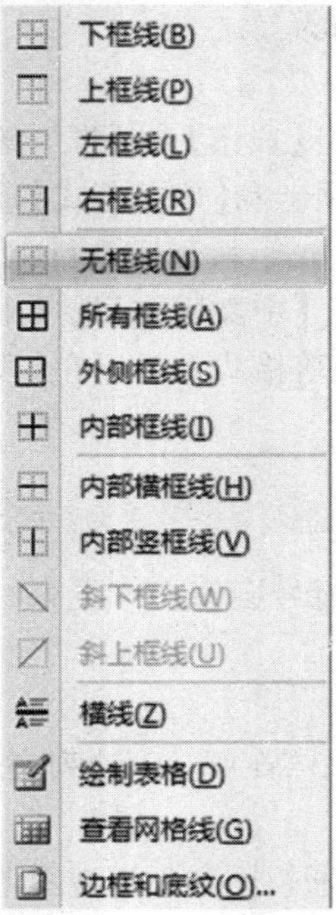

图 3-28 【边框】下拉列表

2. 设置页面边框

页面边框是分布在页面四周的边框，页面边框除了可以设置边框的类型、样式、颜色、宽度及应用范围外，还可以选择艺术型页面边框，方法如下。

①单击【开始】选项卡中【段落】组的【边框】按钮右侧的下拉按钮，打开如图 3-28 所示的下拉列表，单击【边框和底纹】命令，打开【边框和底纹】对话框。

②在对话框中选择【页面边框】选项卡，在该选项卡中的【设置】、【样色】、【宽度】等列表中选定所需的参数，即可给整篇文档设置页面边框。需要注意的是，在该选项卡的【应用于】下拉列表框中选择【艺术型】选项，则可以为文档设置艺术型的页面边框。

③单击【确定】按钮，即可实现页面边框的添加。

3. 设置底纹

有时需要对文章的某些重要文字或段落加上适当的底纹，可以使其更为突出和醒目。给文本或段落添加底纹的方法如下。

①通过【字符底纹】按钮设置底纹。给文字添加底纹可以先选定相应的文字，再单击【开始】选项卡【字体】组中的【字符底纹】按钮，则可以给选定的文字添加一种底纹。若要取消文字的底纹则可重复刚才的操作。

②通过【底纹】按钮设置底纹。若要给文本设置其他颜色的底纹，则可选定一段文本后，单击【开始】选项卡【段落】组中的【底纹】按钮右侧的下拉按钮，打开如图 3-29 所示的下拉列表，从中选择合适的颜色为选中的文本设置其他颜色的底纹。

③通过【边框和底纹】对话框设置底纹选中文本后，打开如图 3-28 所示的下拉列表，从中选择【边框和底纹】命令可以打开【边框和底纹】对话框。在【底纹】选项卡中设置底纹的填充颜色、图案的样式及颜色等。需要注意的是，在该选项卡的【应用于】下拉列表框中应选定“文字”选项，可以为选定的文本添加底纹，若选定“段落”选项则可为选定文本所在的段落添加底纹。

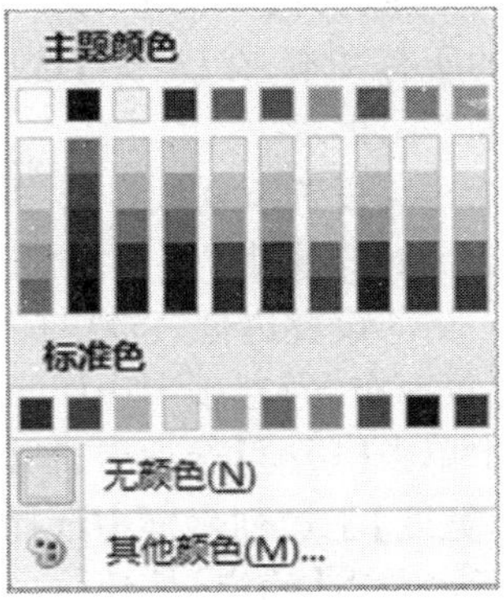

图 3-29 【底纹】下拉列表

3.3.5 本节练习

在 3.2 节中制作的全国计算机等级考试的通知，只是完成了文档内容的录入，并没有任何形式的修饰。在日常工作和生活中，文档还需要进行格式化排版，本案例将对 3.2 节输入通知文本进行格式化排版，排版结果如图 3-30 所示。

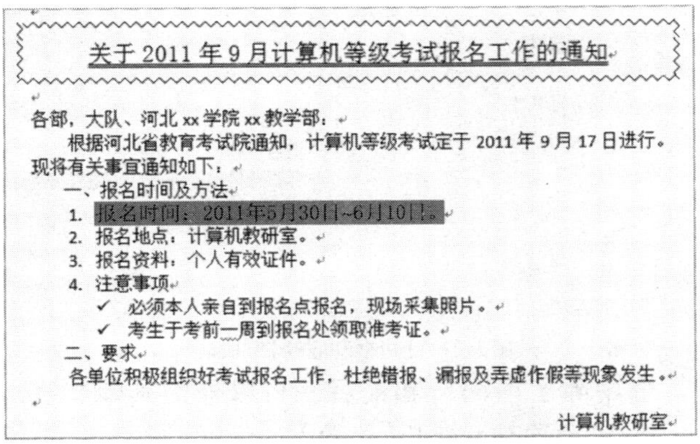

关于 2011 年 9 月计算机等级考试报名工作的通知

各部，大队、河北 xx 学院 xx 教学部：

根据河北省教育考试院通知，计算机等级考试定于 2011 年 9 月 17 日进行。现将有关事宜通知如下：

一、报名时间及方法

1. 报名时间：2011年5月30日~6月10日。
2. 报名地点：计算机教研室。
3. 报名资料：个人有效证件。
4. 注意事项

✓ 必须本人亲自到报名点报名，现场采集照片。

✓ 考生于考前一周到报名处领取准考证。

二、要求

各单位积极组织好考试报名工作，杜绝错报、漏报及弄虚作假等现象发生。

计算机教研室

图 3-30 案例样图

1. 案例分析

本案例主要涉及的知识点如下。

①设置字体和字号。

②设置下划线。

③设置边框。

④设置首行缩进。

⑤设置底纹。

⑥设置项目符号。

⑦设置文本对齐方式。

⑧设置段落缩进。

2. 实现步骤

①打开【桌面】上的“全国计算机等级考试报名通知”文档,用鼠标拖动选择除标题以外的所有文本,在【开始】选项卡【字体】组中选择【字体】列表中的【宋体】,选择【字号】列表中的“小四”字。

②设置下划线。选中标题文字“关于 2011 年 9 月计算机等级考试报名工作的通知”,在【开始】选项卡【字体】组中选择“下划线”列表中的双下划线,选择【字号】列表中“三号”字。

③设置边框。选中标题文字“关于 2011 年 9 月计算机等级考试报名工作的通知”,单击【页面布局】选项卡中【页面背景】组中的【页面边框】按钮,在打开的【边框和底纹】对话框中单击【边框】选项卡,在【设置】列表中选择“方框”,在【样式】列表框中选择“波浪形”,在【宽度】下拉列表框中选择“1.5 磅”,在【应用于】下拉列表框中选择【段落】,如图 3-31 所示。单击【确定】按钮。

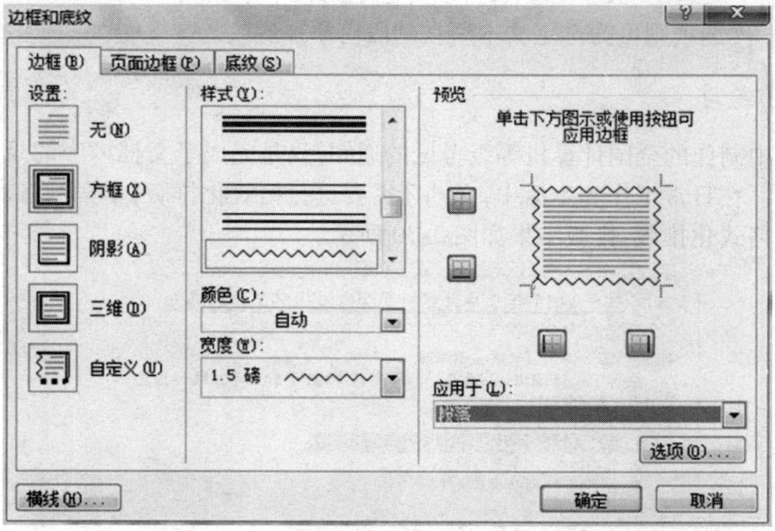

图 3-31 【边框和底纹】对话框

④设置首行缩进。选中除了前两行和最后一行以外的其他文字,单击【开始】选项卡【段落】组右下角的对话框启动器,打开【段落】对话框,如图 3-32 所示。在对话框中的【特殊格式】下拉列表框中选择“首行缩进”,【磅值】为“2 字符”,即可实现选中的文档正文

中每个段落前面空两个汉字的效果。

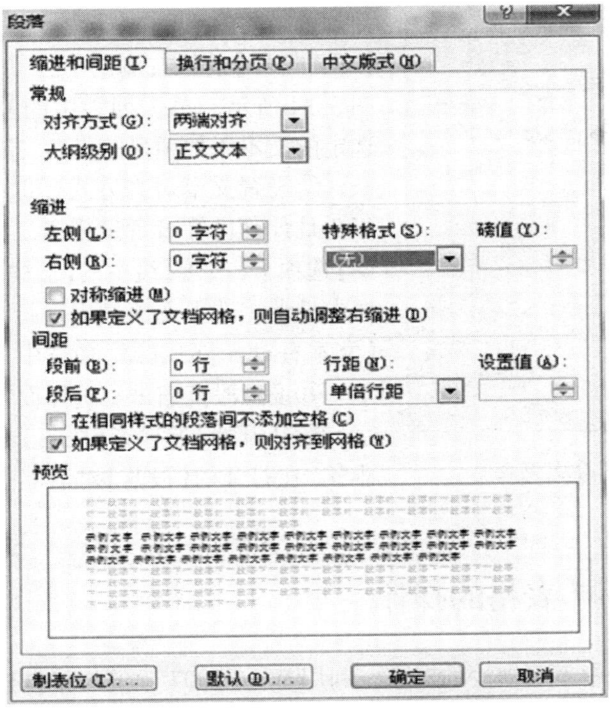

图 3-32 “段落”对话框

⑤设置底纹。选中文字“报名时间:2011 年 5 月 30 日 ~6 月 10 日”,单击【页面布局】选项卡中【页面背景】组中的【页面边框】按钮,在打开的【边框和底纹】对话框中选择【底纹】选项卡,如图 3-33 所示。在【填充】下拉列表框中选择“红色”,在【样式】下拉列表框中选择“10%”,在【应用于】下拉列表框中选择“文字”,然后单击【确定】按钮。

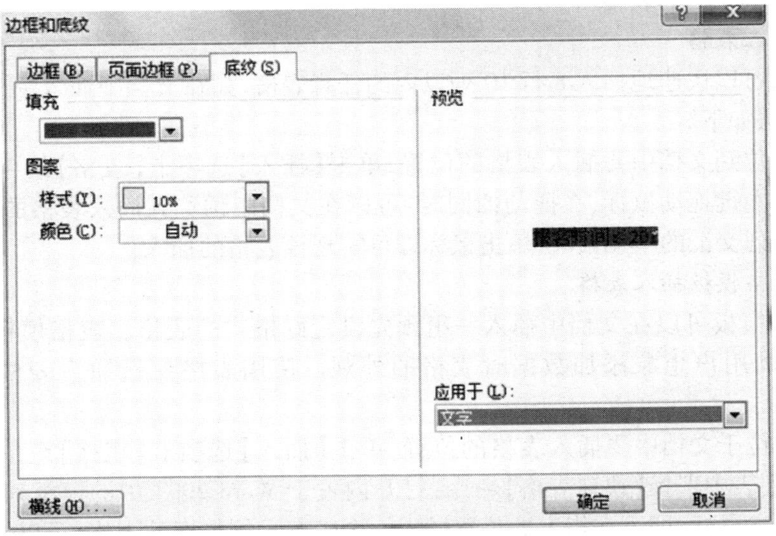

图 3-33 “底纹”选项卡

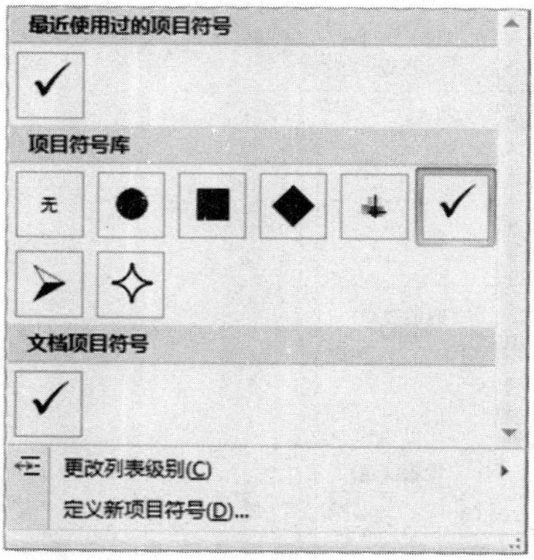

图 3-34 “项目符号”列表

⑥设置项目符号。选中文档中“注意事项”下面的两行文字，单击【开始】选项卡【段落】组中的【项目符号】按钮右侧的下拉箭头，打开列表如图 3-34 所示。单击列表中的一个项目符号即可给选定的文本添加项目符号。

⑦设置文本对齐方式。选中标题行“关于 2011 年 9 月计算机等级考试报名工作的通知”，单击【开始】选项卡【段落】组中的【居中】按钮，使标题行居中显示。选中文档最后一行，单击【段落】组中的【文本右对齐】按钮，使选中文字靠右对齐。

⑧设置段落缩进。选择设置项目符号的两行文字，单击【开始】选项卡【段落】右下角的对话框启动器，在打开的【段落】对话框中将左缩进值改为“4 字符”。

3.4 Word 2007 表格的操作

表格是文档办公中不可缺少的对象。利用 Word 2007 中的表格创建功能，美观、专业并且非常实用的表格。

3.4.1 创建表格

在 Word 2007 中，可以快速插入 8 行 10 列以内的任意表格，也可以通过从一组预先设定好格式的表格中选择要插入的表格，或通过选择需要的行数和列数来插入表格，还可以绘制包含不同高度单元格的表格。

1. 快速插入表格

这种方法可以快速地插入 8 行 10 列以内的任意表格，如在文档中插入一个 4 行 5 列的表格，操作方法如下。

将光标定位到文档中要插入表格的位置，单击【插入】选项卡【表格】组中的【表格】按钮。按住鼠标左键拖动鼠标，在拖动的同时，可以在文档中预览到插入表格的效果，当拖动到第 4 行第 5 列交汇的单元格时，单击鼠标即可实现该表格的插入。

2. 使用表格模板插入表格

使用表格模板可以在文档中插入一组预先设定好格式的表格。表格模板中包含示例数据，可以帮助用户想象添加数据时表格的外观。使用表格模板插入表格的操作方法如下。

将光标定位于文档中要插入表格的位置，单击【插入】选项卡【表格】组中的【表格】按钮，在出现的列表中选择【快速表格】命令，打开内置于 Word 2007 中的模板列表，选择一种需要的表格单击鼠标，即可在指定的位置插入一个带有示例数据的表格，可以使用所需要的数据来替换模板中的示例数据。

3. 使用指定行数与列数方式插入表格

如果要插入包含较多行和列的表格，则可以通过【插入表格】对话框方式直接指定行数和列数来插入表格，操作方法如下。

①将光标定位于要插入表格的位置，单击【插入】选项卡【表格】组中的【表格】按钮，在出现的列表中选择【插入表格】命令，打开如图3-35所示的【插入表格】对话框。

②在对话框中输入要插入表格的行数和列数，然后单击【确定】按钮，即可在指定位置插入一个表格。

4. 绘制表格

使用【插入表格】功能，只能在文档中插入比较规则的表格。如果要绘制包含不同高度的单元格或者其他不规则的表格，则可以使用【绘制表格】功能来手动绘制表格，操作方法如下。

①将光标定位于要插入表格的位置，单击【插入】选项卡【表格】组中的【表格】按钮，在出现的列表中选择【绘制表格】命令，此时鼠标光标变为铅笔形状，按住鼠标左键并拖动鼠标即可绘制一个矩形框，然后在该矩形框中可以绘制行线和列线来实现不规则表格的绘制。

②选择功能区中【表格工具】的【设计】选项卡中【绘制边框】组中的【擦除】按钮，可以擦除一条或多条线。

③绘制完毕后，在单元格中单击，开始输入文字或插入图形。

5. 将文本转换为表格

在已经输入文本的情况下，可以使用将文本转换成表格的方法来创建表格，操作方法如下。

①选定用制表符分隔的文本。

②选择【插入】选项卡【表格】组中的【表格】按钮，在出现的下拉列表中选择【文本转换成表格】命令，打开如图3-36所示的对话框。

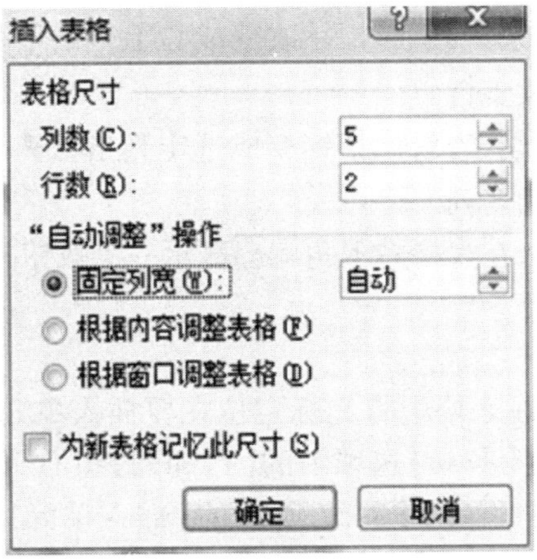

图3-35 【插入表格】对话框

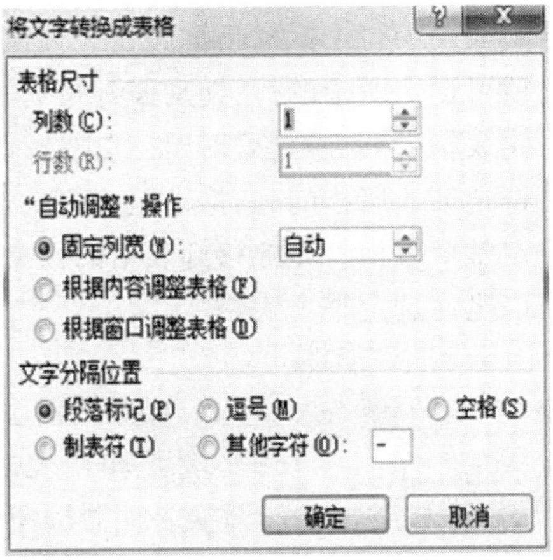

图3-36 将【文本转换成表格】对话框

③在对话框的【列数】微调框中输入具体的列数；在【文字分隔位置】选项组中，选定【制表符】单选按钮。

④单击【确定】按钮即可实现文本转换为表格。

3.4.2 编辑表格

1. 输入数据

表格中的每一个小格叫作单元格，在每一个单元格中都有一个段落标记。因此，在输入单元格内容时，可以把每一个单元格当作一个小的段落来处理。

要向单元格中输入文本，首先单击该单元格，然后输入文本，当输入到单元格右边时，单元格高度会自动增大，把输入的内容转到下一行。像编辑文本一样，如果要另起段，那么应按【Enter】键。

单元格中的文本像文档中其他文本一样，可以使用选定、插入、删除、剪切和复制等基本编辑技术来编辑它们。

如果需要在单元格中插入图片，可以使用【插入】选项卡【插图】组中的【图片】命令来实现。

2. 单元格对齐方式

表格在输入内容后，每一个单元格相当于一个小文档，对于这些已有内容的单元格，可以设置它们文本的对齐方式，操作方法是先选定需要进行对齐设置的单元格区域，然后单击鼠标右键，选择快捷菜单中【单元格对齐方式】中相对应的命令即可。

这些对齐方式包括靠上两端对齐、靠上居中对齐、靠上右对齐、中部两端对齐、水平居中对齐、中部右对齐、靠下两端对齐、靠下居中对齐、靠下右对齐。

3. 表格的选择

在对表格进行各种操作之前，首先要选定编辑区域，其操作方法如下。

①选择单元格把鼠标指针移到要选定的单元格中，当指针变为选定单元格指针时，单击左键，就可选定所指的单元格，另外拖动鼠标还可以选择连续的多个单元，Word 将反白显示选定的单元格。

②选定表格的行把鼠标指针移到文档窗口的选定区，当指针改变成右上指的箭头时，单击左键就可选定所指的行，拖动鼠标可选定连续多行。

③选定表格的列把鼠标指针移到被选列的顶端，当鼠标指针变成选定列指针时，单击左键就可选定箭头所指的列，拖动鼠标可选定连续多列。

④选定整个表格将光标移到表格的任意位置，在表格左上角就会显示一个按钮，单击该按钮可以迅速选定整个表格。

4. 插入和删除单元格

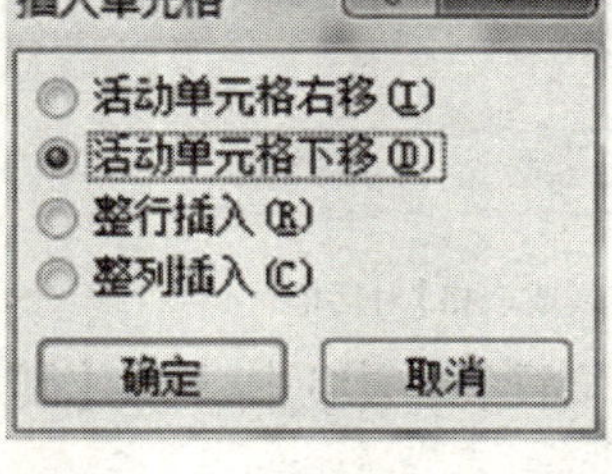

图 3-37 “插入单元格”对话框

①插入单元格。在表格中将光标定位在要插入单元格的位置，然后单击表格工具【布局】选项卡的【行和列】组右下角的对话框启动器按钮，打开如图 3-37 所示的【插入单元格】对话框，选择一种插入方式，单击【确定】按钮即可。

②删除单元格。选中表格中要删除的一个或多个单元格，然后单击表格工具【布局】选项卡的【行和列】组中的【删除】按钮，在出现的下拉列表中选择【删除单元格】命令即可。

5. 插入和删除行和列

表格创建后，如果不满意还可以进行行和列的增、删操作。

①插入行和列。选定表格中的一行或几行（一列或几列），选择表格工具【布局】选项卡的【行和列】组，单击【在上方插入】或【在下方插入】按钮，可在选择的行上方或下方插入一行或几行（单击【在左侧插入】或【在右侧插入】按钮，可在选择的列左侧或右侧插入一列或几列）。

②删除行和列。选中表格中要删除的一个或多个行或者列，然后单击表格工具【布局】选项卡的【行和列】组中的【删除】按钮，在出现的下拉列表中选择【删除行】或者【删除列】命令即可。

6. 单元格的拆分与合并

在简单表格的基础上，通过对单元格的合并或拆分可以构成比较复杂的表格。一个单元格可以拆分成多个单元格，多个单元格也可以合并为一个。

①单元格的拆分。首先选定要拆分的单元格，然后选择表格工具【布局】选项卡【合并】组中的【拆分单元格】按钮，打开如图 3-38 所示的【拆分单元格】对话框，在对话框中输入单元格要拆分成的行数和列数，单击【确定】按钮即可。

②单元格的合并。如果需要将表格的若干个连续单元格合并成一个大的单元格，那么首先选定这些要合并的单元格，然后选择表格工具【布局】选项卡【合并】组中的【合并单元格】按钮，Word 2007 就会删除所选单元格之间的分界线，建立一个新的单元格。

7. 拆分表格

拆分表格的含义是将表格拆分为两个独立的表格，操作方法如下。

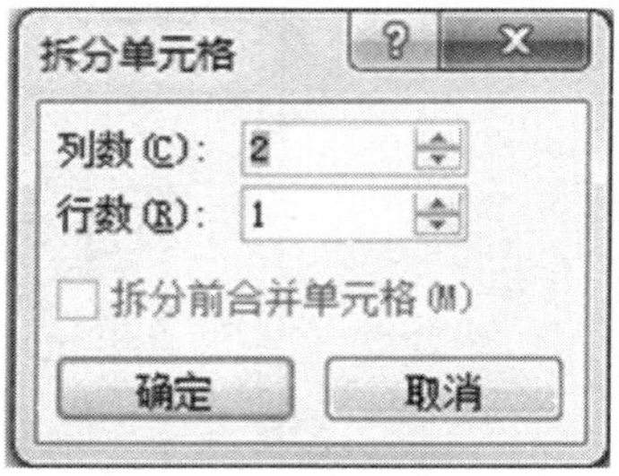

图 3-38 “拆分单元格”对话框

先将光标置于拆分后成为第二个表格的首行任意单元格中，然后选择表格工具【布局】选项卡【合并】组中的【拆分表格】按钮，此时在光标所在行的上方插入一空白段，把表格拆分成两张表格。

Word 2007 将在拆分表格的两部分之间插入一个用正文样式设置的段落格式标记，如果要合并两个表格，只要删除两表格之间的段落标记即可。

8. 调整行高和列宽

一般情况下，Word 2007 能根据单元格中输入内容的多少自动调整，但也可以根据需要来修改它。

①使用鼠标调整行高或列宽。当不需要精确设定行高和列宽时，可以利用鼠标拖动的方法来实现行高和列宽的调整，操作方法如下。

将鼠标指针移到准备调整尺寸的行的下边框或列的左边框上，当鼠标指针呈现双横线或双竖线形状时，按住鼠标左键上下或左右拖动即可改变当前的行高或列宽。

注意：在拖动调整列宽指针时，整个表格大小不变，但表格线相邻的两列列宽均改变。如果在拖动调整列宽指针的同时按住【Shift】键，则表格线左侧的列宽改变，其他各列的列宽不变，表格大小改变。

②通过【布局】选项卡调整行高或列宽。若要精确地设置表格中的行高和列宽，可以通过【布局】选项卡来完成，操作方法如下。

选定需要调整的行或列，在表格工具【布局】选项卡【单元格大小】组中的【高度】或【宽度】数值框中设置新的数值，则可以精确地调整所选行或列的高度值或宽度值。

③通过【表格属性】对话框也可精确地设置表格中的行高和列宽，操作方法如下。

选择【表格】→【表格属性】命令，在弹出的【表格属性】对话框中选择【行】选项卡可以调整行高，选择【列】选项卡可以调整列宽。

9. 设置标题行重复

如果一个表格较大，需要跨页显示，则可以设置标题行重复，这样会在每一页都明确显示表格中的每一列的标题。在 Word 2007 中设置标题行重复的操作方法如下。

①在表格中选中表格第一行的标题行，选择表格工具【布局】选项卡中【表】组的【属性】按钮，打开如图 3-39 所示的【表格属性】对话框。

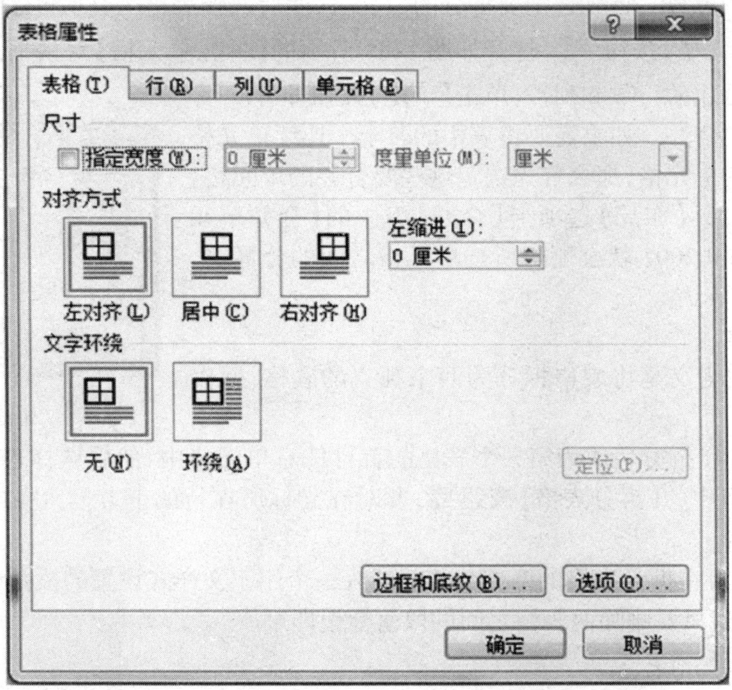

图 3-39 【表格属性】对话框

②在【表格属性】对话框中选择【行】选项卡，然后选中【在各页顶端以标题形式重复出现】复选框。

③单击【确定】按钮即可实现标题行重复。

3.4.3 表格的修饰

创建表格并在其中输入数据后，可以手动对数据和表格进行一系列设计与修饰，还可以采用 Word 2007 自带的套用格式，让表格看起来更加美观，内容更加清晰整齐。

1. 自动套用格式

Word 2007 为用户预定义了多种表格格式，它预定义了许多表格的格式、字体、边框、底纹、颜色供选择，可以快速地将表格设置为较为专业的格式，操作方法如下。

将光标移到要套用格式的表格内或选定表格，选择表格工具【设计】选项卡中【表样式】组中的一种样式，单击鼠标即可将选定的样式应用于该表格。

2. 设置表格边框和底纹

除了表格自动套用格式外，还可以使用【表格和边框】工具栏对表格的边框线和线形、粗细和颜色、底纹颜色等进行个性化的设置。

①设置表格边框。在为表格设置边框时，可以对边框线条的粗细、颜色和样式进行设置，操作方法如下。

将光标定位到表格中的任意单元格，单击表格工具【设计】选项卡【表样式】组中的【边框】按钮右侧的下拉按钮，在出现的下拉列表中选择【边框和底纹】命令，打开【边框和底纹】对话框。在【边框和底纹】对话框的【边框】选项卡中设置边框的样式、颜色及宽度即可。

②设置表格底纹。用户可以为表格中的指定单元格或整个表格设置背景颜色，使表格外观层次分明，操作方法如下。

将要设置底纹的部分选中，单击表格工具【设计】选项卡【表样式】组中的【底纹】按钮，在出现的下拉列表中选择一种颜色即可。如果没有合适的颜色，可在下拉列表中选择【其他颜色】命令，打开如图 3-40 所示的【颜色】对话框，在对话框中进行相应的设置即可。

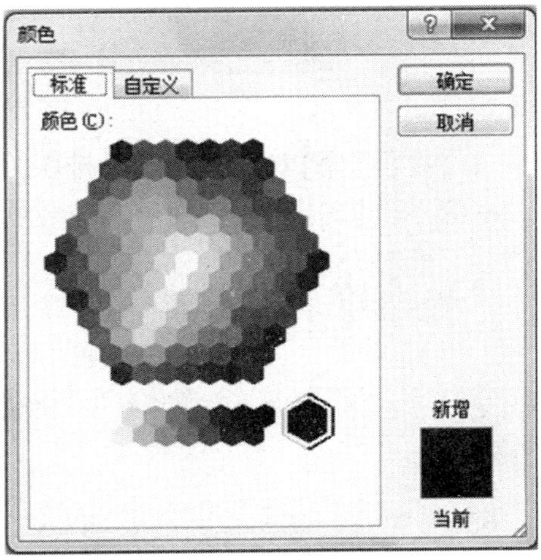

图 3-40 【颜色】对话框

3. 设置表格中的文字方向

表格中的文字方向可以分为水平排到和垂直排列两类，设置表格中的文字方向，操作方法如下。

①选定需要修改文字方向的单元格。

②在表格工具【布局】选项卡【对齐方式】组中单击【文字方向】按钮，可以使表格中的文本在【水平】和【垂直】两种方向之间进行切换。

4. 设置表格的对齐方式

在 Word 2007 文档中，如果所创建的表格没有完全占有 Word 文档页边距内的页面则可以为表格设置相对于页面的对齐方式，操作方法如下。

①将光标定位到表格中的任意单元格，单击表格工具【布局】选项卡【表】组中的【属性】按钮，打开【表格属性】对话框。

②在【表格属性】对话框中选择【表格】选项卡，选择一种对齐方式如“左对齐”、“居中”或“右对齐”。

③若要设置表格与文字的环绕方式，还可以单击【环绕】按钮。

④设置结束后单击【确定】按钮即可。

5. 表格的移动与缩放

当光标位于表格的任意位置时，在表格外边框的左上角会出现表格移动标志，右下角出现表格缩放标志。

拖动表格移动标志可以将表格移动到页面上的任意位置，当鼠标指针移动到缩放标志上时，拖动鼠标可以改变整个表格大小。

3.4.4 排序和计算

1. 表格排序

表格中可以进行排序操作，操作方法如下。

①将光标定位到表格中的任意单元格，单击表格工具【布局】选项卡【数据】组中的【排序】按钮，打开如图 3-41 所示的【排序】对话框。

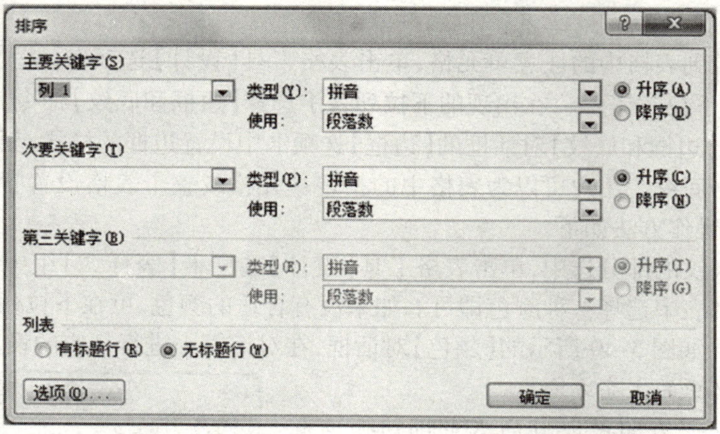

图 3-41 【排序】对话框

②在【排序】对话框中选择排序关键字、排序的类型及升序或是降序。

③单击【确定】按钮即可完成数据的排序操作。

2. 表格计算

在表格中可以进行简单的计算，操作方法如下。

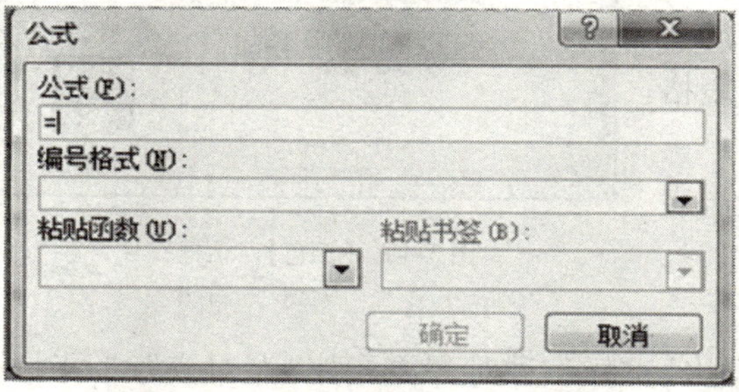

图 3-42 【公式】对话框

①将光标定位到存放运算结果的单元格中，单击表格工具【布局】选项卡【数据】组中的【公式】按钮，打开如图 3-42 所示的【公式】对话框。

②在【公式】对话框中确定公式内容，或者使用【粘贴函数】命令粘贴函数。

③确定编号的格式，可以在【编号格式】下拉列表框中进行选择。

④单击【确定】按钮即可完成数据的计算操作。

3.4.5 本节练习

在日常工作与学习过程中要经常制作表格，如在 3.2 节的制作全国计算机等级考试的通知案例中，还需要将考试内容及形式以表格的形式展现出来，这样可以使报名者对考试内容一目了然。本案例就是在3.2节案例的基础上添加一个表格，并输入相应内容，将考试内容及形式展现出来，如图3-43所示。

考试内容及形式

科目		笔试	上机	备注
一级	一级B	无	90分钟	
	一级MS	无	90分钟	
二级	C语言	90分钟	90分钟	VC环境
	VB	90分钟	90分钟	
	VFP	90分钟	90分钟	
	C++	90分钟	90分钟	
三级	信息管理技术	120分钟	60分钟	VC环境
	网络技术	120分钟	60分钟	
	数据库技术	120分钟	60分钟	
四级	网络工程师	120分钟	暂无	
	数据库工程师	120分钟	暂无	
	软件测试工程师	120分钟	暂无	

图3-43 案例样图

1. 案例分析

本案例主要涉及的知识点如下。

①表格的插入。

②单元格的合并与拆分。

③设置文本对齐方式。

④调整行高和列宽。

⑤设置单元格底纹。

2. 实现步骤

①打开【桌面】上的"全国计算机等级考试报名通知"文档，将光标定位到文档末尾出，选择【插入】选项卡【页】组中的【分页】按钮，将光标定位到下一页起始处。

②输入文本"考试内容及形式"，并选中这些文本，在浮动菜单中将其设置为黑体小三号，再选择居中对齐方式，然后换行，将光标定位在下一行。

③选择【插入】选项卡，单击【表格】按钮打开下拉列表，在下拉列表中选择【插入表格】命令，在打开的【插入表格】对话框中输入【列数】值为5，【行数】值为13，后单击【确定】按钮。

④用鼠标拖动选择第1行第1列、第2列处的两个单元格，用鼠标右键单击，在弹出快捷菜单中选择【合并单元格】命令。

⑤用鼠标拖动选择第2行、第3行第1列处的两个单元格，用鼠标右键单击，在弹出的快捷菜单中选择【合并单元格】命令。

⑥选择第 2 行第 4 列处的单元格，用鼠标右键单击，在弹出的快捷菜单中选择【拆分】命令，在弹出的【拆分单元格】对话框中输入【列数】值为 2，【行数】值为 1，然后单击【确定】按钮。

⑦选择第 3 行第 4 列处的单元格，用鼠标右键单击，在弹出的快捷菜单中选择【拆分】命令，在弹出的【拆分单元格】对话框中输入【列数】值为 2，【行数】值为 1，然后单击【确定】按钮。

⑧用鼠标拖动选择第 4 ~ 7 行第 1 列处的 4 个单元格，用鼠标右键单击，在弹出的快捷菜单中选择【合并单元格】命令。

⑨用鼠标拖动选择第 8 ~ 10 行第 1 列处的 3 个单元格，用鼠标右键单击，在弹出的快捷菜单中选择【合并单元格】命令。

⑩用鼠标拖动选择第 11 ~ 13 第 1 列处的 3 个单元格，用鼠标右键单击，在弹出的捷菜单中选择【合并单元格】命令。

⑪按照样图输入相关内容，【字号】为“四号”，【字体】为“宋体”。

⑫单击表格左上角的选择按钮选中整个表格，用鼠标右键单击，在弹出的快捷菜单中选择【单元格对齐方式】中的“水平居中”命令。

⑬将鼠标放置到行线或列线上，鼠标会变为双线形状，按下鼠标左键拖动鼠标来调整行高和列宽。

⑭选择第 2 行、第 3 行第 4 列处的 2 个单元格，用鼠标右键单击，在弹出的快捷菜单中选择【边框和底纹】命令，在打开的【边框和底纹】对话框中给单元格设置一种浅绿色底纹。

3.5 Word 2007 图文混排

3.5.1 插入与编辑图片

在使用 Word 编辑文档时，有时需要插入一些图片，这不但能增强文档的可读性，还可以更加有效地表达出文档的内容。在 Word 2007 中可以插入多种格式保存的图片，包括从剪辑库中插入剪贴画、从其他程序或文件夹中插入图片、从移动存储介质插入图片以及扫描仪生成的图片。

1. 插入图片文件

①将光标定位到要插入图片的位置，单击【插入】选项卡【插图】组中的【图片】按钮，打开如图 3-44 所示的【插入图片】对话框。

②在对话框中选择需要插入的图片，单击【确定】按钮即可。

2. 插入剪贴画

①将光标定位到要插入剪贴画的位置，单击【插入】选项卡【插图】组中的【剪贴画】按钮，在窗口右侧显示出【剪贴画】窗格。

②在【搜索文字】文本框中输入要搜索的剪贴画的类型，如动物、人物等，也可不输入。在【搜索范围】下拉列表框中选择【Office 收藏集】，然后单击【搜索】按钮，在【结果类型】下拉列表框中显示搜索的结果，从中选择需要的剪贴画即可。

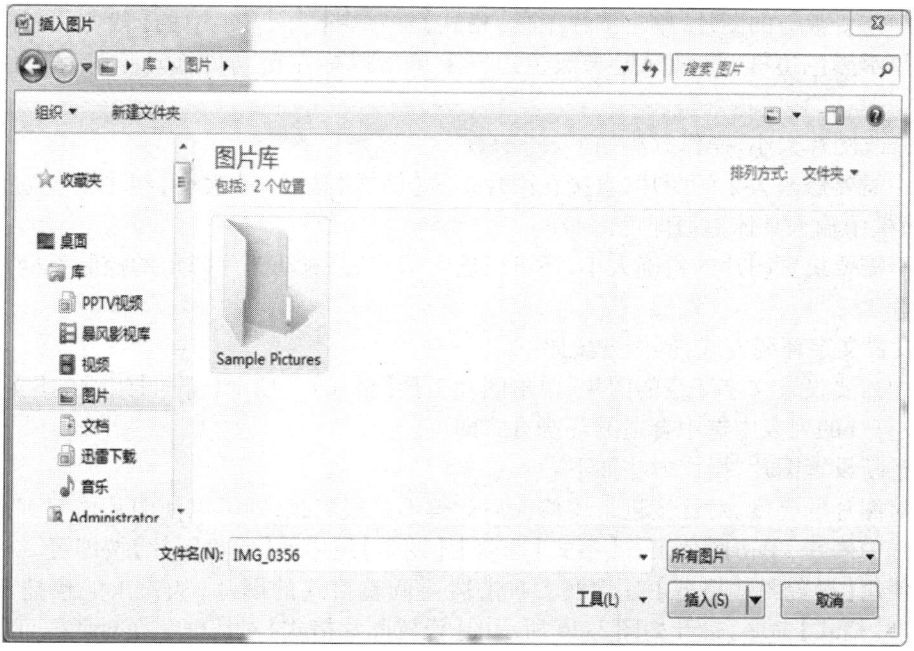

图 3-44 【插入图片】对话框

3. 设置图片格式

在文档中插入图片或剪贴画后，选中该图片，就可以对图片的格式进行设置。设置图片格式的方法有两种。

①使用【格式】选项卡。单击插入到文档中的图片或剪贴画，在功能区中会显示【格式】选项卡，如图 3-45 所示。在该选项卡中可以进行图片格式的设置。

图 3-45 图片工具【格式】选项卡

a. 修改图片亮度，操作方法如下。

选中需要设置亮度的图片，单击图片工具【格式】选项卡【调整】组中的【亮度】按钮，在打开的列表中进行选择即可。

b. 修改图片对比度，操作方法如下。

选中需要设置对比度的图片，单击图片工具【格式】选项卡【调整】组中的【对比度】按钮，在打开的列表中进行选择即可。

c. 对图片重新着色，操作方法如下。

选中需要重新着色的图片，单击图片工具【格式】选项卡【调整】组中的【重新着色】按钮，在打开的列表中选择【灰度】、【褐色】、【冲蚀】或【黑白】可为选中的图片重新着色。

d. 裁剪图片，操作方法如下。

选中需要裁剪的图片，单击图片工具【格式】选项卡【大小】组中的【裁剪】按钮，图片周围将会显示黑色边框，将鼠标置于黑色边框上单击鼠标左键向内拖动鼠标可对图片进行裁剪。

e. 修改图片大小，操作方法如下。

选中需要修改大小的图片，直接在图片工具【格式】选项卡【大小】组中的【宽度】和【高度】数值框中输入具体数值即可。

若不需要设置图片的精确大小，还可以选中图片后，拖动图片四角的控制手柄来放大或缩小图片。

f. 设置文字环绕方式，操作方法如下。

选中需要设置文字环绕的图片，单击图片工具【格式】选项卡【排列】组中的【文字环绕】按钮，在打开的列表中选中合适的环绕方式即可。

g. 重新设置图片，操作方法如下。

若对图片的亮度、对比度进行了修改后觉得不是很满意，则可以使图片恢复到插入时的格式。选中图片，单击图片工具【格式】选项卡【调整】组中的【重设图片】按即可。

②使用【设置图片格式】对话框。右击需要调整格式的图片，从弹出的快捷菜单选择【设置图片格式】命令，打开如图3-46所示的【设置图片格式】对话框。在对话框可以设置图片的亮度、对比度及三维格式和阴影格式等。

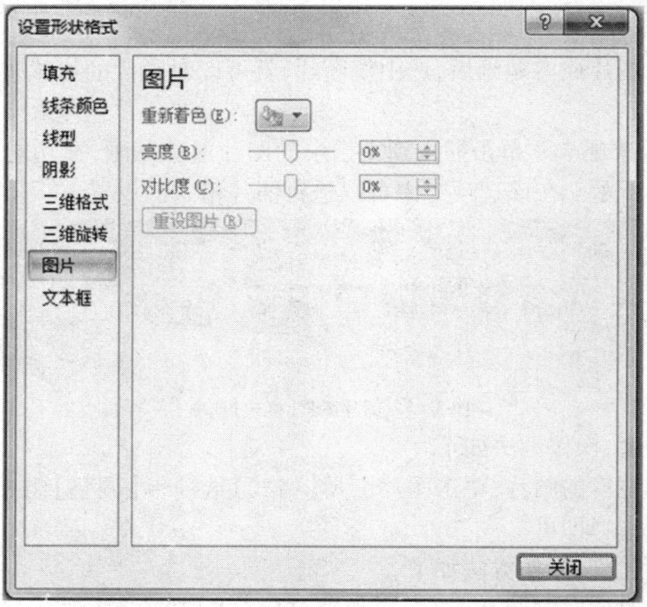

图3-46 【设置图片格式】对话框

3.5.2 插入与编辑文本框

文本框是一种可以在其中独立进行文字的输入和编辑的图形框，在文档中适当地使用文本框，可以实现一些特殊的编辑功能，它就像一个盛放文字的容器，可以在页面上定位并调整，利用文本框还可以重排文字和向图形添加文字。

1. 插入文本框

在 Word 2007 中插入文本框的操作方法如下。

①单击【插入】选项卡【文本】组中的【文本框】按钮。

②在打开的列表框中的内置文本框列表中选择一种合适的文本框样式。

③选中的文本框即被插入到文档中,直接输入文本内容即可。

④若在内置文本框列表中没有适合的文本框样式,还可以单击【绘制文本框】命令,则可在文档中拖动鼠标来绘制文本框。

2. 编辑文本框

插入文本框后,还可以对文本框进行编辑,操作方法如下。

选定文本框后,右击鼠标在弹出的快捷菜单中单击【设置文本框格式】命令,弹出【设置文本框格式】对话框,如图 3-47 所示。其中,包含有【颜色和线条】、【大小】、【版式】、【图片】、【文本框】和【可选文字】选项卡,设置方法与前面图片的设置方法相同。

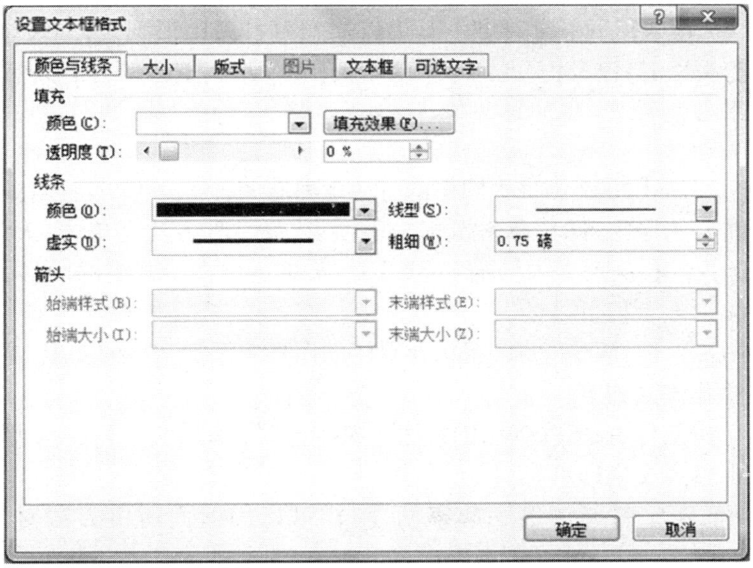

图 3-47 “设置文本框格式”对话框

3.5.3 插入与编辑艺术字

艺术字是具有艺术效果的文字,他可以使文字具有复合色彩,可带有阴影、倾斜、旋转和延伸,变成特殊的形状。在 Word 2007 中插入艺术字的操作方法如下。

1. 插入艺术字

在 Word 2007 中插入艺术字的操作方法如下。

①单击【插入】选项卡【文本】组中的【艺术字】按钮,在出现的列表中选择一种合适的艺术字样式,打开【编辑艺术字文字】对话框。

②在【编辑艺术字文字】对话框中输入要设置为艺术字的文本,然后分别设置字体和字号。

③单击【确定】按钮,即可完成艺术字的添加。

2. 设置艺术字格式

艺术字插入文档后，窗口中自动显示【格式】选项卡，可以用来对艺术字的样式、阴影效果、三维效果等进行设置。

①编辑艺术字的文字。插入艺术字后，若想对艺术字文字进行修改，则可以在【格式】选项卡【文字】组中选择命令来对艺术字文字进行字体、字号、字符间距以及对齐方式等格式的设置。

②更改艺术字样式。选中艺术字后，在【格式】选项卡【艺术字样式】组中选相应的命令，可以改变艺术字样式、艺术字填充颜色、形状轮廓和艺术字形状。

3.5.4 绘制与编辑图形

Word 2007 中除可以在文档中插入各种已有的图片外，还可以绘制图形，Word 提供了一套绘制图形的工具，利用它可以创建各种图形，并对绘制的图形设置一些特殊效果。

1. 绘制图形

单击【插入】选项卡【插图】组中的【形状】按钮，可打开图形列表，列表中分为【线条】、【基本形状】、【箭头总汇】以及【星与旗帜】等若干个组，从中选择一种图形，然后在文档中拖动鼠标即可绘制图形。

2. 编辑图形

①选定图形。Word 2007 中选中图形的方法主要有两种：一种是直接将鼠标放置在图形对象上，当鼠标指针为十字形时，单击鼠标选中图形；另一种方法是单击【开始】选项卡【编辑】组中的【选择】按钮，从列表中【选择对象】命令，然后单击要选中的图形，如果要选择多个图形，可在单击时按下【Shift】键。

②图形中添加文字。Word 2007 提供在封闭的图形中添加文字的功能，这对绘制示意图是非常有用的，操作方法如下。

选中图形，单击鼠标右键，在弹出的快捷菜单中选择【添加文字】命令，此时移到图形内部，在插入点之后输入文字即可。

图形中添加的文字将与图形一起移动，同样可以用前面所讲方法对文字格式进行排版。

③设置图形样式选中图形后，单击【格式】选项卡，在【形状样式】组中各个样式上移动鼠标，图形对象会随着鼠标的移动而显现不同的样式应用效果，如果对某个样式较为满意，则可在该样式上单击鼠标。

④设置图形填充颜色。选中图形后，单击【格式】选项卡，单击【形状样式】组中的【形状填充】按钮，在打开的下拉列表中选择合适的颜色即可实现对图形的颜色填充。

⑤设置图形阴影效果。选中图形后，单击【效果】选项卡，选择【阴影效果】组中的【阴影效果】按钮，在打开的下拉列表中选择一种阴影样式即可实现对图形的阴影效果设置。

还可以单击【阴影效果】组中的【设置/取消阴影】按钮 来设置阴影或取消阴影，也可以通过连续单击【略向左移】按钮 、【略向右移】按钮 、【略向上移】按钮 或【略向下移】按钮 来微调阴影的移动位置。

⑥设置图形三维效果。选中图形后，单击【效果】选项卡，选择【三维效果】组中的【三维

效果】按钮,在打开的下拉列表中选择一种三维效果,可实现对图形的设置。在下拉列表中还可以设置三维效果的颜色、深度、方向、照明和表面效果。还可以单击【三维效果】组中的【设置/取消三维】按钮来设置阴影或取消三维的设置,也可以通过连续单击【左偏】按钮、【右偏】按钮、【上翘】按钮或【下俯】按钮来设置图形的偏转。

⑦设置图形文字环绕。选中要设置图形环绕的图形,单击【格式】选项卡【排列】组中的【文字环绕】按钮,在打开的列表中选择一种环绕方式即可。

⑧设置图形对齐方式。如果文档中绘制了多个图形,则可以将多个图形按照某种方式对齐。多个图形的对齐方式主要有顶端对齐、底端对齐、上下居中、右对齐、左对齐,对齐的操作方法如下。

先将需要对齐的多个图形选中,然后单击【格式】选项卡【排列】组中的【对齐】按钮,在打开的列表中选择一种对齐方式即可。

⑨图形组合。当用许多简单的图形构成一个复杂的图形后,实际上每一个简单图形还是一个独立的对象,移动时可能由于操作不当而破坏刚刚构成的图形,这对移动整个图形来说将变得非常困难。为此,Word 2007 提供了将多个图形组合的功能,利用组合功能可以将许多简单图形组合成一整体的图形对象,以便图形的移动、旋转及大小的调整。实现图形组合的操作方法如下。

先将需要组合的多个图形选中,然后单击【格式】选项卡【排列】组中的【组合】命令即可。

⑩图形旋转。选中要设置旋转的图形,单击"格式"选项卡"排列"组中的"旋转"按钮,在打开的列表中选择一种旋转方式即可。

3. 插入 SmartArt 图形

Word 2007 与之前的版本不同,增加了 SmartArt 图形,用于演示流程、层次结构、循环或者关系。插入 SmartArt 图形的操作方法如下。

单击【插入】选项卡【插图】组中的【SmartArt】按钮,打开如图 3-48 所示的【选择 SmartArt 图形】对话框,该对话框列出了 Word 2007 提供的 80 多种不同类型的模板,有列表、流程、循

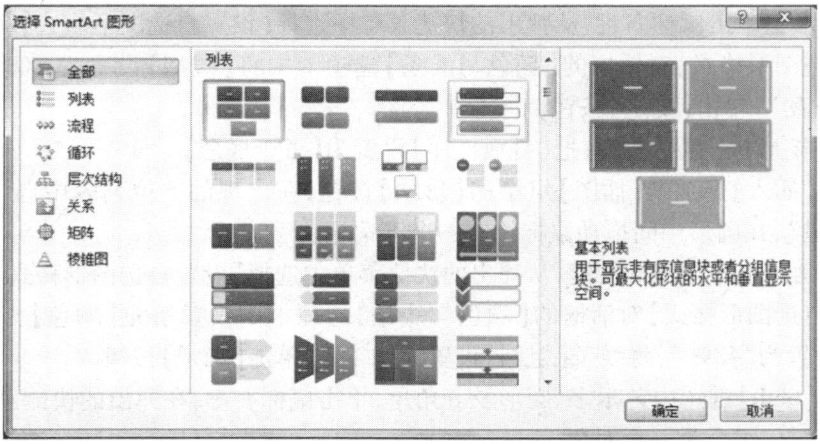

图 3-48 【选择 SmartArt 图形】对话框

环、层次结构、关系、矩阵和棱锥图共七大类。在某一类下选择一种 SmartArt 图,单击【确认】按钮,可在文档中插入一个 SmartArt 图。按照需求输入相应的文字和数据,可完成对 SmartArt 图的创建。

3.5.5 本节练习

利用 Word 2007 制作一个计算机教研室的印章,如图 3-49 所示。

1. 案例分析

本案例主要涉及的知识点如下。

①艺术字的插入。

②艺术字的版式设置。

③形状的插入及颜色填充。

④形状的叠放次序。如图 3-49 所示案例样图。

⑤艺术字及形状的组合。

图 3-49　案例样图

2. 实现步骤

①启动 Word 2007 新建一个文档,单击【插入】选项卡【文本】组中的【艺术字】按钮,然后选择"艺术字样式 3"样式,打开【编辑艺术字文字】对话框。

②在【编辑艺术字文字】对话框中,输入文字"计算机教研室印章",字号设为"36",字体设为"宋体",单击【确定】按钮。

③单击艺术字,艺术字周围会出现控制柄,在控制柄上按下鼠标左键拖动鼠标,将艺术字调整为圆弧形。

④在艺术字上单击鼠标右键,从弹出的快捷菜单中选择【设置艺术字格式】命令,在出现的【设置艺术字格式】对话框中选择【版式】选项卡中的【浮于文字上方】,单击【确定】按钮。

⑤单击【插入】选项卡【插图】组中的【形状】按钮,在出现的下拉列表中选【基本形状】中的"椭圆",拖动鼠标绘制一个与艺术字宽度相近的圆形。

⑥在圆形上单击鼠标右键,从弹出的快捷菜单中选择【设置自选图形格式】命令,在出现的【设置自选图形格式】对话框的【颜色与线条】选项卡中将【线型】设置为"双实线",线条粗细值为"5 磅",单击【确定】按钮。

⑦在圆形上单击鼠标右键,把【叠放次序】设置为【置于底层】。

⑧单击【插入】选项卡【插图】组中的【形状】按钮,在出现的下拉列表中选【星与旗帜】中的"五角星",在圆形中间拖动鼠标绘制一个五角星。

⑨在五角星上单击鼠标右键,从弹出的快捷菜单中选择【设置自选图形格式】命令,在出现的【设置自选图形格式】对话框的【颜色与线条】选项卡中设置填充【颜色】为"红色",将【透明度】设置为"48%",将线条【粗细】设置为"2 磅",单击【确定】按钮。

⑩按住【Shift】键选中艺术字、圆形及五角星,单击鼠标右键,在弹出的快捷菜单选择【组合】命令,将它们组合为一个对象。

⑪将文档保存到【桌面】上,命名为"图章"。

3.6 Word 2007 其他操作

3.6.1 其他对象的插入

1. 插入公式

在进行科技文档的编辑时,经常要处理各种各样的公式,如简单的求和公式和复杂的矩阵运算公式等,这类公式中包含不能从键盘直接输入的字符。在 Word 2007 中可以使用公编辑器来完成公式的输入,还可以直接在文档中使用公式工具来编辑公式。

(1)使用公式编辑器插入公式

将光标定位到需要插入公式的位置,单击【插入】选项卡【文本】组中的【对象】按钮,打开如图 3-50 所示的【对象】对话框,在对话框的【对象类型】列表中选择“Microsoft 公式 3.0”选项,单击【确定】按钮,打开公式编器,同时在文档中显示【公式】工具栏和公式编辑框。在公式编辑框中可以录入公式,公式录入结束后,单击公式编辑框外的任意位置即可退出公式编辑器并返回文本编辑状态。

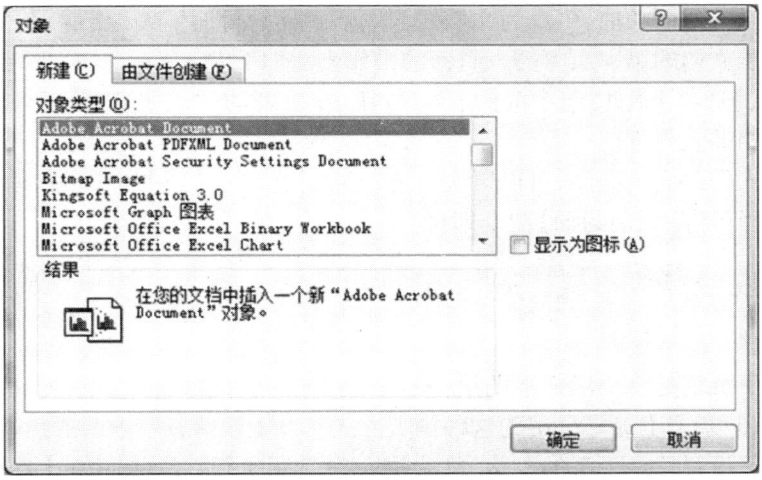

图 3-50 【对象】对话框

(2)使用公式工具插入公式

将光标定位到需要插入公式的位置,单击【插入】选项卡【符号】组中的【公式】按钮即可使用公式工具来完成公式的插入。

2. 插入分节符

利用分节符可以将文档分为多个节,可以为每个节设置不同的格式及版式,如不同的节可以设置不同的页眉和页脚、不同的页面边框等。插入分节符的操作方法如下。

将光标定位于需要插入分节符的位置,单击【页面布局】选项卡【页面设置】【分隔符】按钮,在出现的列表中选择【分节符】组中的某种分节符类型即可插入一个分节符。

3. 插入页眉和页脚

页眉和页脚是文档中每个页面的顶部和底部的区域。可以在页眉和页脚中插入或更改文本或图形。为页面设置页眉和页脚的操作方法如下。

单击【插入】选项卡【页眉和页脚】组中的【页眉】按钮，在出现的列表中选择一种页眉样式，单击鼠标，即可在文档的页用处输入页眉信息。

单击【插入】选项卡【页眉和页脚】组中的【页脚】按钮，在出现的列表中选择一种页脚样式，单击鼠标，即可在文档的页脚处输入页脚信息。

4. 插入空白页

使用 Word 2007 插入空白页功能，可以在光标所在位置插入一个空白页，光标后的所有文档将位于空白页的下一页。插入空白页的操作方法如下。

将光标置于要插入空白页的位置，单击【插入】选项卡【页】组中的【空白页】按钮，则可插入一空白页。使光标前的文本位于空白页前一页，而光标后的文本位于空白页后一页。

5. 插入分页

若需要将光标后的文本于下一页显示，则可在光标位置插入分页，操作方法如下。

将光标置于要插入页的位置，单击【插入】选项卡【页】组中的【分页】按钮，则可插入新的一页，并使光标后的文本显示于该页。

6. 插入封面

通过使用插入封面功能，可以为文档插入风格各异的封面。无论插入点在何位置，插入的封面总是位于文档的第一页。插入封面的操作方法如下。

单击【插入】选项卡【页】组中的【封面】按钮，在出现的列表中选择一种封面样式，单击鼠标即可为文档插入封面。

如果对插入的封面不满意，可以再次单击【插入】选项卡【页】组中的【封面】按钮，在出现的列表中选择【删除当前封面】命令即可。

3.6.2 其他中文版式

1. 首字下沉

所谓首字下沉就是将一段文本的第一个字放大指定的倍数，使文章醒目以吸引读者的注意力。在报刊、杂志上经常会用到这种排版方式。设置段落首字下沉的操作方法如下。

将光标置于设置首字下沉的段落，单击【插入】选项卡【文本】组中的【首字下沉】按钮，在出现的列表中选择一种下沉效果即可。如果单击列表中的【首字下沉选项】命令，则可打开如图 3-51 所示的【首字下沉】对话框。在对话框的【位置】组中有【无】、【下沉】和【悬挂】3 种格式可供选择；在对话框的【选项】组中可以设置首字的字体，输入下沉行数和距其后面正文的距离，设置好后单击【确定】按钮。

2. 分栏排版

分栏就是将版面分为多个垂直的窄条，使得版面显得更为生动、活泼，增强可读性。实际上到目前为止，介绍的都是只有一栏的版面，这一栏占据一页的宽度。实现分栏的操作步骤如下。

选中需要设置分栏的文本内容，如果没有选中特定的文本，则将为整篇文档或当前节设置分栏。单击【页面布局】选项卡【页面设置】组中的【分栏】按钮，在打开的下拉列表中选择更多分栏命令，打开如图 3-52 所示的【分栏】对话框。在【分栏】对话框【预设】组中选择分栏格式;在【列数】微调框中输入分栏数;在【宽度和间距】组中设置间距,如果选择【栏宽相等】复选框,则各栏宽相等,否则可逐栏设置宽度;如果选择【分隔线】复选框,可以在各栏之间加一条分隔线,最后单击【确定】按钮则可为选定的文本实现分栏操作。

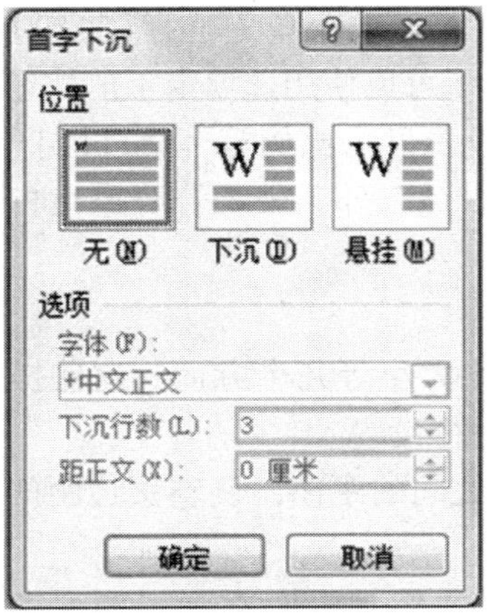

图 3-51 【首字下沉】对话框

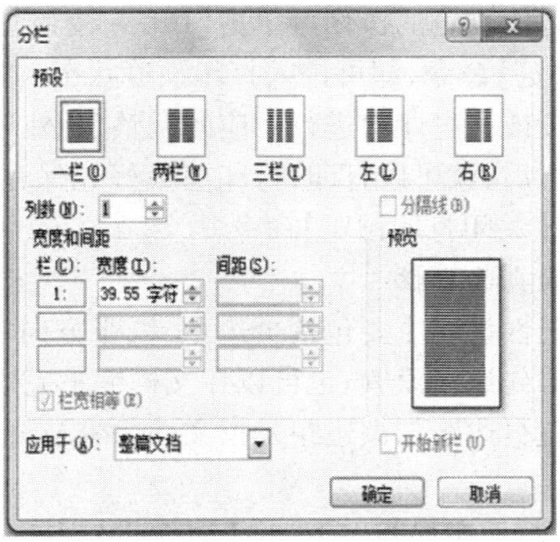

图 3-52 【分栏】对话框

3. 设置页面水印

水印指在页面中文字后面的虚影文字或虚影图片,通常表示该文档具有某些特殊的意义,或需要做特殊的处理。设置水印的操作方法如下。

单击【页面布局】选项卡【页面背景】组中的【水印】按钮,在打开的下拉列表中选择一种水印样式可为文档添加水印效果。

若要设置其他样式的水印,则可以在列表中单击【自定义水印】命令,打开如图 3-53 所示的【水印】对话框。在对话框中可以选择图片水印或者文字水印。

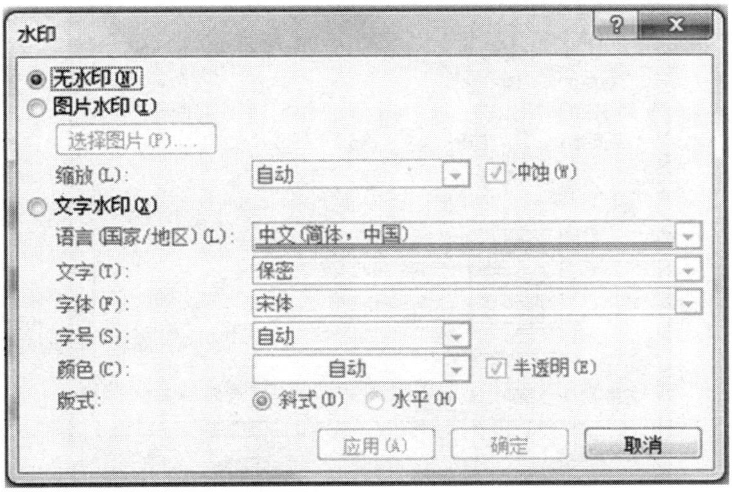

图 3-53 【水印】对话框

3.6.3 文档的打印

打印通常是文档处理的最后一步,打印出的文档可以用来校对或正式使用。Word 2007

具有强大的打印功能，在打印前可以在屏幕上预览，看到打印的实际效果。打印时，除打印文档外，还可以打印文档的一些属性信息。

1. 打印预览

进行打印预览的操作可单击【Office 按钮】图标，在打开的菜单中选择【打印】子菜单下的【打印预览】命令，即可进入打印预览状态，在该状态下可以使用选项卡上的按钮查看文档的打印设置或在打印前进行相应的调整，此外还可以设置显示比例等。通过【打印预览】命令查看满意后，就可以打印，打印前最好先保存文档，以免意外丢失。若要退出打印预览状态，可单击【关闭打印预览】命令。

2. 设置页面属性

页面属性设置主要包括页边距、纸张方向以及纸张大小等几个方面。这些操作可以在创建文档时先进行设置，也可以在文档编辑完毕后再进行设置。

①设置页边距。页边距是指文档内容与页面边缘之间的距离。调整页边距的操作方法如下。

单击【页面布局】选项卡中【页面设置】组中的【页边距】按钮，在弹出的列表中选择即可。若单击列表中的【自定义边距】命令，则可打开如图3-54所示的【页面设置】时可以设置页边距的具体值。

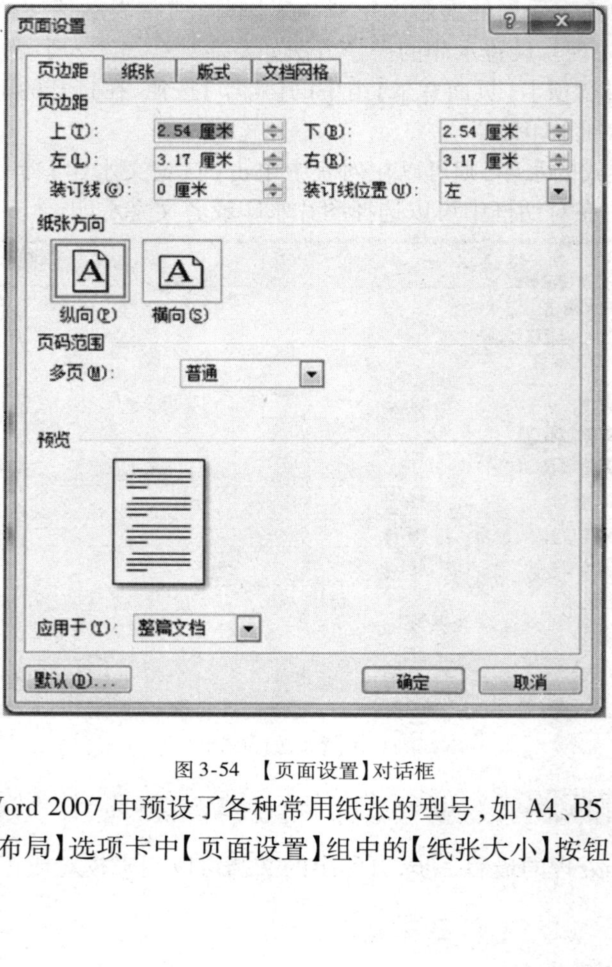

图 3-54 【页面设置】对话框

②设置纸张。Word 2007 中预设了各种常用纸张的型号，如 A4、B5 和 16 开等。纸张的类型可以单击【页面布局】选项卡中【页面设置】组中的【纸张大小】按钮，在弹出的下拉列表

中进行选择即可。如果打印机采用其他规格纸张,则可在列表中单击【其他页面大小】命令,打开【页面设置】对话框,在【纸张】选项卡中设置即可。

3. 打印设置

Word 2007 提供了许多灵活的打印功能,可以打印一份或多份文档,也可以打印文档的某一页或几页。

①设置打印范围。单击【Office 按钮】图标,在打开的菜单中选择【打印】子菜单下的【打印】命令,打开如图 3-55 所示的【打印】对话框。在【打印】对话框的【页面范围】选项组中有全部、当前页和页码范围 3 个选项,可以用来设置打印的范围。

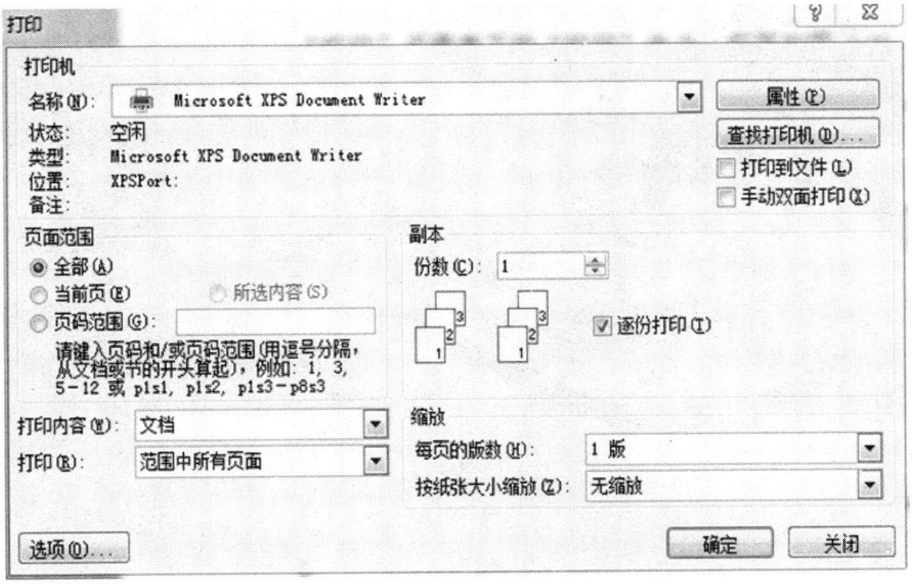

图 3-55 【打印】对话框

②设置打印份数。在【打印】对话框的【副本】选项组中,用户可以通过数值框设置重复打印的份数。在打印多份文档时,选中【逐份打印】复选框,可以让 Word 打印完一份完整的文档后再打印下一份;若不选定,则每页按份数打印。

③设置打印比例。Word 2007 具有缩放打印的功能,如同复印机的缩放功能一样。在【打印】对话框的缩放选项组中有每页的版数和按纸张大小缩放两个选项,可以用来对缩放打印进行设置。

第4章
电子表格软件Excel 2007

本章要点

- □ 了解表格处理软件的基本概念，理解其基本功能。
- □ 掌握工作表和工作簿的管理。
- □ 熟练地进行选定单元格、选定行和列、复制和移动文本等操作。
- □ 掌握简单的公式和函数计算以及数据的排序筛选操作。
- □ 熟悉建立和编辑简单图标的操作方法。

本章主要介绍中文电子表格软件的基本使用方法和操作，其中包括工作薄文件管理、工作表的编辑和格式操作、公式和函数、图表的创建及数据管理等。

4.1 Excel 2007 的概述及基本操作

电子表格软件 Excel 2007 是 Office 2007 套装软件中的成员之一。Excel 2007 以直观的表格形式供用户编辑操作。用户只要通过简单的操作就能快速制作出一张精美的表格，以多种形式的图表方式表现数据表格，并能对数据表进行诸如计算、排序、检索和分类汇总等数据库操作。因此，Excel 2007 被广泛应用在财会管理、税收、经济分析和成绩分析等多个领域。

4.1.1 Excel 2007 的启动和退出

1. 启动 Excel 2007

方法 1：利用【开始】菜单启动 Excel 2007。

单击【开始】按钮，鼠标指针移到【所有程序】菜单处，在【所有程序】菜单中单击【Microsoft Office】项，再单击子菜单【Microsoft Office Excel 2007】项即可启动 Excel 2007。

方法 2：利用快捷方式图标。

若【桌面】上有 Excel 快捷方式图标，双击也可启动 Excel 2007。

方法 3：通过 Excel 2007 文件启动。

双击文件扩展名为“.xlsx”的文件即可启动 Excel 2007 并打开该文件。

2. 退出 Excel 2007

下列 4 种方法均可退出 Excel 2007。

①单击 Excel 2007 窗口标题栏最左端的【Office 按钮】图标，然后单击【退出 Excel】按钮。

②单击 Excel 2007 窗口标题栏最右端的【关闭】按钮。

③双击 Excel 2007 窗口标题栏最左端的【Office 按钮】图标。

④在 Excel 2007 窗口标题栏上单击鼠标右键，在弹出的快捷菜单中单击【关闭】命令。

4.1.2 Excel 2007 的主界面介绍

启动 Excel 2007 后即可打开 Excel 2007 的窗口，如图 4-1 所示。Excel 2007 窗口主要由 Office 按钮、选项卡、快速访问工具栏、标题栏、名称框和编辑栏、工作表区和状态栏等部分组成。

下面分别对 Excel 2007 窗口中的各组成部分进行简单介绍。

1.【Office 按钮】图标

【Office 按钮】图标位于 Excel 2007 窗口的左上角，该按钮取代了旧版本 Office 程序中的【文件】菜单。单击此按钮，可以弹出【Office 菜单】，其中显示了 Excel 2007 的一些基本功能，包括新建、保存、另存为、打印、准备、发送、发布和关闭等命令。

2. 标题栏

标题栏位于 Excel 2007 窗口的最顶端，主要用于显示程序名及文件名。在标题栏最右端有一组窗口控制按钮。单击【最小化】按钮可使 Excel 2007 窗口缩小成 Windows 任务栏中的一个任务按钮；单击【最大化】按钮可使 Excel 2007 窗口最大化成整个屏幕，此时【最大化】按钮改变为【还原】按钮；单击【还原】按钮使 Excel 2007 窗口恢复到原来窗口大小，此时，【还原】按钮又改变为【最大化】按钮；单击【关闭】按钮，如果同时打开多个文件，则关闭当前的文档窗口，否则就关闭 Excel 2007 窗口，退出 Excel 2007 程序。

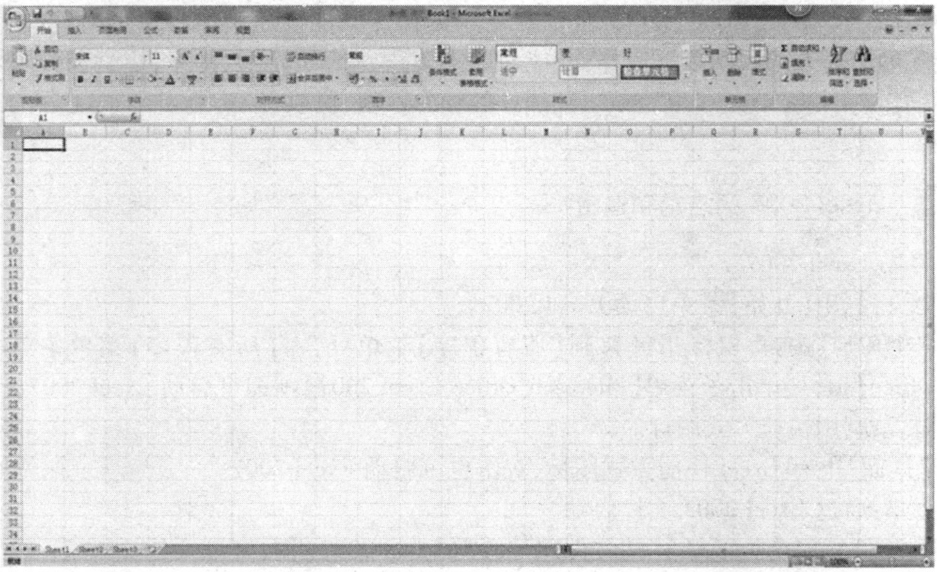

图 4-1　Excel 2007 的工作界面

3. 快速访问工具栏

快速访问工具栏是一个可自定义的工具栏，包含了一组独立于当前所显示的选项卡的命令，这使得用户在操作时不需要切换选项卡，直接到快速访问工具栏中找已添加的命令来完成操作即可。默认情况下，快速访问工具栏上只有【保存】、【撤销】和【恢复】3 个按钮。可根据需要灵活地往快速访问工具栏中添加或删除一些常用的命令，方法是单击快速访问工具栏右侧的【自定义快速访问工具栏】按钮，在弹出的菜单中单击需要的命令即可进行该命令的添加。

4. 选项卡

选项卡是用户界面的一个按任务分组命令的组件，显示的是一些使用频率最高的命令。在 Excel 2007 的选项卡中，主要包括【开始】、【插入】、【页面布局】、【公式】、【数据】、【审阅】、【视图】和【加载项】8 个部分。

5. 名称框和数据编辑区

名称框显示的是当前单元格（或区域）的地址或名称。数据编辑区用来输入或编辑当前单元格的值或公式，其左边有【✓】、【×】和 f_x 按钮，用于对输入数据的确认、取消和编辑函数。

6. 工作表区

工作表区主要由行号、列标和工作表标签组成，可以在工作表的单元格中输入不同的数据类型，是最直观显示所有输入内容的区域。

7. 状态栏

状态栏位于窗口的底部，用于显示当前命令或操作的有关信息。例如，在为单元格输入数据时，状态栏显示“输入”，完成输入后，状态栏显示“就绪”。另外，在状态栏上还可以调整页面的显示比例。

4.1.3 工作簿的基础操作

所谓工作簿是指在 Excel 环境中用来处理工作数据的文件。一个工作簿就是一个 Excel 文件（其扩展名为“.xlsx”），其中可以含有一个或多个表格（称为工作表）。它像一个文件夹，把相关的表格或图表存放在一起，便于处理。例如，新华书店的图书销售量统计表、图书销售额统计表及相应的统计图等可以存放在同一个工作簿中。

一个工作簿最多可以含有 255 个工作表，一个新工作簿默认有 3 个工作表，分别命名：Sheet1、Sheet2、Sheet3。工作表的名字可以修改，工作表的个数也可以增减。

1. 新建工作簿

建立新工作簿常用的有如下两种方法。

①当每次启动 Excel 2007 时，系统自动建立一个新工作簿，默认的文件名为“Book1.xlsx”。用户保存工作簿时可换成合适的文件名存盘。

②用鼠标单击【Office 按钮】图标，在打开的菜单中单击【新建】命令，然后选择【空工作簿】，也可创建一个新的工作簿。

2. 打开工作簿

要打开已经存在的 Excel 文件，可以单击【Office 按钮】图标，在打开的菜单中单击【打开】命令，这时出现【打开】对话框，在【查找范围】栏中确定工作簿文件所在的文件夹，并单击要打开的工作簿文件，然后单击【确定】按钮，就可以打开一个工作簿。

另外，还可以单击【快速访问工具栏】上的【打开】按钮，也可打开【打开】对话框，同样也可以打开一个工作簿。

3. 保存工作簿

建立工作簿文件并编辑后，需要将其保存在磁盘上。常用的保存方法有以下两种。

①单击【Office 按钮】图标，在打开的菜单中单击【保存】命令，若工作簿文件是新建的，则出现【另存为】对话框，其形式与 Word 中的【另存为】对话框类似。若工作簿文件不是新建的，则按原来的路径和文件名存盘，不会出现【另存为】对话框。

②单击【快速访问工具栏】上的【保存】按钮，若工作簿文件是新建的，则出现【另存为】对话框，操作方法同上。否则自动按原来的路径和文件名存盘。

4.1.4 本节练习

启动 Excel 2007 新建一个 Excel 工作簿，在【快速访问工具栏】中增加【新建】、【打开】、【快速打印】和【更多】命令，如图 4-2 所示。

图 4-2 修改后的【快速访问工具栏】

1. 案例分析

本案例主要涉及的知识点如下。

①启动 Excel 2007。

②使用【快速访问工具栏】。

③自定义【快速访问工具栏】。

④退出 Excel 2007。

2. 实现步骤

①单击【开始】菜单，选择【所有程序】菜单中的【Microsoft Office】下的【Microsoft Office Excel 2007】命令启动 Excel 2007。

②单击【快速访问工具栏】右侧的下拉按钮打开下拉列表。

③在出现的下拉列表中选择【新建】命令。

④重复步骤②，在出现的下拉列表中选择【打开】命令。

⑤重复步骤②，在出现的下拉列表中选择【快速打印】命令。

⑥重复步骤②，在出现的下拉列表中选择【其他命令】命令，打开【Excel 选项】话框，如图 4-3 所示。

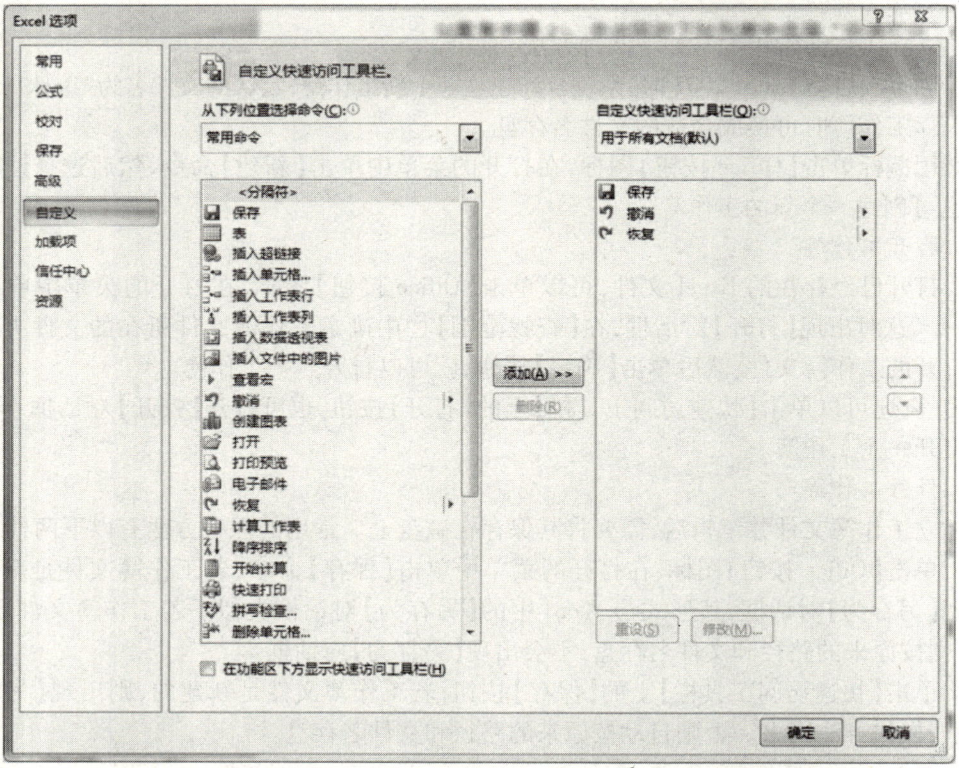

图 4-3 【Excel 选项】对话框

⑦单击【常用命令】后面的下拉按钮，在出现的下拉列表中选择【所有命令】显示有可能添加到【自定义快速访问工具栏】的命令。

⑧在列表框中选择【更多】命令，单击【添加】按钮将其添加到【自定义快速访问工栏】的下拉列表框中，然后单击【确定】按钮。

⑨单击窗口右上角的【关闭】按钮，退出 Excel 2007。

4.2 工作表的建立与编辑

4.2.1 数据的输入

1. 输入数据的方法

Excel 2007 提供了在单元格中或编辑栏中输入数据的方法。输入数据的操作方法如下。

①单击目标单元格,使之成为当前单元格,在单元格中输入或修改数据,完成输入后按【Enter】键即可。

②单击目标单元格,使之成为当前单元格,然后单击【数据编辑区】,在【数据编辑区】中输入数据,编辑栏的左边会出现【×】和【✓】按钮。其中,【×】按钮的功能是取消刚输入的数据,【✓】按钮的功能是确认输入的数据并存入当前单元格。

2. 输入文本

文本包括汉字、英文字母、数字、符号及其组合。每一个单元格中最多可输入 32767 个字符,单元格中只能显示 1024 个字符,而编辑栏中可以显示全部 32767 个字符。

如果要在单元格中输入硬回车,可按【Alt】+【Enter】键。

若将一个数字作为一个文本,如电话号码、产品代码等,输入时应在数字前加上一个单引号,或将数字用双引号括起来,前面加一个“ = ”。例如,将 123456 作为文本处理,可输入“ ' 123456”,也可输入“ =“123456” ”。

在单元格中输入文本后,文本会在单元格中自动左对齐。

3. 输入数值

当输入数值时,默认形式为常规表示法,如 34,102.56 等。当长度超过单元格宽度时自动转换成科学计数法表示,如在单元格 D3 中输入“123456789123”,则显示为“1.23457E + 11”。数值在单元格中自动右对齐。

输入数值时可出现数字 0,1,…,9 和 +,-,( ),E,e,%,$。例如 +“10”,-“1.23”,“1,234”,“1.12E -2”,“ $134”,“30%”,“(123)”等。其中“1,234”中的逗号“,”表示分节号,“30%”表示“0.3”,“(123)”表示“ -123”。输入分数数据,必须在分数前加 0 和空格。例如,在单元格“E3”中输入“0 2/3”,则显示“2/3”。如果直接输入“2/3”,则显示“2 月 3 日”。

4. 输入日期和时间

若输入的数据符合日期或时间的格式,则 Excel 将以日期或时间存储数据。

①输入日期用户可以用如下形式输入日期(以 2009 年 10 月 1 日为例)。

09/10/1 或 2009/10/01; 2009 -10 -1; 01 -OCT -09; 1/OCT/09

②输入时间用户可按如下形式输入时间(以 19 点 15 分为例)。

19:15;7:15PM; 19 时 15 分;下午 7 时 15 分

注:PM 或 P 表示下午,AM 或 A 代表上午。

③日期与时间组合输入例如,2009 -10 -01 19:15,输入时请在日期与时间之间用空格分隔。

4.2.2 自动填充数据

对于相邻单元格中要输入相同数据或按某种规律变化的数据时，可以用 Excel 的智能填充功能实现快速输入。在当前单元格的右下角有一小黑块，称为填充句柄。

①填充相同数据。对时间和日期数据，按住【Ctrl】键拖动当前单元格填充句柄，所经之处均填充该单元格的内容。对字符串或纯数值数据应直接拖动填充句柄。

在当前单元格 A5 中输入“训练基地”，鼠标指针移到填充句柄，此时，指针呈“+”状，拖动它向右直到 E5，松开鼠标键。从 B5 直到 E5 均填充了“训练基地”，如图 4-4 所示。

	A	B	C	D	E
1					
2					
3					
4					
5	训练基地	训练基地	训练基地	训练基地	训练基地
6					
7	一月	二月	三月	四月	五月

图 4-4　数据输入示例

②填充已定义的序列数据。在单元格“A7”输入“一月”，拖动填充句柄向右直到单元格 E7，松开鼠标键，则自“A7”起，依次是“一月”，“二月”，…，“五月”，如图 4-4 所示。

③自定义序列。用户可以添加一个新的自动填充序列，操作方法如下。

单击【Office 按钮】图标，然后单击【Excel 选项】按钮，打开【Excel 选项】对话框。单击左侧的【常用】项，然后在右侧单击【编辑自定义列表】按钮，打开【自定义序列】对话框。在【自定义序列】对话框中的【输入序列】列表框中输入要创建的自动填充序列，然后单击【添加】按钮，则新的自定义序列就出现在左侧【自定义序列】列表中，单击【确定】按钮，关闭对话框。

4.2.3 查找和替换

查找与替换是编辑处理过程中经常执行的操作，在 Excel 中除了可查找和替换文字外，还可查找和替换公式和批注。执行查找的操作步骤如下。

单击【开始】选项卡【编辑】组中的【查找和选择】按钮，在出现的下拉列表中选择【查找】命令，打开如图 4-5 所示的【查找和替换】对话框。在【查找内容】下拉列表框中输入要查找的文本，然后设置【搜索方式】和【搜索范围】，然后单击【查找下一个】按钮即可开始查找工作。当找到匹配的内容后，单元格指引就会指向该单元格。如果要进行替换操作，可在【查找和替换】对话框中单击【替换】选项卡，在【替换为】文本框中输入要替换的内容，单击【替换】按钮来进行替换操作。如果不想替换找到的文本，可单击【查找下一个】按钮，如果需要将所有找到的文本都替换为新的文本，则可单击【全部替换】按钮。

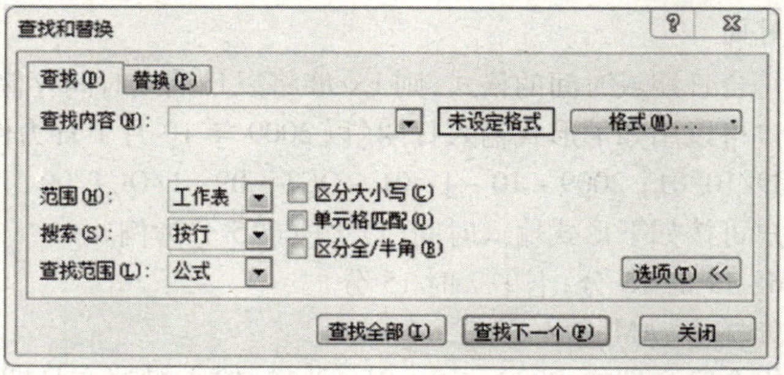

图 4-5　【查找和替换】对话框

若想进行其他内容的查找，可在单击【开始】选项卡【编辑】组中的【查找和选择】按钮时从出现的下拉列表中选择【公式】或【批注】等，则可进行公式或批注的查找。

4.2.4 工作表的编辑

新建立的工作簿默认有3个工作表。可以选择对某个工作表进行重命名、复制、移动、隐藏和分割等操作。

1. 选定工作表

在编辑工作表前，必须先选定它，使之成为当前工作表。选定工作表的方法是：单击目标工作表标签，则该工作表成为当前工作表，其名字以白底显示。若目标工作表未显示在工作表标签行，可以通过单击工作表标签滚动按钮，使目标工作表标签出现并单击它。

有时需要同时对多个工作表进行操作，如删除多个工作表等，这就需要选定多个工作表，操作方法如下。

①选定多个相邻的工作表。单击这几个工作表中的第一个工作表标签，然后，按住【Shift】键并单击这几个工作表中的最后一个工作表标签。此时这几个工作表标签均以白底显示，工作簿标题出现“[工作组]”字样。

②选定多个不相邻的工作表按住【Ctrl】键并单击每一个要选定的工作表标签。

2. 工作表重命名

为了直观表达工作表的内容，往往不采用默认的工作表名“Sheet1”、“Sheet2”和“Sheet3”，而重新给工作表命名。为工作表重命名的方法是：双击要重命名的工作表标签，然后进行修改或输入新的名字。

3. 工作表的移动和复制

在实际工作中，有时会遇到十分相似的两张表格，它们只有很少不同点。若已经制作好其中的一张表格，则另一张表格可用复制表格，适当编辑个别不同点的方法来完成，以提高效率。有时，工作表在工作簿中的次序可能需要调整，有的工作表可能归类到另一工作簿，这就要移动和复制工作表，具体操作方法如下。

①在同一工作簿中移动（或复制）工作表。单击要移动（或复制）的工作表标签，沿着标签行拖动（或按住【Ctrl】键拖动）工作表标签到目标位置。

②在不同工作簿之间移动（或复制）工作表。打开源工作簿（如“案例1.xlsx”）和目标工作簿（如“Bookl.xlsx”），单击源工作簿中要移动（或要复制）的工作表标签，使之成为当前工作表。在当前工作表标签上单击鼠标右键，从弹出的快捷菜单中选择【移动或复制工作表】命令，弹出如图4-6所示的【移动或复制工作表】对话框。在对话框的【工作簿】下拉列表框中选中目标工作簿，在【下列选定工作表之前】列表中选定在目标工作簿中的插入位置（如“Sheet1”）。若需要复制，则应选中【建立副本】复选框，最后单击【确定】按钮。

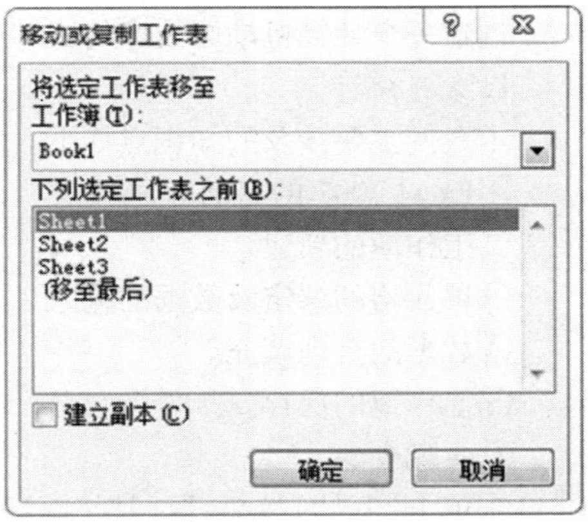

图4-6 【移动或复制工作表】对话

按上述步骤可把“案例 1. xlsx”中的工作表 Sheet3 移动(或复制)到“Book1. xlsx”中的“Sheet1”之前。为了与原工作表“Sheet3”相区别,刚移来的“Sheet3”变成“Sheet3 (2)”。

4. 插入工作表

一个工作簿默认有 3 个工作表,有时不够用,可用如下方法插入新工作表。

①单击某工作表标签(如“Sheet3”),新工作表将插在该工作表之前。

②在工作表标签上单击鼠标右键,从弹出的快捷菜单中选择【插入】命令,然后选择【工作表】即可。

新插入的“Sheet4”出现在“Sheet3”之前,且成为当前工作表。若要同时插入多个工作表,可选中多个工作表,然后执行上面的操作。

5. 删除工作表

①单击要删除的工作表标签,使之成为当前工作表。

②在工作表标签上单击鼠标右键,从弹出的快捷菜单中选择【删除】命令。

6. 工作表的分割

对于较大的表格,由于屏幕大小的限制,看不到全部单元格。若要在同一屏幕查看相距甚远的两个区域的单元格,则可以对工作表进行横向或纵向分割,以便查看或编辑同一工作表不同部分的单元格。

在工作簿窗口的垂直滚动条的上方有【水平分割条】,当鼠标指针移到此处时,呈上下双箭头状;在水平滚动条的右端有【垂直分割条】,当鼠标指针移到此处时,呈左右双箭头状。

①水平分割工作表鼠标指针移到【水平分割条】,上下拖动【水平分割条】到合适位置,则把原工作簿窗口分成上下两个窗口。每个窗口有各自的滚动条,通过移动滚动条,两个窗口在“行”的方向可以显示同一工作表的不同部分。

②垂直分割工作表鼠标指针移到【垂直分割条】,左右拖动【垂直分割条】到合适位置,则把原工作簿窗口分成左右两个窗口。两个窗口在“列”的方向可以显示同一工作表的不同部分。

4.2.5 本节练习

创建一个计算机动画技术的成绩单,如图 4-7 所示。

1. 案例分析

本案例主要涉及的知识点如下。

①Excel 2007 的启动。

②工作簿的新建。

③单元格的选定及数据的输入。

④数据的自动填充。

⑤工作簿的保存。

2. 实现步骤

①单击【开始】按钮,鼠标指针移到【所有程序】菜单处,在【所有程序】菜单中单击【Microsoft Office】项,再单击子菜单【Microsoft Office Excel 2007】项即可启动 Excel 2007。

学号	姓名	性别	考试成绩	平时成绩	总成绩
091001	张三	男	70	77	
091002	李四	男	80	66	
091003	王五	男	75	98	
091004	王一涵	女	68	97	
091005	林丹	男	77	65	
091006	陈志伟	男	60	61	
091007	黄山	男	90	68	
091008	李峰	男	85	98	
091009	张晓丽	女			
091010	阎立文	男	64	88	
091011	李武	男	68	76	
091012	姚伟	男	78	82	
091013	陈向东	男	74	81	
091014	郭建	男	76	69	
091015	顾峰	男	60	68	
091016	冯力	男	65	79	

图 4-7 计算机动画技术成绩单

②在“A1”到“E1”单元格分别输入“学号”、“姓名”、“考试成绩”、“实验成绩”和“总成绩”。

③在“A2”单元格中输入“ ’0940201”，选中“A2”单元格，拖动填充柄到“A21”单元格松开鼠标。

④在“B2”单元格到“B21”单元格输入每个学生的姓名；在“C2”到“C21”单元格输入每个学生的考试成绩；在“D2”到“D21”单元格中输入每个学生的实验成绩。

⑤单击快速访问工具栏上的【保存】按钮，在保存位置中选择【桌面】，保存的文件名为“成绩单”。

4.3 Excel 2007 工作表的格式化

工作表的内容固然重要，但工作表肯定要供别人浏览，其外观修饰也不可忽视。Excel 提供了丰富的格式化命令，能解决数字如何显示、文本如何对齐、字形字体的设置以及边框、颜色的设置等格式化问题。

4.3.1 单元格格式的设置

若单元格从未输入过数据，则该单元格为常规格式，输入数据时，Excel 会自动判断数据并格式化。例如，输入“￥1234”，系统会格式化为“￥1,234”；输入“2/5”，会格式化为“2 月 5 日”；若输入“0 口 2/5”（口表示空格），则显示分数“2/5”。

1. 设置数值格式

选定要格式化的单元格区域，单击鼠标右键，在弹出的快捷菜单中单击【设置单元格式】命令，打开如图 4-8 所示的【设置单元格格式】对话框。

在该对话框【数字】标签的【分类】列表框中单击“数值”类型，可以设置单元格中的表示形式。可以设置小数位数（如“1”）及负数显示的形式，如“－1234”，“（1234）”或用红色表示的“1234”等,同时可以在【示例】栏中看到该格式显示的实际情况。

2. 日期时间格式化

在单元格中可以用各种格式显示日期或时间。例如,当前单元格中的“2009 年 7 月 1 日”也可以显示为“二〇〇九年七月一日”,改变日期或时间显示格式的操作方法如下。

①选定要设置日期时间格式的单元格区域,单击鼠标右键,在弹出的快捷菜单中单击【设置单元格格式】命令,打开如图 4-8 所示的【设置单元格格式】对话框。

②在【数字】标签的【分类】列表框中单击“日期”(“时间”)项。

③在右侧【类型】栏中选择一种日期(时间)格式,如“二〇〇九年七月一日”。

④单击【确定】按钮。

同样的方法能使单元格中的“13:20”变成“下午一时二十分”。

3. 将数字格式转化为文本格式

Excel 软件可以将单元格中的内容由数字格式转化为文本格式,操作方法如下。

①选定要转换格式的单元格区域,单击鼠标右键,在弹出的快捷菜单中单击【设置单元格格式】命令,打开如图 4-8 所示的【设置单元格格式】对话框。

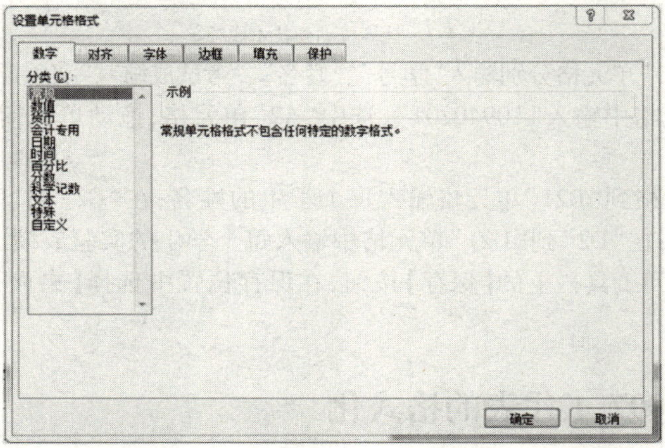

图 4-8 【设置单元格格式】对话框

②单击对话框的【数字】标签,选择【分类】列表框中的“文本”选项。

③单击【确定】按钮。

4. 将数字格式转化为邮政编码格式

Excel 软件可以将单元格中的内容由数字格式转化为邮政编码格式,操作方法如下。

①选定要转换格式的单元格区域,单击鼠标右键,在弹出的快捷菜单中单击【设置单元格格式】命令,打开如图 4-8 所示的【设置单元格格式】对话框。

②单击对话框的【数字】标签,选择【分类】列表框中的“特殊”选项,在右边的【类型】列表中选择“邮政编码”格式。

③单击【确定】按钮。

5. 将数字格式转化为中文数字格式

Excel 软件可以将单元格中的内容由数字格式转化为中文数字格式,操作方法如下。

①选定要转换格式的单元格区域,单击鼠标右键,在弹出的快捷菜单中单击【设置单元

格格式】命令，打开如图 4-8 所示的【设置单元格格式】对话框。

②单击对话框的【数字】标签，选择【分类】列表框中的“特殊”选项，在右边的类型列表中选择“中文小写数字”或“中文大写数字”格式。

6. 设置单元格数据对齐方式

选定要设置对齐方式的单元格区域，单击鼠标右键，在弹出的快捷菜单中单击【设置单元格格式】命令，打开如图 4-8 所示的【设置单元格格式】对话框。

在该对话框的【对齐】标签中可以设置单元格中数据的水平对齐方式和垂直对齐方式，还可以设置多个单元格的合并，在【方向】选项中还可以设置文本按照某种角度来显示。

7. 标题居中

表格的标题通常在一个单元格中输入，在该单元格中居中对齐是无意义的，而应该按表格的宽度跨单元格居中，这就需要先对表格宽度内的单元格进行合并，然后再居中，操作方法如下。

在标题所在的行，选中包括标题所在单元格在内的表格宽度的若干单元格，单击【开始】选项卡【对齐方式】组中的【合并后居中】按钮 ，这样表格宽度所占据的标题行的单元格首先合并成一个大的单元格，标题内容居于这个单元格的中央。

8. 边框设置

Excel 工作表中显示的灰色网格线不是实际表格线，在表格中增加实际表格线（加边框）才能打印出表格线，操作方法如下。

选定要设置边框的单元格区域，单击鼠标右键，在弹出的快捷菜单中单击【设置单元格格式】命令，打开【设置单元格格式】对话框。

在该对话框的【边框】标签中可以对选定的单元格设置边框，还可以设置样式和线型。

9. 底纹设置

单元格区域可以增加底纹图案和颜色以美化表格，操作方法如下。

选择要加图案和颜色的单元格区域，单击鼠标右键，在弹出的快捷菜单中单击【设置单元格格式】命令，打开【设置单元格格式】对话框。

在该对话框的【填充】标签中选择背景色或图案颜色可为单元格区域增加底纹。

4.3.2 行高和列宽的调整

在新建的工作簿中，工作表的行高和列宽都是采用默认值。如果输入的数据较多较大，超出了标准的行高和列宽值，就无法将所有内容全部显示，此时就需要对行高和列宽进行调整。

1. 调整行高

①鼠标拖动法。将鼠标指针移到需要调整行高的行号下边线上，指针呈十字形状后，上下拖动，即可改变行高。

②菜单命令法。单击需要调整行高的行号选中该行，单击鼠标右键，从弹出的快捷菜单中单击【行高】命令，弹出如图 4-9 所示的【行高】对话框，在该对话框中输入所需要的行高，然后单击【确定】按钮。

③最适合的行高。将鼠标指针移到需要调整行高的行号下边线上，指针呈十字形状后，

双击鼠标,就可将该行设置为“最适合的行高”。

2. 调整列宽

①鼠标拖动法。将鼠标指针移到需要调整列宽的列标右边线上,指针呈十字形状后,左右拖动,即可改变列宽。

②菜单命令法。单击需要调整列宽的列标,选中该列,单击鼠标右键,从弹出的快捷菜单中单击【列宽】命令,弹出如图 4-10 所示的【列宽】对话框,在该对话框中输入所需要的列宽,然后单击【确定】按钮。

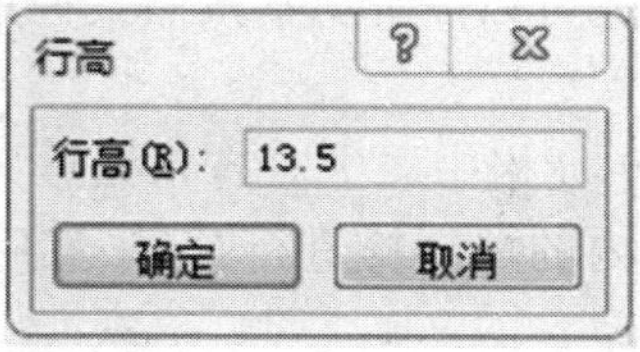

图 4-9 【行高】对话框

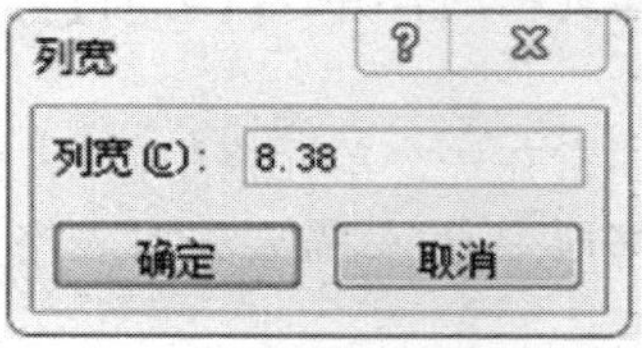

图 4-10 【列宽】对话框

③最合适的列宽。将鼠标指针移到需要调整列宽的列标右边线上,指针呈十字形状后,双击鼠标,就可将该行设置为“最适合的列宽”。

4.3.3 使用条件格式与格式刷

1. 条件格式

运用条件格式可以使工作表中不同的数据以不同的格式来显示,也就是可以根据某种条件来决定数值的显示格式。例如,学生成绩中小于 60 的成绩用红色显示,条件格式的定义方法如下。

①选定要使用条件格式的单元格区域(如“B1:C2”)。

②单击【开始】选项卡【样式】组中的【条件格式】按钮,在出现的下拉列表中选择【突出显示单元格规则】中的【小于】,打开如图 4-11 所示的【小于】对话框。

图 4-11 【小于】对话框

③在【小于】对话框的第一个文本框中输入数值“60”,在后面的下拉列表中单击“红色文本”下拉列表框。

④单击【确定】按钮。

2. 格式刷的使用

Excel 中还可以用更简单的方法来复制单元格格式,格式的复制可以使用【格式刷】实现,操作方法如下。

①选定被复制格式的单元格,然后单击【开始】选项卡【剪贴板】组中的【格式刷】按

钮 。

②选定目标单元格，即可将格式复制到目标单元格中。

4.3.4 套用表格格式

对已经存在的工作表，可以套用系统定义的各种格式来美化表格，操作方法如下。

①选定要套用格式的单元格区域。

②单击【开始】选项卡【样式】组中的【套用表格格式】按钮，从弹出的列表中选择一种格式，单击鼠标选中即可。

4.3.5 工作表的页面设置与打印

1. 页面设置

单击【页面布局】选项卡，在该选项卡的【页面设置】组中可以设置【页边距】、【纸张方向】和【纸张大小】等信息。

①设置页边距。单击【页面设置】组中的【页边距】按钮，在出现的列表中选择【普通】、【宽】或者【窄】，如果需要设置页边距的其他值，则可以单击【自定义边距】命令进行设置。

②设置页眉/页脚。页眉是指打印页顶部出现的文字，而页脚则是打印页底部出现的文字。通常，把工作簿名称作为页眉，页脚则为页号，当然也可以自定义。设置页眉和页脚的操作方法如下。

单击【页面设置】组中的【页边距】按钮，在出现的列表中单击【自定义边距】命令，打开如图4-12所示的【页面设置】对话框，在该对话框的【页眉/页脚】选项卡中可以设置页眉和页脚，还可以选择奇偶页不同的页眉和页脚。

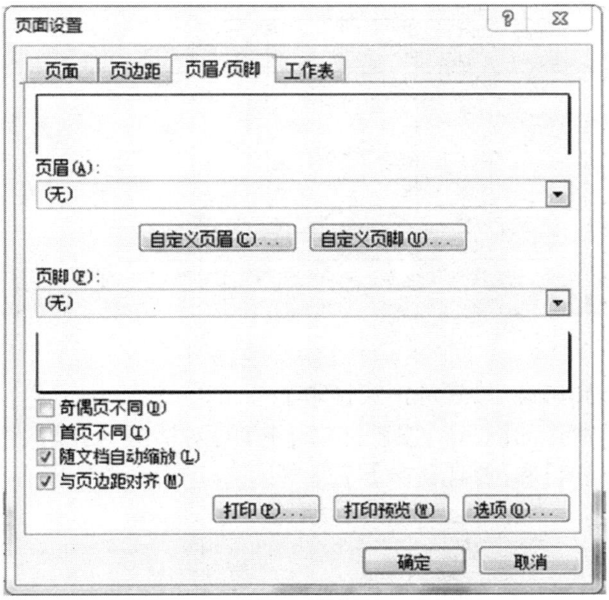

图4-12 【页面设置】对话框

③设置纸张方向。单击【页面设置】组中的【纸张方向】按钮，在出现的列表中可以选择【纵向】或【横向】。

纵向：表示从左到右按行打印。

横向：表示将数据旋转 90°打印。

④设置纸张大小。单击【页面设置】组中的【纸张大小】按钮，在出现的列表中可以选择纸张的规格（如 A4，Letter 等），如果需要设置其他的纸张规格，则可以在列表中单击其他纸张大小命令进行设置。

2. 打印预览

单击【Office 按钮】图标，在打开的菜单中选择【打印】中的【打印预览】命令，出现【打印预览】窗口，如图 4-13 所示。窗口中以整页形式显示了工作表的首页，其形式就是实际打印的效果。在窗口下方显示了当前的页号和总页数。

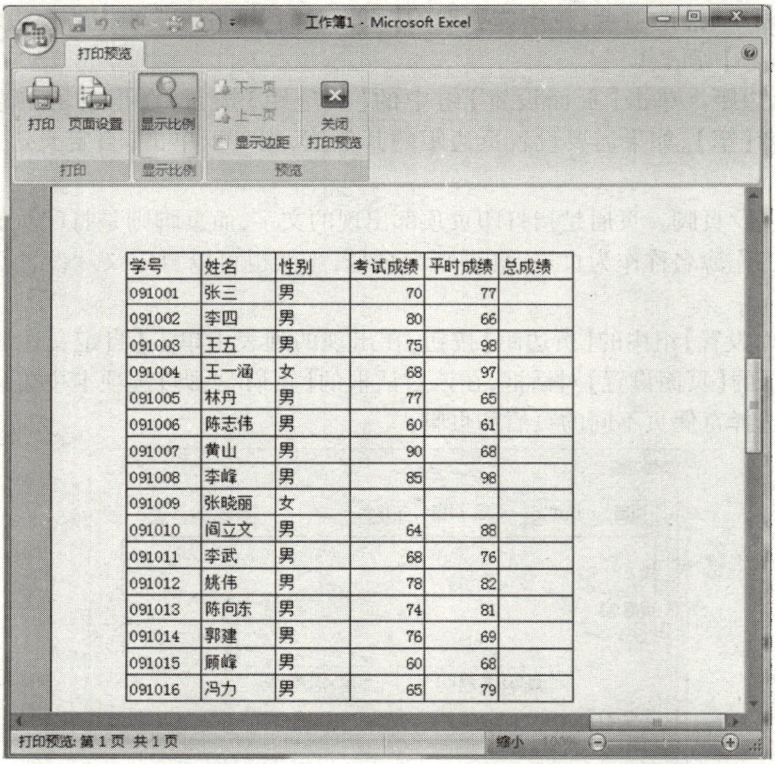

图 4-13 【打印预览】窗口

对【打印预览】感到满意后，就可正式打印了。

单击【打印预览】窗口的【打印】按钮，打开【打印】对话框，如图 4-14 所示。在该对话框中还可以设置【打印范围】和【打印份数】等。

4.3.6 本节练习

在 4.2 节练习的基础上，给成绩单添加标题、考试成绩和实验成绩所占的百分比等信息。设置标题的字体、字号和对齐方式，给表格添加边框线。给小于 60 分的单元格设置背景图案，最后结果如图 4-15 所示。

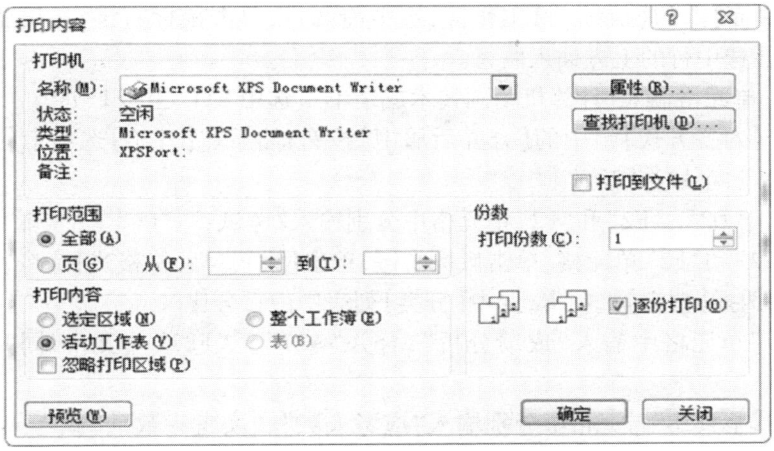

图 4-14 【打印】对话框

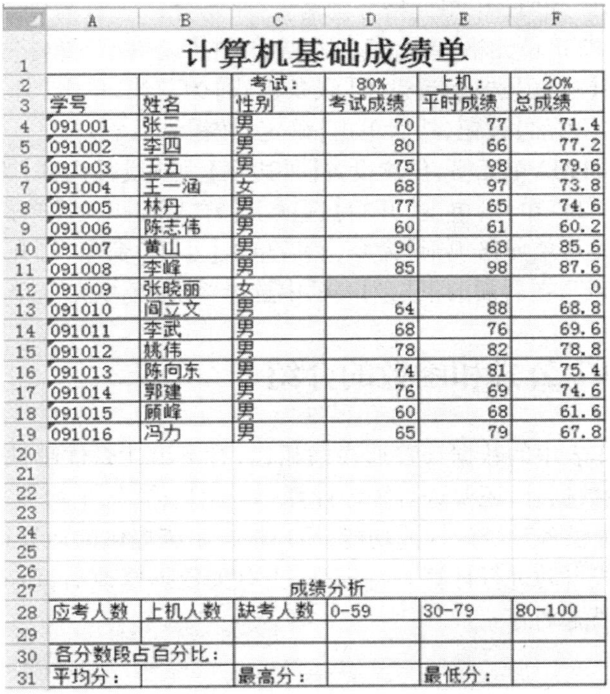

	A	B	C	D	E	F
1	计算机基础成绩单					
2			考试：	80%	上机：	20%
3	学号	姓名	性别	考试成绩	平时成绩	总成绩
4	091001	张三	男	70	77	71.4
5	091002	李四	男	80	66	77.2
6	091003	王五	男	75	98	79.6
7	091004	王一涵	女	68	97	73.8
8	091005	林丹	男	77	65	74.6
9	091006	陈志伟	男	60	61	60.2
10	091007	黄山	男	90	68	85.6
11	091008	李峰	男	85	98	87.6
12	091009	张晓丽	女			0
13	091010	阎立文	男	64	88	68.8
14	091011	李武	男	68	76	69.6
15	091012	姚伟	男	78	82	78.8
16	091013	陈向东	男	74	81	75.4
17	091014	郭建	男	76	69	74.6
18	091015	顾峰	男	60	68	61.6
19	091016	冯力	男	65	79	67.8
20						
21						
22						
23						
24						
25						
26						
27				成绩分析		
28	应考人数	上机人数	缺考人数	0-59	30-79	80-100
29						
30	各分数段占百分比：					
31	平均分：		最高分：		最低分：	

图 4-15 格式化后的成绩单

1. 案例分析

本案例主要涉及的知识点如下。

①行的插入。

②合并单元格。

③设置字体格式。

④设置单元格边框。

⑤设置条件格式。

2. 实现步骤

①打开【桌面】上的【成绩单】工作簿,选中前两行,单击鼠标右键,在快捷菜单中选择【插入】命令,在选中行的上方插入两行。

②在"A1"单元格输入"计算机动画技术成绩单",选中"A1"至"F1"这6个单元格,单击【开始】选项卡【对齐方式】组中的【合并后居中】按钮;然后在【开始】选项卡【字体】组中设置字体为"黑体"、字号为"20"。

③在"C2"、"D2"、"E2"和"F2"单元格中分别输入"考试:"、"0.8"、"实验:"和"0.2"。

④选中"D2"和"F2"单元格,单击鼠标右键,单击【设置单元格格式】命令,打开【单元格格式】对话框,选择【数字】选项卡,选中【分类】列表中的百分比。

⑤在"A27"单元格中输入"成绩分析",合并"A27"至"F27"单元格,同时使文本居中对齐。

⑥在"A28"至"F28"单元格中分别输入"应考人数"、"实考人数"、"缺考人数、"0－59"、"60－79"和"80－100",在"A30"单元格输入"各分数段占百分比",合并"A30"至"C30"单元格。

⑦在"A31"、"C31"和"E31"单元格分别输入"平均分:"、"最高分:"和"最低分:"。

⑧选中"A3"至"F23"单元格,单击鼠标右键,单击【设置单元格格式】命令,打开【单元格格式】对话框,选择【边框】选项卡,设置【线条样式】为双线,单击【外边框】按钮,设置【线条样式】为单线,单击【内部】按钮,然后单击【确定】按钮。

⑨选中"A27"至"F31"单元格,仍然设置【外边框】为双线,【内部】为单线。

⑩选中"D4"至"F23"单元,单击【开始】选项卡【样式】组中的【条件格式】按钮,在出现的列表中选择【突出显示单元格规则】命令,然后单击【小于】命令,打开【小于】对话框,在第一个文本框中输入"60",在后面的下拉列表框中选择"浅红色填充",单击【确定】按钮。

4.4 Excel 2007 公式和函数的介绍

到目前为止,工作表中的数据与普通表格相比,看不出什么优越性。在实际工作中,除了在表格中输入原始数据外,还要进行统计计算(如小计、合计、平均等),并把计算结果也反映在表格中。Excel 提供各种统计计算功能,用户根据系统提供的运算符和函数构造计算公式,系统将按计算公式自动进行计算。特别是,当有关数据修改后,Excel 会自动重新计算。这就显示出 Excel 的优越性了。

4.4.1 使用公式

举例:若要计算"A1: C1"区域各单元格数据的和并存放在"D1"中,可以先单击"D1",在"D1"单元格中输入公式"＝A1＋B1＋C1",并按【Enter】键。"D1"中出现求和的计算结果,若单击"D1",则数据编辑区出现"D1"中的公式"＝A1＋B1＋C1"。

1. 公式形式

输入的公式形式为＝表达式

其中表达式由运算符、常量、单元格地址、函数及括号等组成,不能包含空格。例如,"＝A1＊D2＋100","＝SUM(A1:D1)/C2"是正确的公式,而"A1＋A2＋A3"是错误的,因为其前面缺少一个“ = ”。

2. 运算符

用运算符把常量、单元格地址、函数及括号等连接起来就构成了表达式。常用运算符有算术运算符、字符连接符和关系运算符三类。运算符具有优先级，如 3 +4 *5 应先做乘法，后做加法，因为乘法优先级高于加法。表 4-1 按优先级从高到低列出各运算符及其功能。

常用运算符　　表 4-1

运　算　符	功　　能	举　　例
-	负号	-3，-A1
%	百分数	5%（即 0.05）
^	乘方	5^2（即 5^2）
*，/	乘，除	5 *3，5/3
+，-	加，减	5 +3，5 -3
&	字符串连接	“CHINA”&“2000”（即 CHINA2000）
=，< > >，> = <，< =	等于，不等于 大于，大于等于 小于，小于等于	5 =3 的值为假，5 < >3 的值为真 5 >3 的值为假，5 > =3 的值为真 5 <3 的值为假，5 < =3 的值为真

3. 创建公式

在单元格中创建公式采用如下的操作方法。

①单击要输入公式的单元格。

②在单元格中先输入一个“ = ”符号。

③输入公式中的内容。

④输入完成后，按【Enter】键或单击编辑栏中【 ✓ 】按钮。

例如，在“B6”单元格中输入公式“ = B2 + B3 + B4 + B5”，计算结果显示在“B6”单元格中。当更改了单元格“B2”的数据时，“B6”单元格中的计算结果会自动更新。

4. 修改公式

公式输入后，有时需要修改。修改公式可以在数据编辑区进行，操作方法如下。

①单击公式所在的单元格。

②单击数据编辑区中公式需修改处，然后进行增、删、改等编辑工作（如把“A3 + B3 + C3”改为“A3 + B3 - C3”）。修改时，系统随时计算修改后的公式，并把结果显示在“计算结果”栏中。

③修改完毕后，单击【 ✓ 】按钮（若单击【取消】按钮或【 × 】按钮，则刚进行的修改无效，恢复到修改前的状态）。

5. 自动求和按钮的使用

在【开始】选项卡【编辑】组中有一自动求和按钮 Σ ，利用该按钮可以对工作表中所选定的单元格进行自动求和、平均值、统计个数、最大值和最小值的快速计算，操作方法如下。

①选定要求和的数值所在的行或者列中与数值相邻的单元格，包括存放结果的单元格。

②单击【自动求和】按钮，或者选择弹出菜单中的其他命令，即可完成自动计算。

4.4.2 使用函数

Excel 提供了 11 类函数，每一类有若干个不同的函数。例如，【常用函数】类中有 SUM（求和）、AVERAGE（求平均值）、MAX（求最大值）等函数。单击自动求和按钮 Σ 实际上是调用 SUM 函数。可以认为函数是常用公式的简写形式。函数可以单独使用，如“ = SUM（D1：D6）”，也可以出现在公式中，如“ = A1 ＊3 + SUM（ D1：D4）”。合理使用函数将大大提高表格计算的效率。

1. 函数的形式

函数的形式如下：

函数名（[参数 1]，[参数 2]…）

函数的结构以函数名开始，后面紧跟左圆括号，然后是以逗号分隔的参数和右圆括号。上述形式中的方括号表示方括号内的内容可以不出现。所以函数可以有一个或多个参数，也可以没有参数，但函数名后的一对圆括号是必需的。

2. 函数的使用

下面以输入公式“ = A4 + B4 ∗ AVERACE（ C4：D4）”为例说明如何使用数据编辑区的插入函数按钮。

①单击存放该公式的单元格（如“E4”），使之成为当前单元格。

②单击数据编辑区，输入“ = A4 + B4 ∗ ”。

③单击数据编辑区左侧【插入函数】按钮在公式中粘贴函数。

④出现【插入函数】对话框，对话框有各种函数的列表，如图 4-16 所示。从列表中选择“AVERAGE”，公式中出现该函数及系统预测的求平均值的区域，若给定的区域不正确，单击该处并修改成“C4：D4”。

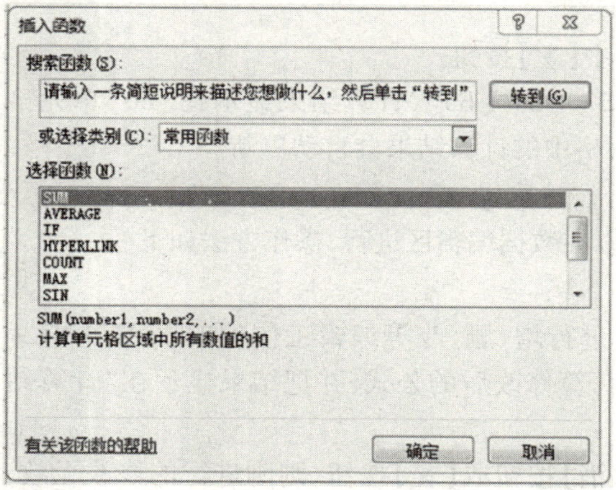

图 4-16 【插入函数】对话框

⑤单击【确定】按钮。

3. 常用函数介绍

在提供的众多函数中有些是经常使用的，下面介绍几个常用函数。“A1”，“A2”等参数可以是数值或含有数值的单元格的引用。

①SUM（A1，A2，…）功能：求各参数的和。

②AVERAGE（A1，A2，…）功能：求各参数的平均值。

③MAX（A1，A2，…）功能：求各参数中的最大值。

④MIN（A1，A2，…）功能：求各参数中的最小值。

⑤COUNT（A1，A2，…）功能：求各参数中数值型数据的个数。参数的类型不限。

例如，“ = COUNT（12，D1：D3，“CHINA”）”，若“D1：D3”中存放的是数值，则函数的结果是“4”，若“D1：D3”中只有一个单元格存放的是数值，则结果为“2”。

⑥ABS（A1）功能：求出相应参数的绝对值。

⑦IF(P,T,F)其中，P 是能产生逻辑值(TRUE 或 FALSE)的表达式，T，F 是表达式。功能：若 P 为真(TRUE)，则取 T 表达式的值，否则，取 F 表达式的值。

例如：IF（6 >5，10，-10）的结果为“10”。

IF 函数可以嵌套使用，最多可嵌套 7 层。例如，“E2”存放某学生的考试平均成绩，则其成绩的等级可表示为：

IF(E2 >89，“A”，IF(E2 >79，“B”，IF(E2 >69，“C”，IF(E2 >59，“D”，“F”))))

⑧SUMIF(range，criteria，sum_range)功能：根据指定条件对若干单元格求和。

range：为用于条件判断的单元格区域。

criteria：为确定哪些单元格将被相加求和的条件，其形式可以为数字、表达式或文本。例如，条件可以表示为 32、“32”、“ >32”或“apples”。

sum_range：是需要求和的实际单元格。

⑨COUNTIF(range，criteria)功能：计算区域中满足给定条件的单元格的个数。

range：为需要计算其中满足条件的单元格数目的单元格区域。

criteria：为确定哪些单元格将被计算在内的条件，其形式可以为数字、表达式或文本。例如，条件可以表示为 32、“32”、“ >32”或“apples”。

⑩RANK(number，ref，order)功能：返回一个数字在数字列表中的排位。数字的排位是其大小与列表中其他值得比值(如果列表已排过序，则数字的排位就是它当前的位置)。

number：为需要找到排位的数字。

ref：为数字列表数组或对数字列表的引用。ref 中的非数值型参数将被忽略。

order：为一数字，指明排位的方式。

4.4.3 单元格的引用

在公式中经常要引用某一单元格或单元格区域中的数据，这时的引用方法有 3 种：相对引用、绝对引用和混合引用。

1. 相对引用

相对引用指向相对于公式所在单元格相应位置的单元格。在复制公式时，系统并非简单地把单元格中的公式原样照搬，而是根据公式的原来位置和复制的目标位置推算出公式中单元格地址相对原位置的变化。

例如，公式“ =C4 +D4 +E4”原位置在单元格“F4”，目标位置在“F5”，相对于原位置，目标位置的列号不变，而行号要增加 1。所以复制的公式中单元格地址列号不变，行号由 4 变成 5，则“F5”中的公式是“ =C5 +D5 +E5”。

2. 绝对引用

绝对引用指向工作表中固定位置的单元格，它的位置与包含公式的单元格无关。其表示形式是在普通地址前加“ $ ”，如“ $D $1”。

例如，单元格“F4”中的公式为“ = $C $4 + $D $4 + $E $4”，复制到“F5”，则“F5”中公式依然为“ = $C $4 + $D $4 + $E $4”。

3. 混合引用

混合引用是指公式中既有相对引用，又有绝对引用。

例如,单元格“F4”中的公式为“ = C4 + D$4 + $E4”,复制到“G5”,则“G5”中公式为“ = C4 + E$4 + $E5”,公式中“C4”不变,“D4”变成“E4”(列标变化),“E4”变成“E5”(行号变化)。

4.4.4 错误值的说明

在单元格中输入或编辑公式后,有时会出现诸如“#####!”或“#VALUE!”的错误信息,令初学者莫名其妙和茫然不知所措。其实,出错是难免的,关键是要弄清出错的原因和如何纠正这些错误。表4-2列出的是几种常见的错误信息。

错误信息和出错原因 表4-2

错误信息	原因
#####!	公式所产生的结果太长,该单元格容纳不下,或者单元格的日期或时间格式产生了一个负值
#DIV/O!	公式中出现被零除的现象
#N/A	在函数或公式中没有可用数值
#NAME?	在公式中使用了 Microsoft Excel 不能识别的文本
#NULL!	试图为两个并不相交的区域指定交叉点
#NUM!	公式或函数中某个数值有问题
#REF!	单元格引用无效
#VALUE!	使用错误的参数或运算对象类型,或者自动更正公式功能不能更正公式

4.4.5 本节练习

将4.3节练习中的成绩表进一步完善一下,求出每个学生的总成绩,并统计出应考人数、实考人数和缺考人数以及各分数段占总人数的百分比,最后求出最高分、最低分和平均分。

1. 案例分析

本案例主要涉及的知识点如下。

①公式的使用。

②公式的复制。

③单元格的引用。

④函数的使用。

2. 实现步骤

①选中“F4”单元格,在该单元格中输入公式“ =D4 * D2 + E4 * F2,按【Enter】键确认。

②选中“F4”单元格,拖曳填充柄将公式复制到“F5 - F23”单元格。

③选中“A29”单元格,输入函数“ = COUNT(E4:E23)”,按【Enter】键确认。

④选中“B29”单元格,输入函敬“ = COUNT(D4:D23)”,按【Enter】键确认。

⑤选中“C29”单元格,输入公式“ = A29 - B29”,按【Enter】键确认。

⑥选中“D29”单元格,输入函数“ = COUNTIF(F3:F23,“ <60”)”,按【Enter】键确认。

⑦选中“E29”单元格,输入公式“ = COUNTIF(F3:F23,“ <80”) - D29”,按【Enter】键

确认。

⑧选中“F29”单元格,输入公式“ = COUNTIF(F3:F23,“100”) - D29 - E29”,按【Enter】键确认。

⑨选中“D30”单元格,输入公式“ = D29/ $ A $ 29”,按【Enter】键确认,并将该公式复制到“E30”和“F30”单元格。

⑩选中“B31”单元格,输入函数“ = AVERAGE(F4:F23)”,按【Enter】键确认。

⑪选中“D31”单元格,输入函数“ = MAX(F4:F23)”,按【Enter】键确认。

⑫选中“F31”单元格,输入函数“ = MIN(F4:F23)”,按【Enter】键确认。

经过计算后的成绩单如图 4-17 所示。

	A	B	C	D	E	F
1	计算机基础成绩单					
2			考试:	80%	上机:	20%
3	学号	姓名	性别	考试成绩	平时成绩	总成绩
4	091001	张三	男	70	77	71
5	091002	李四	男	80	66	77
6	091003	王五	男	75	98	80
7	091004	王一涵	女	68	97	74
8	091005	林丹	男	77	65	75
9	091006	陈志伟	男	60	61	60
10	091007	黄山	男	90	68	86
11	091008	李峰	男	85	98	88
12	091009	张晓丽	女			0
13	091010	阎立文	男	64	88	69
14	091011	李武	男	68	76	70
15	091012	姚伟	男	78	82	79
16	091013	陈向东	男	74	81	75
17	091014	郭建	男	76	69	75
18	091015	顾峰	男	60	68	62
19	091016	冯力	男	65	79	68
20						
21						
22						
23						
24						
25						
26						
27				成绩分析		
28	应考人数	上机人数	缺考人数	0-59	30-79	80-100
29	16	15	1	1	12	3
30	各分数段占百分比:			0.0625	0.75	0.1875
31	平均分:	69	最高分:	88	最低分:	0

图 4-17 计算后的成绩单

4.5 Excel 2007 的数据处理

按数据库方式管理工作表是 Excel 的重要功能。Excel 在数据管理方面提供了排序、检索、数据筛选、分类汇总等数据库管理功能。另外,Excel 还提供了许多专门用于数据库统计计算的数据库函数。

4.5.1 数据排序

对某些数据表,有时需要按某字段值的大小进行排序。例如,对工资表按工资或奖金从高到低排序,以便从中得到有用的信息。排序所依据的字段称为关键字,有时关键字不止一个。例如,对工资表按工资从高到低排序,若工资相同时,则奖金少的记录排在前面。这里,实际上有两个关键字,以前一个关键字("工资")为主,称为"主要关键字",而后一个关键字("奖金")仅当主要关键字无法决定排列顺序时才起作用,故称为"次要关键字"。实现排序的操作方法如下。

①用排序工具排序。选定单元格区域,单击【数据】选项卡【排序和筛选】组中【升序】按钮 升序和【降序】按钮 降序,即可对指定的区域进行排序。

②"排序"对话框。选定单元格区域,单击【数据】选项卡【排序和筛选】组中的【排序】按钮,打开【排序】对话框,如图4-18所示。在【主要关键字】下拉列表框和【次序】下拉列表框中进行相应的选择,如果需要使用【次要关键字】,可单击【添加条件】按钮,在添加的【次要关键字】下拉列表框中和【次序】下拉列表框中进行设置,最后单击【确定】按钮即可。

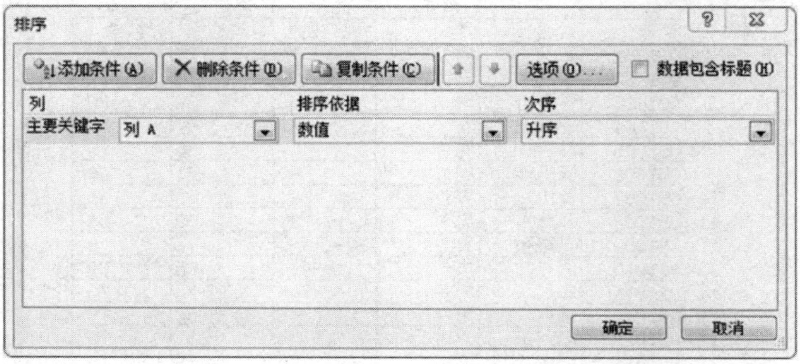

图4-18 【排序】对话框

4.5.2 数据筛选

在数据表中,有时参加操作的只是一部分记录,为了加快操作速度,往往把那些与操作无关的记录隐藏起来,使之不参加操作,把要操作的数据记录筛选出来作为操作对象,以减小查找范围,提高操作速度。例如,在本节案例中,若要查找分数高于80分的女生,全体学生中查找,要搜索20个记录;若按性别为女的条件筛选记录,则至多搜索8个记录,搜索范围减少一半以上,速度自然要快得多。筛选数据的方法有三种:"自动筛选"、"自定义条件筛选"和"高级筛选"。

1. 自动筛选

选定数据区域的任意单元格,单击【数据】选项卡【排序和筛选】组中的【筛选】按钮。此时,数据表的每个字段名旁边出现了下拉按钮。单击下拉按钮,将出现下拉列表,在下拉列表中选定要显示的项,在工作表中就可以看到筛选后的结果。

2. 自定义条件筛选

选定数据区域的任意单元格,单击【数据】选项卡【排序和筛选】组中的【筛选】按钮。此时,数据表的每个字段名旁边出现了下拉按钮。单击下拉按钮,将出现下拉列表,在下拉列表中单击【数字筛选】中的【自定义筛选】命令,打开【自定义自动筛选方式】对话框,如图4-19所示。在对话框中单击左上方框的下拉按钮,在出现的下拉列表中选择运算符,在右上方框中选择或输入运算对象；用同样的方法还可以在第二排的框中指定第二个条件。由中间的单选按钮确定这两个条件的关系："与"表示两个条件必须同时成立，"或"表示两个条件之一成立即可。单击【确定】按钮，就可得到筛选结果。

3. 高级筛选

在自动筛选中，筛选条件可以是一个，也可以用自定义指定两个条件，但只能针对一个字段。如果筛选条件涉及多个字段，用自动筛选实现较麻烦（分两次实现），而用高级筛选就能一次完成。高级筛选操作方法如下。

（1）构造筛选条件

在数据表前插入若干空行作为条件区域，空行的个数以能容纳条件为限。根据条件，在相应字段的上方输入字段名，并在刚输入的字段名下方输入筛选条件。用同样方法构造其他筛选条件。多个条件的"与"、"或"关系用如下方法实现。

①"与"关系的条件出现在同一行。

例如，表示条件"性别为女与总成绩大于80"：

性别总成绩

" = 女 >80"

②"或"关系的条件不能出现在同一行。

例如，表示条件"性别为女或总成绩大于80"：

性别总成绩

" = 女 >80"

（2）执行高级筛选（以筛选条件"性别为女与总成绩大于80"为例）

①在数据表前插入3个空行作为条件区域。在第一行"性别"列输入"性别"，在其下方单元格中输入" = '女'"，在第一行"总成绩"列输入"总成绩"，在其下方单元格中输入" >80"，如图4- 20所示。

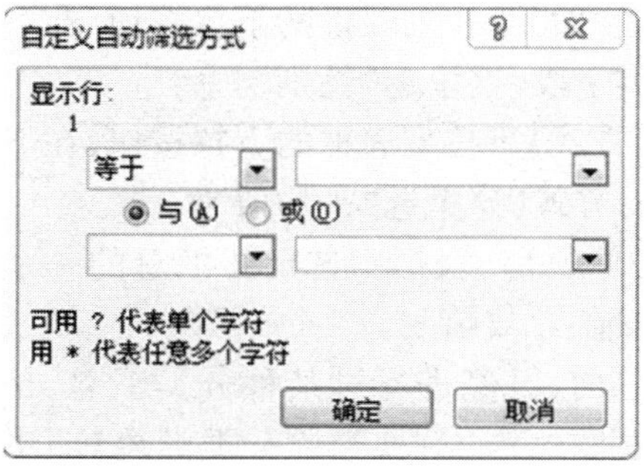

图4-19 【自定义自动筛选方式】对话框

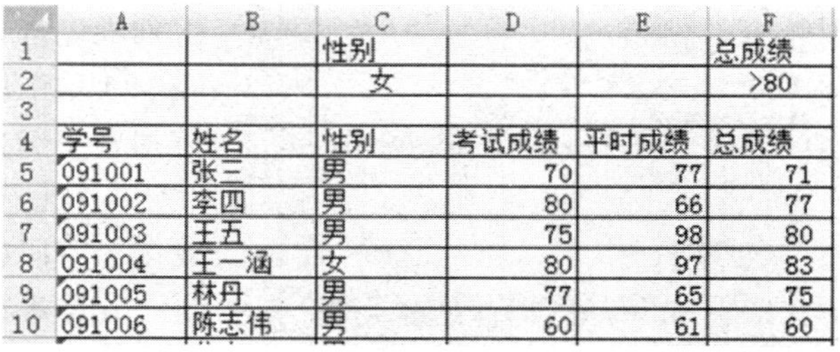

	A	B	C	D	E	F
1			性别			总成绩
2			女			>80
3						
4	学号	姓名	性别	考试成绩	平时成绩	总成绩
5	091001	张三	男	70	77	71
6	091002	李四	男	80	66	77
7	091003	王五	男	75	98	80
8	091004	王一涵	女	80	97	83
9	091005	林丹	男	77	65	75
10	091006	陈志伟	男	60	61	60

图4-20 构造筛选条件

②单击数据表中任意单元格，然后单击【数据】选项卡【排序和筛选】组中的【高级筛选】按钮，出现【高级筛选】对话框如图4-21所示。

③在【方式】选项组中选择筛选结果的显示位置，这里选【在原有区域显示筛选结果】。在【列表区域】栏中指定数据区域（一定要包含字段名那才行），可以直接输入"SA \$4：\$F \$26"，也可以单击右侧的折叠按钮，然后在数据表中选定数据区域。用同样的方法在【条件区域】栏指定条件区域" \$A \$1：\$F \$2"。

④单击【确定】按钮。结果如图4-22所示,原有数据被高级筛选结果所代替。

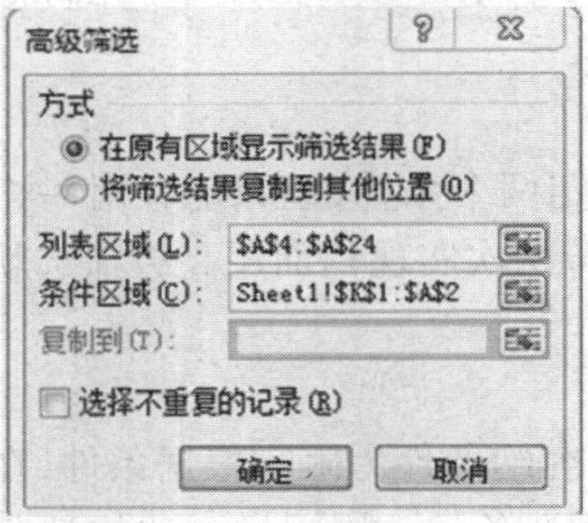

图4-21 【高级筛选】对话框

	A	B	C	D	E	F
1			性别			总成绩
2			女			>80
3						
4	学号	姓名	性别	考试成绩	平时成绩	总成绩
5	091004	王一涵	女	80	97	83

图4-22 高级筛选结果

(3)在指定区域显示筛选结果

若想保留原有数据,使筛选结果在其他位置显示,则可以在高级筛选步骤③中,选择【将筛选结果复制到其他位置】单选按钮,并在【复制到】栏中指定显示结果区域的左上角单元格地址(如“A28”),则高级筛选的结果在指定位置显示。

4.5.3 数据汇总

分类汇总是分析数据表的常用方法。例如,在成绩表中要按性别统计学生的平均分,使用系统提供的分类汇总功能,很容易得到这样的统计表,为分析数据表提供了方便。

在汇总之前,首先要按分类字段进行排序。实现分类汇总的操作方法如下。

①按分类字段(如性别)进行排序。

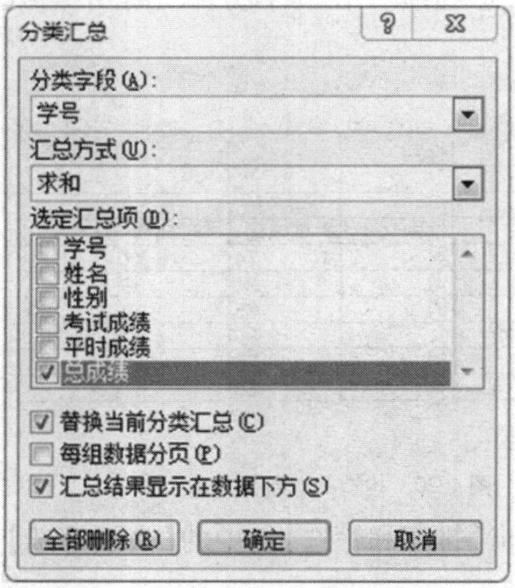

图4-23 【分类汇总】对话框

②单击【数据】选项卡【分级显示】组中的【分类汇总】按钮,打开【分类汇总】对话框,如图4-23所示。

③单击【分类字段】下拉列表框的下拉按钮.在下拉列表中选择分类字段(这里选“性别”)。

④单击【汇总方式】下拉列表框的下拉按钮,在下拉列表中选择汇总方式(这里选“平均值”)。

⑤在【选定汇总项】列表框中选定要汇总的一个或多个字段(这里选“总成绩”)。

⑥若本次汇总前,已经进行过某种分类汇总,是否保留原来的汇总数据由【替换当前分类汇总】项决定,若不保留原来的汇总数据,可以选中该项,否则,将保留原来的汇总数据(这里选中该项)。

若选定【每组数据分页】项(这里不选该项),则每类汇总数据将独占一页。

若选定【汇总结果显示在数据下方】复选框(这里选中该项),则每类汇总数据将出现在该类数据的下方。否则将出现在该类数据的上方。

⑦单击【确定】按钮。

4.5.4 本节练习

对前面案例中的成绩单进行排序、筛选以及分类汇总操作。

1. 案例分析

本案例主要涉及的知识点如下。

①数据的排序。

②数据的筛选。

③数据的分类汇总。

2. 实现步骤

①将前面案例“计算机动画技术成绩单”中的成绩部分复制到一个新的工作表中，给工作表命名为“排序的成绩单”。

②在“排序的成绩单”工作表中，选择“A1”至“F21”单元格区域，单击【数据】选项卡【排序和筛选】组中的【排序】按钮，打开【排序】对话框，在【主要关键字】下拉列表中选定“总成绩”项，在【次序】下拉列表中选择“降序”项；单击【添加条件】按钮，在添加的【次要关键字】下拉列表中选定“考试成绩”，在【次序】下拉列表中选择“降序”；选中【数据保护标题】复选框，使该行排除在排序之外；单击【确定】按钮，排序后的工作表如图 4-24 所示。

	A	B	C	D	E	F
1	学号	姓名	性别	考试成绩	平时成绩	总成绩
2	091008	李峰	男	85	98	88
3	091007	黄山	男	90	68	86
4	091004	王一涵	女	80	97	83
5	091003	王五	男	75	98	80
6	091012	姚伟	男	78	82	79
7	091002	李四	男	80	66	77
8	091013	陈向东	男	74	81	75
9	091014	郭建	男	76	69	75
10	091005	林丹	男	77	65	75
11	091001	张三	男	70	77	71
12	091011	李武	男	68	76	70
13	091010	阎立文	男	64	88	69
14	091016	冯力	男	65	79	68
15	091015	顾峰	男	60	68	62
16	091006	陈志伟	男	60	61	60
17	091009	张晓丽	女			0

图 4-24 【排序】结果

③将前面案例中“计算机动画技术成绩单”中的成绩部分复制到一个新的工作表中，给工作表命名为“筛选后的成绩单”。

④在“筛选后的成绩单”工作表中，选定“A1”至“F21”单元格区域，单击【数据】选项卡【排序和筛选】组中的【筛选】按钮；单击【总成绩】下拉按钮，在下拉列表【数字筛选】菜单中的【自定义筛选】命令，在打开的【自定义自动筛选方式】对话框中的第一个下拉列表框中选择“大于”，在第二个下拉列表框中输入“80”；单击【确定】按钮，筛选出总成绩大于 80 的记录，如图 4-25 所示。

⑤将前面案例中“计算机基础成绩单”中的成绩部分复制到一个新的工作表中，给工作表命名为“分类汇总的成绩单”。

⑥在“分类汇总的成绩单”工作表中，选中“A1”至“F21”单元格区域，先将数据表按性

别排序;然后单击【数据】选项卡【分级显示】组中的【分类汇总】按钮,打开【分类汇总】对话框;设置【分类字段】为"性别",【汇总方式】为"平均值",【选定汇总项】为"总成绩";单击【确定】按钮,汇总出男同学和女同学的平均成绩,如图 4-26 所示。

	A	B	C	D	E	F
1	学号	姓名	性别	考试成绩	平时成绩	总成绩
2	091008	李峰	男	85	98	88
3	091007	黄山	男	90	68	86
4	091004	王一涵	女	80	97	83

图 4-25 【筛选】结果

	A	B	C	D	E	F
1	学号	姓名	性别	考试成绩	平时成绩	总成绩
2	091008	李峰	男	85	98	88
3	091007	黄山	男	90	68	86
4	091003	王五	男	75	98	80
5	091012	姚伟	男	78	82	79
6	091002	李四	男	80	66	77
7	091013	陈向东	男	74	81	75
8	091014	郭建	男	76	69	75
9	091005	林丹	男	77	65	75
10	091001	张三	男	70	77	71
11	091011	李武	男	68	76	70
12	091010	阎立文	男	64	88	69
13	091016	冯力	男	65	79	68
14	091015	顾峰	男	60	68	62
15	091006	陈志伟	男	60	61	60
16			男 平均值			74
17	091004	王一涵	女	80	97	83
18	091009	张晓丽	女			0
19			女 平均值			42
20			总计平均值			70

图 4-26 【分类汇总】结果

4.6 Excel 2007 数据图表的创建与编辑

图表以图形的方式来表示表格中的数据、数据间的关系以及数据变化的趋势。Excel 可以将工作表中的数据以图表的形式显示,如直方图、折线图、圆饼图等,使得工作表中数据之间的关系和数据的意义更加直观、形象。

4.6.1 创建图表

在 Excel 中对已建立的工作表,可以建立其图表,创建图表的操作方法如下。

①选定创建图表所依据的数据区域。

②单击【插入】选项卡,在【图表】组中选择需要的图表类型,单击鼠标,打开下拉列表,列出了该图表类型的子图表类型。

③在下拉列表中单击一种子图表类型,即可完成图表的创建。

4.6.2 修改图表

图表建立后,有时会发现图表的某些数据有误需要修改,此时可以对图表进行编辑。

1. 修改图表的类型

选定图表后，单击图表工具【设计】选项卡【类型】组中的【更改图表类型】按钮，打开如图4-27所示的【更改图表类型】对话框，选定需要的图表类型后，单击【确定】按钮完成图表类型的更改。

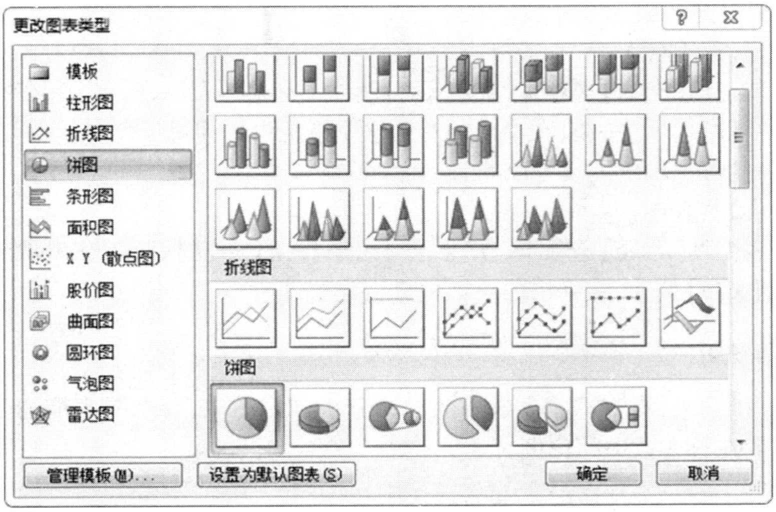

图4-27 【更改图表类型】对话框

2. 更新图表数据

选定图表后，单击图表工具【设计】选项卡【数据】组中的【选择数据】按钮，打开【选择数据源】对话框，如图4-28所示。在该对话框的【图表数据区域】文本框中更改数据源即可更新图表数据。

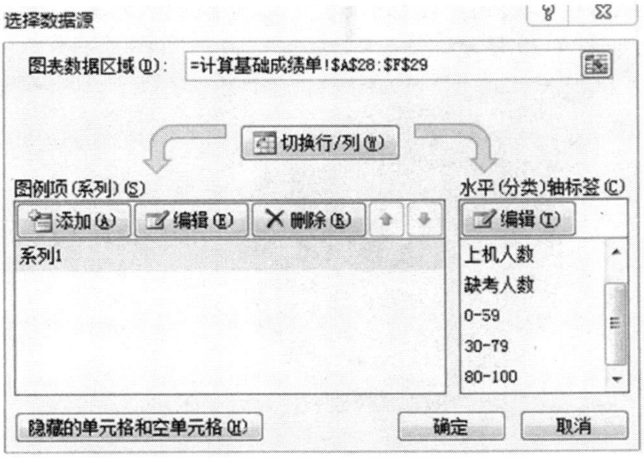

图4-28 【选择数据源】对话框

4.6.3 格式化图表

图表建立或修改后，可以对图表中字体格式、图案以及对齐方式等进行设置，使其更具观赏性。

1. 改变图表区背景

①单击图表,激活它。

②单击图表工具【布局】选项卡,在【背景】组中单击【绘图区】按钮,在出现的下拉列表中单击【其他绘图区选项】按钮,在弹出的对话框中选择填充的颜色即可。

2. 设置图表标题格式

①单击图表,激活它。

②单击图表工具【布局】选项卡,在【标签】组中单击【图表标题】按钮,在出现的下拉列表中单击【其他标题选项】按钮,在弹出的对话框中进行设置即可。

3. 设置图例格式

①单击图表,激活它。

②单击图表工具【布局】选项卡,在【标签】组中单击【图例】按钮,在出现的下拉列表中单击【其他图例选项】按钮,在弹出的对话框进行设置即可。

4.6.4 本节练习

根据“计算机基础成绩单”工作表中的成绩分析创建图表,要求图表能清晰地反映出不同分数段的人数在总人数中的比例。

1. 案例分析

本案例主要涉及的知识点如下。

①利用向导创建图表。

②图表类型的选择。

2. 操作步骤

①选定创建图表所依据的数据区域“D28:F29”。

②在【插入】选项卡【图表】组单击【饼图】按钮,在出现的列表中单击【分离型饼图】,即可完成图表的创建,如图 4-29 所示。

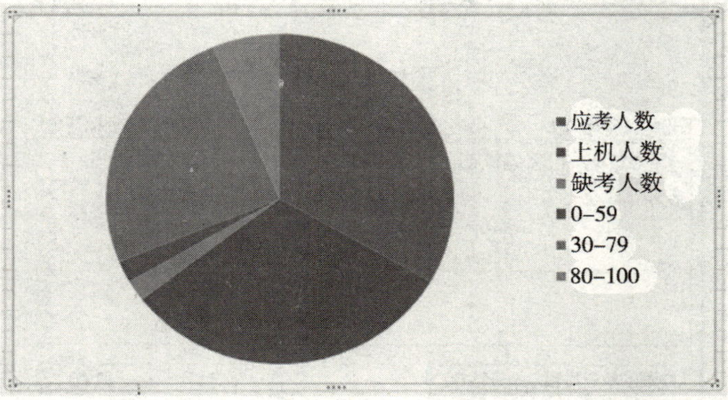

图 4-29　二维分离型饼图

第5章 演示文稿制作软件PowerPoint 2007

本章要点

- □ 了解PowerPoint 2007的基本概念与功能。
- □ 掌握制作演示文稿的一般方法，包括对其进行编辑和修饰。
- □ 掌握幻灯片放映效果的基本设置方法。

本章主要介绍利用PowerPoint 2007制作演示文稿的方法，包括演示文稿的创建与管理、演示文稿的编辑、演示文稿的打包、幻灯片的放映、演示文稿的修饰等。

5.1 PowerPoint 2007 简介

PowerPoint 2007 是 Office 2007 办公系列软件的重要组件之一，专门用于制作演示文稿。它将文字、图片、动画、声音等多种对象集成为一体，以便在不同的应用领域进行播放演示，充分表达各类信息内容。

5.1.1 PowerPoint 2007 的启动和退出

1. PowerPoint 2007 的启动

启动 PowerPoint 2007 的方法通常有以下 3 种。

①常规方法。单击【开始】按钮，选择【所有程序】菜单中的【Microsoft Office】项里的【Microsoft Office PowerPoint 2007】命令，便可启动 PowerPoint 2007 程序。

②快捷方式。如果在【桌面】上已创建了 PowerPoint 2007 的快捷方式图标，双击此图标即可启动程序。

③通过现有演示文稿启动。用户在创建并保存 PowerPoint 2007 演示文稿后，可以通过双击该演示文稿文件的图标即可启动 PowerPoint 2007 程序。

2. PowerPoint 2007 的退出

如果完成对 PowerPoint 2007 的操作，则可以退出该应用程序，以释放更多的空间供其他应用程序使用。退出 PowerPoint 2007 的常用方法与退出 Word 和 Excel 类似，有以下 3 种：

①单击【Office 按钮】图标，在弹出的下拉菜单中选择【退出 PowerPoint】命令。

②单击 PowerPoint 2007 窗口标题栏右端的【关闭】按钮。

③通过【Alt】+【F4】组合键。

5.1.2 PowerPoint 2007 的工作界面

PowerPoint 2007 的工作界面与早期版本相比，有了较大的变化，如图 5-1 所示。

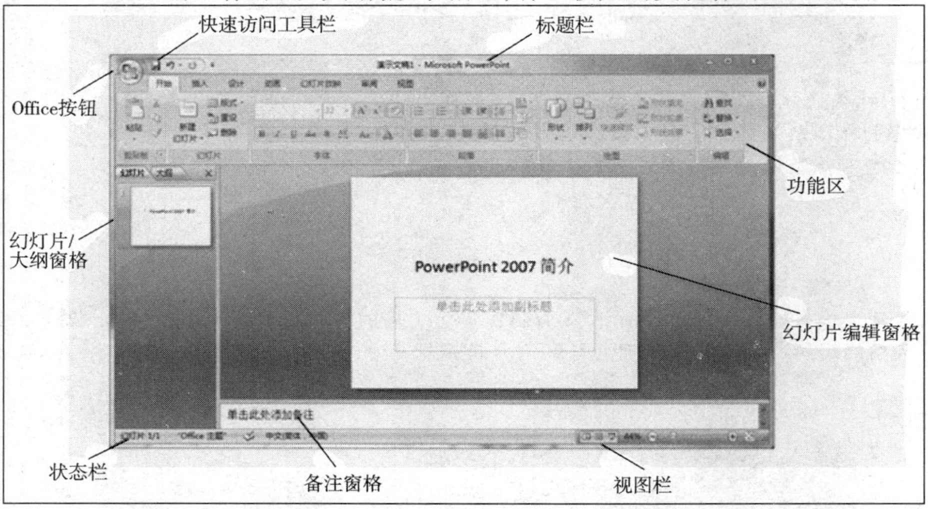

图 5-1 PowerPoint 2007 的工作界面

1. 幻灯片编辑窗格

该窗格位于工作界面的中间，用于显示和编辑幻灯片，是整个演示文稿的核心，所有幻灯片都是在编辑窗格中制作完成的。

2. 幻灯片/大纲窗格

该窗格位于幻灯片编辑窗格的左侧，用于显示演示文稿的幻灯片数量及位置，通过它可以方便地掌握演示文稿的结构。它包括【幻灯片】和【大纲】两个选项卡，单击不同的选项卡可分别在幻灯片窗格和大纲窗格之间切换。

3. 备注窗格

该窗格位于幻灯片编辑窗格的下方。在其中输入内容，可供演讲者查阅该幻灯片信息以及在播放演示文稿时为幻灯片添加说明和注释。

其他组成部分与 Word 和 Excel 的组成类似，这里不再赘述。

5.1.3 PowerPoint 2007 的视图模式

为了便于编辑或播放演示文稿，PowerPoint 2007 提供了普通视图、幻灯片浏览视图、幻灯片放映视图和备注页视图 4 种视图方式，以满足不同的制作需求。若要改变演示文稿的视图模式，可单击工作界面右下角视图栏中的视图切换按钮，或通过【视图】选项卡中的命令切换到相应视图。

1. 普通视图

普通视图是 PowerPoint 2007 的默认视图，在该视图中可调整幻灯片总体结构及编辑单张幻灯片中的内容，还可以在备注窗格中添加演讲者备注。

2. 幻灯片浏览视图

在这种视图下，按幻灯片序号顺序显示演示文稿中全部幻灯片的缩略图，从而可以看到全部幻灯片连续变化的过程；可以复制、删除幻灯片，调整幻灯片的顺序，设置幻灯片切换效果和预设动画，但不能对单个幻灯片的内容进行编辑、修改。

3. 幻灯片放映视图

在幻灯片放映视图中，用户可以动态地播放演示文稿的全部幻灯片，审视每一张幻灯片的播放效果。同时，它也是实际播放演示文稿的视图。

4. 备注页视图

用来建立、编辑演示者对每一张幻灯片的备注信息，不能编辑幻灯片中的具体内容。

5.1.4 本节练习

新建一个空白演示文稿，在其中输入“PowerPoint 2007 简介”，并观察演示文稿在不同视图模式中的表现形式，最后以“演示—标题”命名保存。

1. 案例分析

本案例主要涉及以下知识点。

①启动 PowerPoint 2007 应用程序，创建空白演示文稿。

②输入文字内容。

③在演示文稿的各种视图模式之间切换。

④保存并关闭演示文稿。

2. 实现步骤

①单击【开始】→【所有程序】→【Microsoft Office】→【Microsoft Office PowerPoint 2007】命令，即可启动 PowerPoint 2007。此时应用程序会自动创建一个名为“演示文稿”的空白演示文稿，如图 5-2 所示。

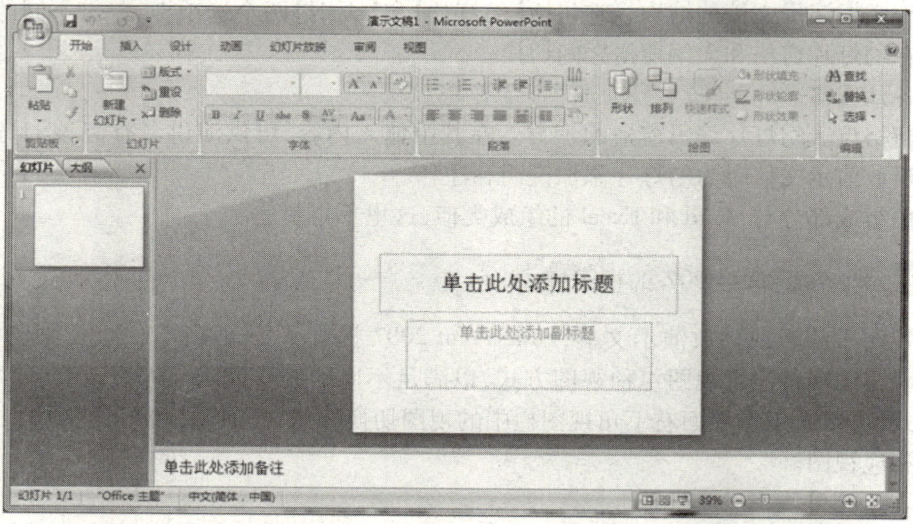

图 5-2　空白演示文稿

②单击【单击此处添加标题】占位符，输入标题文字“PowerPoint 2007 简介”。

③单击【视图】选项卡，可看到当前视图模式为【普通视图】，如图 5-3 所示。依次单击【幻灯片浏览】、【备注页】和【幻灯片放映】视图模式按钮，可看到幻灯片的不同视图效果，如图 5-4 ~ 图 5-6 所示。

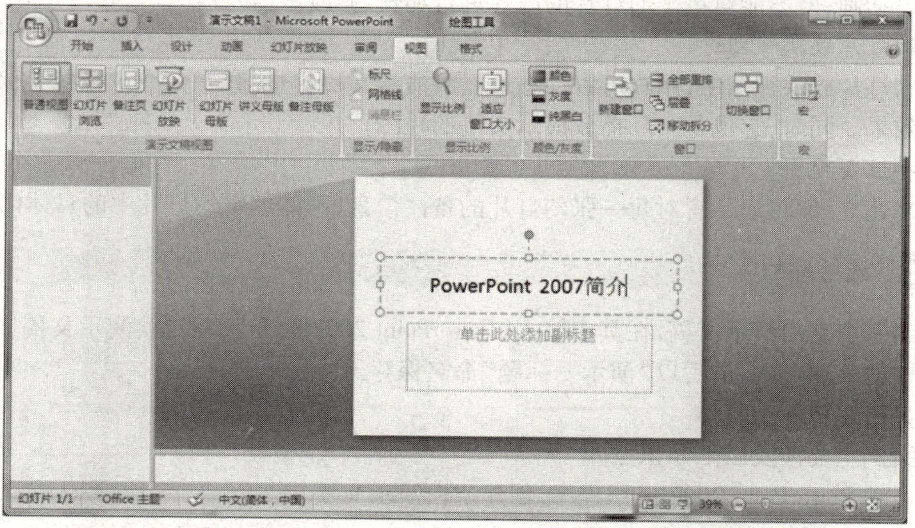

图 5-3　【普通视图】模式

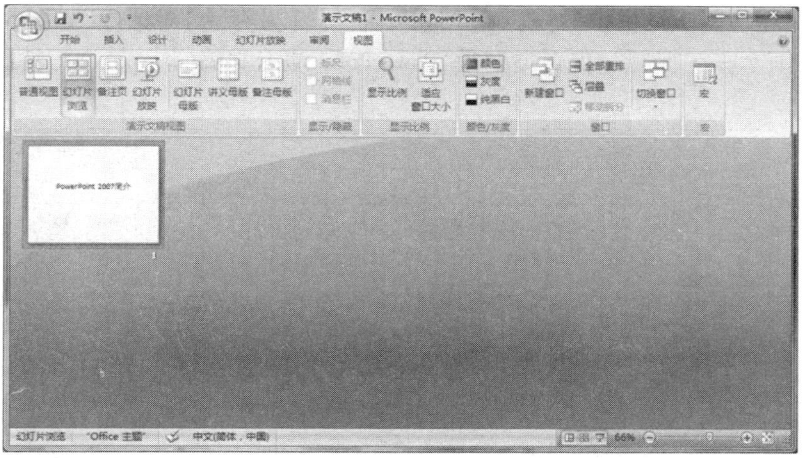

图 5-4 【幻灯片浏览】模式

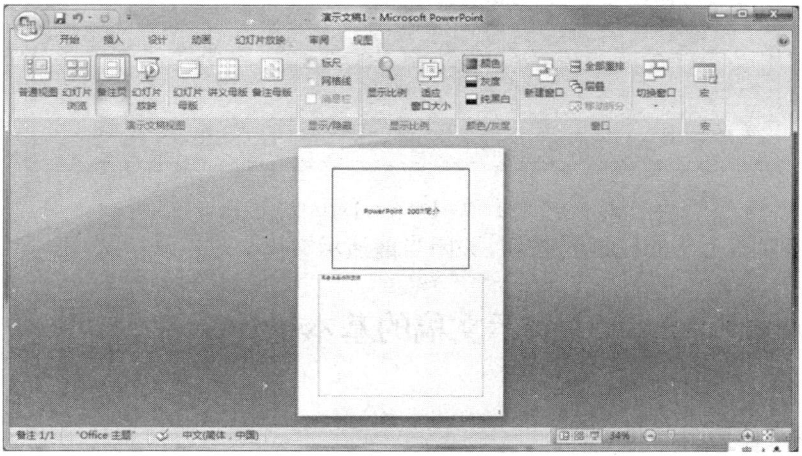

图 5-5 【备注页】模式

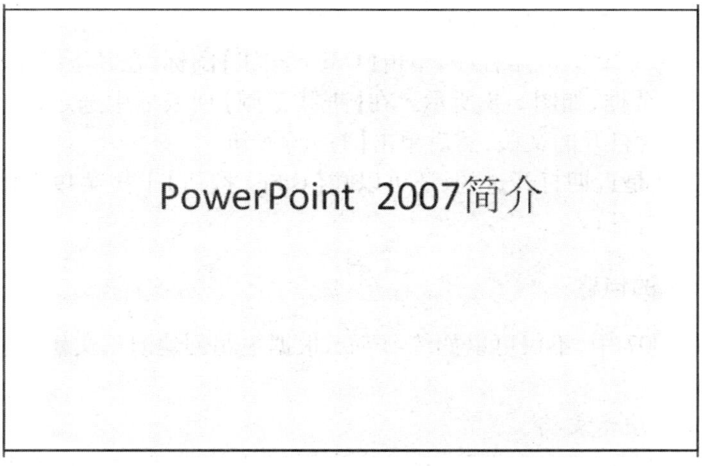

图 5-6 【幻灯片放映】模式

④单击快速访问工具栏中的【保存】按钮，弹出【另存为】对话框，如图 5-7 所示。输入文件名为“演示——标题”，保存类型为“PowerPoint 演示文稿(＊.pptx)”，按【Enter】键，完成保存。

图 5-7 【另存为】对话框

⑤单击窗口右上角的【关闭】按钮，关闭当前演示文稿。

5.2 PowerPoint 2007 演示文稿的基本操作

5.2.1 演示文稿的打开

打开已存在的演示文稿，通常有以下几种方法。

①在【资源管理器】或【我的电脑】窗口中直接双击打开演示文稿。

②启动 PowerPoint 2007 应用程序，单击【Office 按钮】图标，在其下拉菜单中选择【打开】命令，弹出【打开】对话框，如图 5-8 所示。在【查找范围】列表框中选定盘符，打开保存演示文稿的文件夹，选定要打开的文稿，然后单击【打开】按钮。

③如果目标文档是近期打开过的，还可以在【Office 按钮】下拉菜单右侧的【最近使用的文档】列表中找到并打开。

5.2.2 演示文稿的创建

在 PowerPoint 2007 中，不仅可以如练习所示根据主题创建演示文稿，也可以根据设计模板等创建演示文稿。

1. 根据主题创建演示文稿

PowerPoint 2007 中内置多个主题，这些主题采用统一的设计方案，包括背景、文本及段落格式等。除了“实训案例”介绍的创建方法外，用户还可以通过以下步骤来完成。

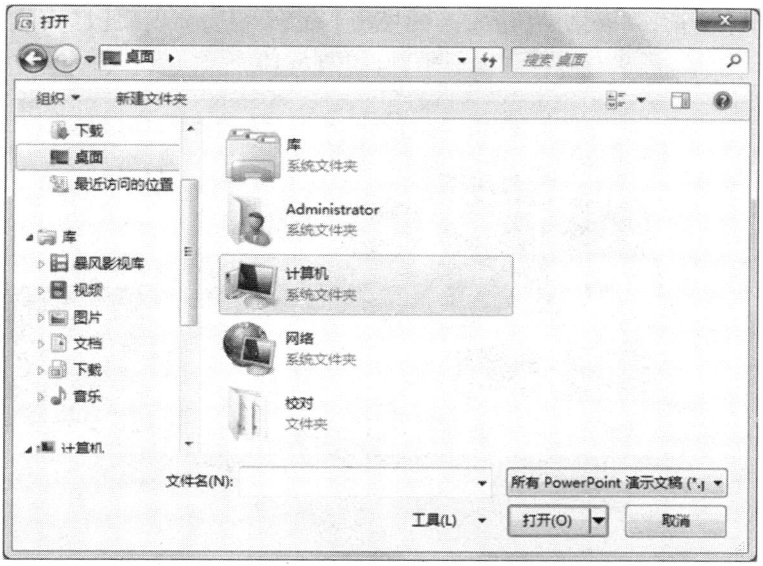

图 5-8 【打开】对话框

①单击左上角的【Office 按钮】图标,选择【新建】命令,打开【新建演示文稿】对话框。

②选择左侧【模板】列表中的【已安装的主题】命令,右边会出现【已安装的主题】列表,单击其中的某一主题,可在右侧看到主题示例,如图 5-9 所示。

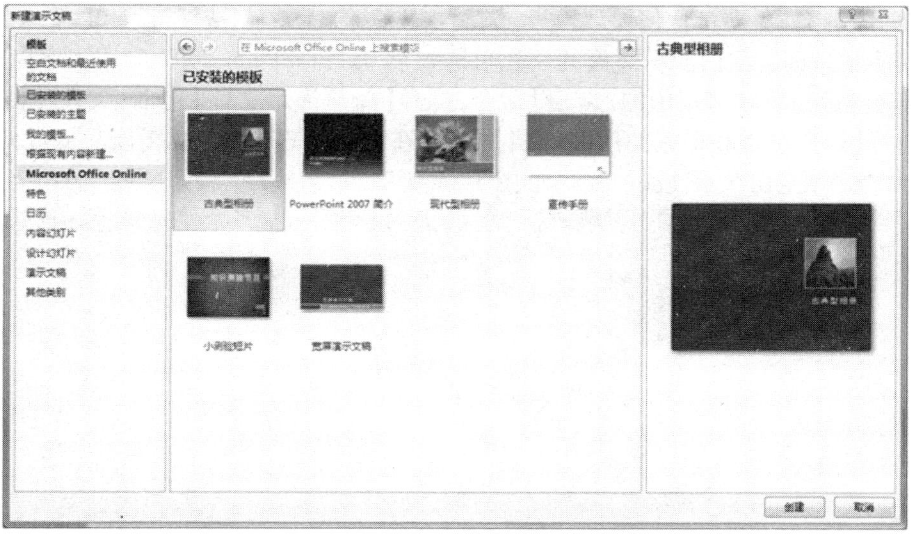

图 5-9 【已安装的主题】列表

③单击【创建】按钮后,即可创建相应主题的演示文稿。

2. 根据设计模板创建演示文稿

PowerPoint 2007 中除了各种主题,还有多种设计模板,这些设计模板是针对不同应用而设计的具有统一外观的演示文稿,使制作幻灯片的过程更加简单快捷。

①单击左上角的【Office 按钮】图标,选择【新建】命令,打开【新建演示文稿】对话框。

②选择左侧【模板】列表中的【已安装的模板】命令，右边会出现【已安装的模板】列表，单击其中的某一模板，可在右侧看到模板示例，如图 5-10 所示。

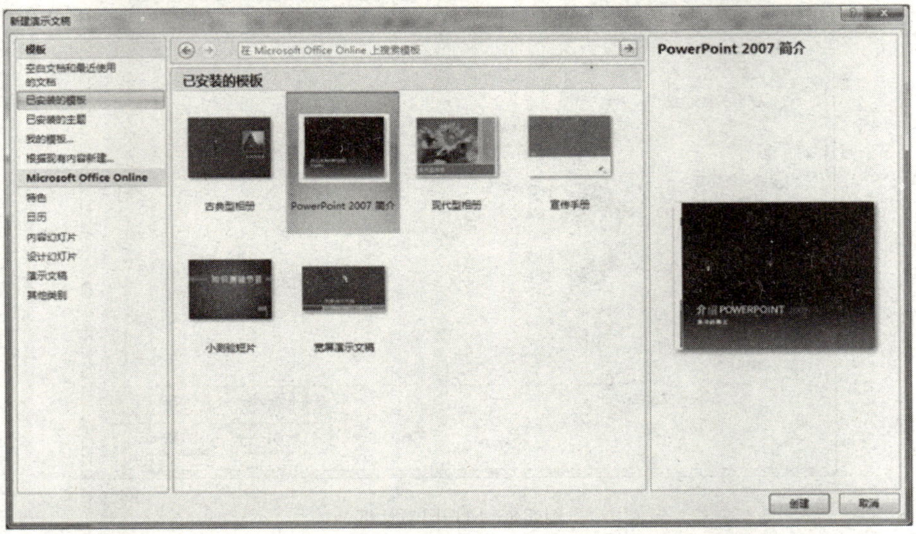

图 5-10 【已安装的模板】列表

③单击【创建】按钮后，即可创建相应模板样式的演示文稿。

3. 创建空白演示文稿

“空白演示文稿”不带任何设计模板，作者可以发挥自己的创造性，设计出具有自己特色和风格的演示文稿。空白演示文稿的创建可通过启动 PowerPoint 2007 应用程序完成，或者通过【Office 按钮】下拉菜单中的【新建】命令，打开【新建演示文稿】对话框，在左侧【模板】列表中选择【空白文档和最近使用的文档】命令，在右侧出现的【空白文档和最近使用的文档】列表中选择【空白演示文稿】命令，如图 5-11 所示。

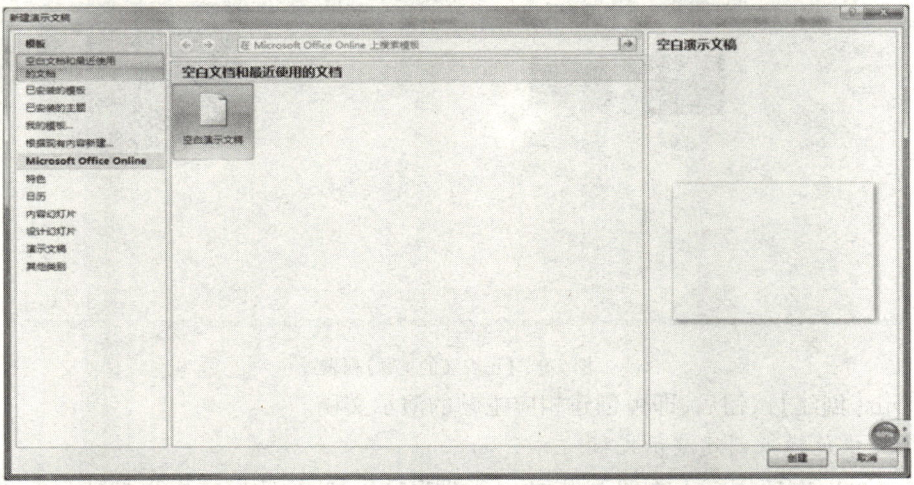

图 5-11 【空白文档和最近使用的文档】列表

4. 根据【我的模板】创建演示文稿

用户可以将已有演示文稿保存起来，以后可以重复使用该模板，操作步骤如下。

①打开已有演示文稿。

②单击【Office 按钮】图标,选择【另存为】命令,弹出【另存为】对话框。

③在【保存类型】下拉列表中选择"PowerPoint 模版(＊.potx)"命令,此时在对话框的【保存位置】下拉列表中会自动打开"Templates"文件夹。

④为设计模板命名,单击【保存】按钮,打开的演示文稿就被添加到模板中。

⑤当用户要使用该模板时,单击【新建演示文稿】对话框中的【我的模板】命令,在弹出的对话框中即可看到添加的模板,如图 5-12 所示。

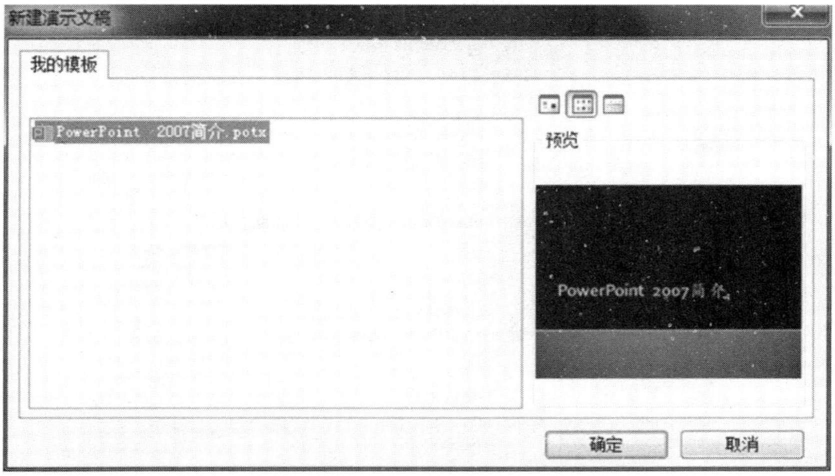

图 5-12 【我的模板】对话框

⑥选择新添加的模板,单击【确定】按钮即可。

5. 根据现有内容创建演示文稿

打开【新建演示文稿】对话框,单击【根据现有内容新建…】命令,在出现的对话框中选择相应演示文稿即可。

5.2.3 演示文稿的保存

将演示文稿保存到磁盘上,可以使用以下 3 种方法实现。

①当演示文稿第一次保存时,可单击快速访问工具栏中的【保存】按钮,或单击【Office 按钮】→【保存】命令,打开【另存为】对话框,分别指定保存文件的文件夹,填入文件名,保存类型选为"演示文稿",单击【保存】按钮。

②如果要为当前演示文稿创建副本,可单击【Office 按钮】图标,通过【另存为】命令旁边的箭头,打开【保存文档副本】级联菜单,选择需要的副本格式,如图 5-13 所示。也可直接选择【另存为】命令,在【另存为】对话框中进行设置。

③如果已保存过演示文稿,则单击快速访问工具栏中的【保存】按钮,可再次保存演示文稿中所做的修改。

5.2.4 演示文稿的关闭

编辑完演示文稿之后就要将其关闭,有以下 5 种方法可关闭文档。

①单击【Office 按钮】图标,选择【关闭】命令。

②单击窗口右上角的【关闭】按钮。

③双击【Office 按钮】图标。

④按【Ctrl】+【F4】组合键。

⑤按【Ctrl】+【W】组合键。

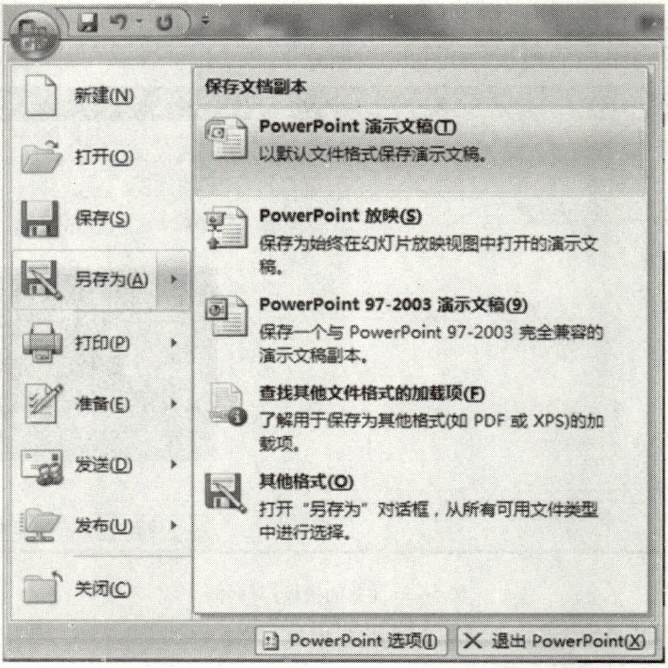

图 5-13 【保存文档副本】级联菜单

5.2.5 本节练习

将 PowerPoint 2007 内置的主题应用于 5.1 节练习中制作的幻灯片,将其保存在 E 盘根目录中,命名为"演示",最后将该演示文稿关闭。

1. 案例分析

本案例主要涉及以下知识点。

①打开已有的演示文稿。

②利用主题创建演示文稿。

③保存演示文稿。

④关闭演示文稿。

2. 实现步骤

①在【资源管理器】窗口中找到 5.1 节案例中制作的演示文稿"演示——标题",直接双击打开该演示文稿。

②单击【设计】选项卡,在【主题】功能区中选择【活力】主题,如图 5-14 所示。完成相应主题的演示文稿的创建。

③演示文稿编辑完成后，选择【开始】菜单中的【另存为】命令，在打开的【另存为】对话框中，将文件命名为“演示. pptx”，选择保存路径为 E 盘根目录，单击【保存】按钮。

④单击窗口右上角的【关闭】按钮将演示文稿关闭。

图 5-14 内置主题

5.3 PowerPoint 2007 幻灯片的基本编辑

5.3.1 幻灯片的基本操作

1. 插入幻灯片

在幻灯片窗格中，先选中需要在其后插入新幻灯片的某张幻灯片，然后选用以下方法之一就可完成幻灯片的插入。

①用鼠标右键单击选中的幻灯片，从弹出的快捷菜单中选择【新建幻灯片】命令。

②在【开始】选项卡中，单击【幻灯片】组中【新建幻灯片】上方的按钮。

③在【开始】选项卡中，单击【幻灯片】组中【新建幻灯片】下方的按钮，弹出【新建幻灯片】列表，如图 5-15 所示。用户可以进行以下几种操作。

a. 选择一种特定版式的幻灯片进行插入。

b. 选择【复制所选幻灯片】命令，直接在所选幻灯片的后面插入其幻灯片副本。

c. 选择【幻灯片（从大纲）】命令，在弹出的【插入大纲】对话框中，选择某一个大纲类文档后，演示文稿将用所选文档中的每一段文字生成一张【标题和文本】版式的幻灯片，文字被插入到每张幻灯片的标题占位符中。

d. 选择【重用幻灯片】命令，将弹出【重用幻灯片】窗格，单击【浏览】按钮，选择要插入的演示文稿，可以将已有的幻灯片插入到当前演示文稿中，如图 5-16 所示。

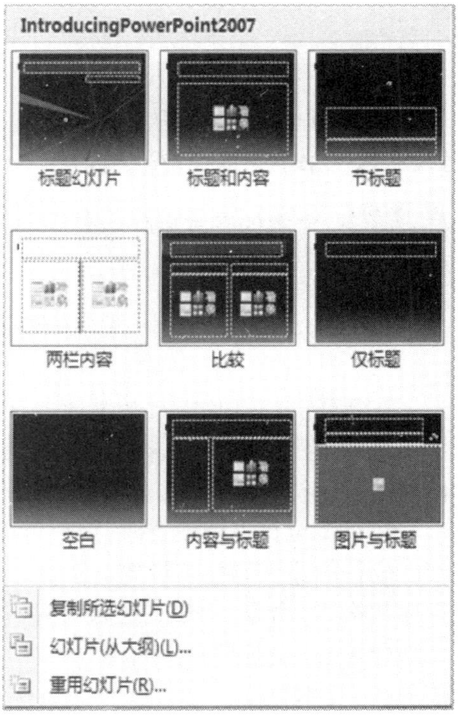

图 5-15 【新建幻灯片】列表

2. 删除幻灯片

首先选择需要删除的幻灯片，然后通过直接按【Delete】键将其删除，或者用鼠标右键单击幻灯片缩略图，从弹出的快捷菜单中选择【删除幻灯片】命令，也可以单击选项卡，在【幻灯片】组中单击【删除】按钮进行删除。

3. 复制幻灯片

①在选定幻灯片上单击鼠标右键，从弹出的快捷菜单中选择【复制幻灯片】命令，即可将选中的幻灯片复制到当前幻灯片之后。

②在选定幻灯片上单击鼠标右键，从弹出的快捷菜单中选择【复制】命令。然后用鼠标右键单击目标位置，选择快捷菜单中的【粘贴】命令，即可将幻灯片复制到目标位置。

③按下【Ctrl】键不放，用鼠标将选定的幻灯片拖曳到目标位置后松手，也可实现幻灯片的复制。

4. 移动幻灯片

(1)鼠标拖动法。在幻灯片窗格中选择一个或多个需要移动的幻灯片，然后按住鼠标左键拖至目标位置，松开鼠标即可。此方法适于在同一演示文稿中进行幻灯片的移动。

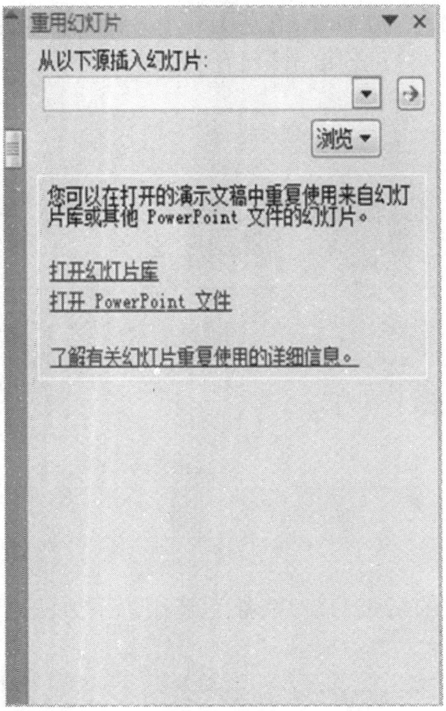

图 5-16 【重用幻灯片】窗格

(2)菜单命令法。选择一个或多个需要移动的幻灯片，单击鼠标右键，从弹出的快捷菜单中选择【剪切】命令。然后用鼠标右键单击目标位置，从快捷菜单中选择【粘贴】命令。此方法适于在不同演示文稿中进行幻灯片的移动。

5.3.2 文本的基本操作

1. 文本的输入

在 PowerPoint 2007 中，文本的输入位置主要有文本占位符和文本框。

(1)文本占位符

在新建的幻灯片中常会出现含有“单击此处添加标题”和“单击此处添加文本”等提示性文字的虚线文本框，这类文本框就是文本占位符。在占位符中输入文本时，用户只需用鼠标单击占位符，将光标放入其中，然后输入需要的文本即可。

在对占位符进行设置时，用户可以通过占位符四周的 8 个控制点调整其大小，也可以拖动占位符的边框调整其位置，还可以用鼠标右键单击占位符，从弹出的快捷菜单中选择【设置形状格式】命令，调整其形状格式，包括占位符的填充和线条颜色、线型、阴影、三维格式、三维旋转等，如图 5-17 所示。

(2)文本框

由于幻灯片中的文本占位符和所选择的版式有关，其数量和位置通常是固定的，所以当用户需要在幻灯片的其他位置输入文本时，可以通过绘制文本框来完成。

①选择“插入”选项卡，在【文本】组中单击【文本框】下拉按钮，从弹出的下拉列表中选择【横排文本框】或【垂直文本框】命令，如图 5-18 所示。

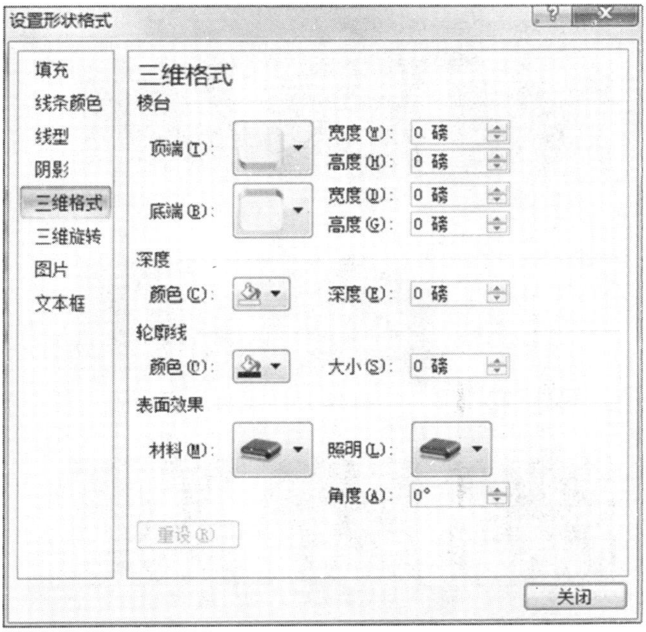

图 5-17 【设置形状格式】对话框

②将鼠标指针放在要添加文本的位置,按住鼠标左键不放,拖至需要的大小,释放鼠标即生成一个文本框。此时,光标处于文本框中,用户可直接输入文本。

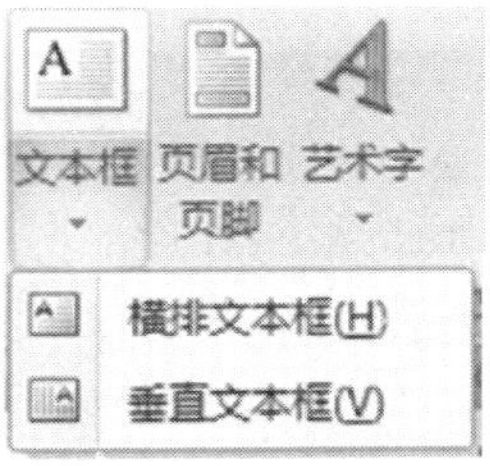

图 5-18 【文本框】列表

对文本框的设置和占位符的设置相同,此处不再重复。

2. 文本的编辑与格式化

在 PowerPoint 2007 中,文本的编辑与格式化的操作与 Word 2007 用基本相同,具体参见第 3 章的相关内容。

5.3.3 幻灯片的外观设置

1. 版式的设置与应用

幻灯片版式是指一张幻灯片中的文本和图像等元素的布局方式,它定义了幻灯片上要显示内容的位置和格式设置信息。幻灯片的版式由多个占位符构成。PowerPoint 2007 提供了多种内置的版式,用户可以根据内容来选择不同的版式。

具体操作步骤如下:

①单击要设置版式的幻灯片,使其成为当前幻灯片。

②在【开始】选项卡中,单击【幻灯片】组中的【版式】下拉按钮,弹出如图 5-19 所示的下拉列表。

③单击选中的版式,所选幻灯片就会按新选定的版式调整布局。

如果用户对 PowerPoint 2007 提供的内置版式不满意,也可以通过调整占位符的位置,设计符合自己需求的版式。

2. 主题的设置与应用

(1)内置主题的应用

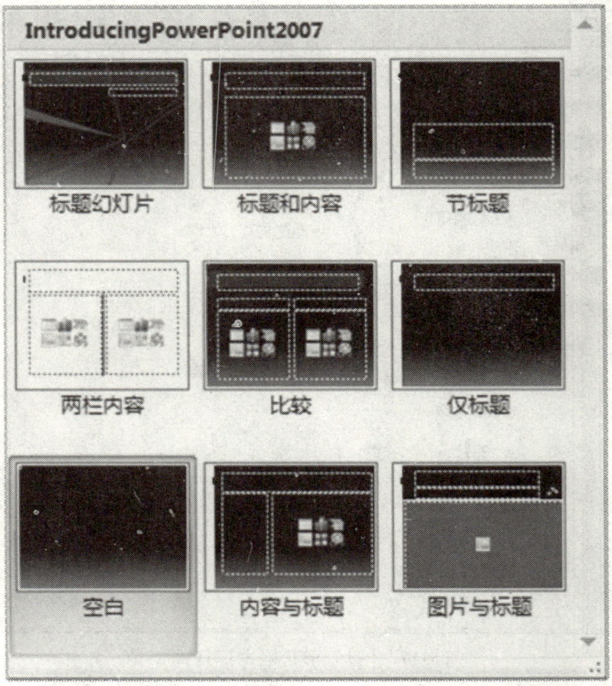

图 5-19 【版式】列表

①应用于新建演示文稿。用户可以用内置主题直接新建演示文稿，在创建的演示文稿中，每张幻灯片都将具有所选主题的风格样式。具体操作过程参见 5.2.3 节“根据主题创建演示文稿”部分。

②应用于已创建的演示文稿。对已创建的演示文稿应用内置主题，可以在【设计】选项卡中用鼠标右键单击【主题】组中某一主题，将弹出如图 5-20 所示的快捷菜单。当选择【应用于选定幻灯片】命令，即可使当前幻灯片主题更改为选定的主题；若选择【应用于所有幻灯片】命令，则所有幻灯片主题更改为选定的主题。当演示文稿中多张幻灯片具有不同的主题时，快捷菜单中会出现【应用于相应幻灯片】命令，选择该命令，则演示文稿中与当前幻灯片主题相同的所有幻灯片都更改为选定的主题。

(2) 内置主题的设置

如果用户对 PowerPoint2007 提供的内置主题不满意，可以通过修改已有主题的颜色、字体或效果，设计出符合自己要求的主题。

在【主题】组的右侧有 3 组下拉按钮，分别用于设置主题的颜色、字体和效果，如图 5-21 所示。

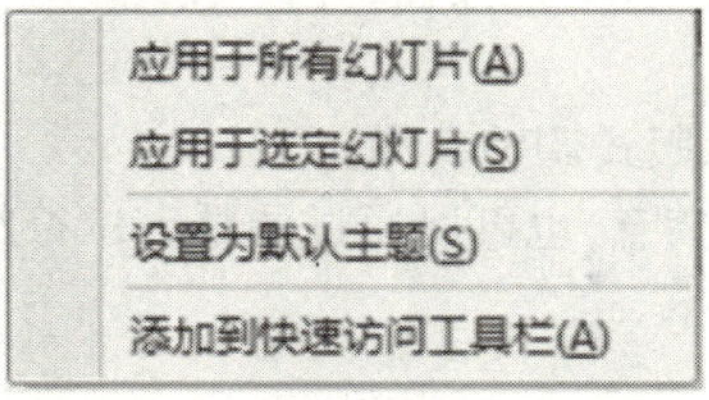

图 5-20 【主题】快捷菜单

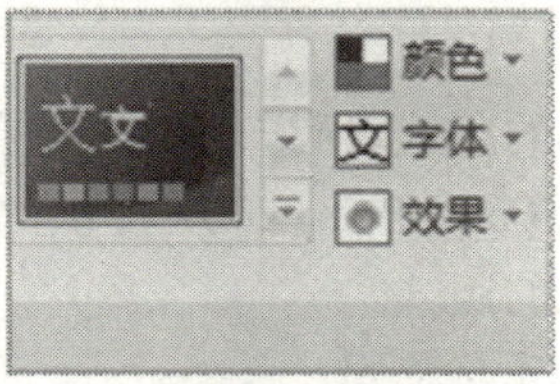

图 5-21 【颜色】、【字体】和【效果】下拉按钮

单击【颜色】下拉按钮,【主题颜色】列表如图5-22所示。在列表中选择某一组主题颜色,即可改变当前演示文稿中相应幻灯片的主题颜色。在列表最下方,单击【新建主题颜色】命令,弹出【新建主题颜色】对话框,如图5-23所示。在对话框中,可对不同的主题选项的颜色进行修改,然后将修改后的主题颜色命名,单击【保存】按钮,该主题颜色会出现在列表的【自定义】区域中。

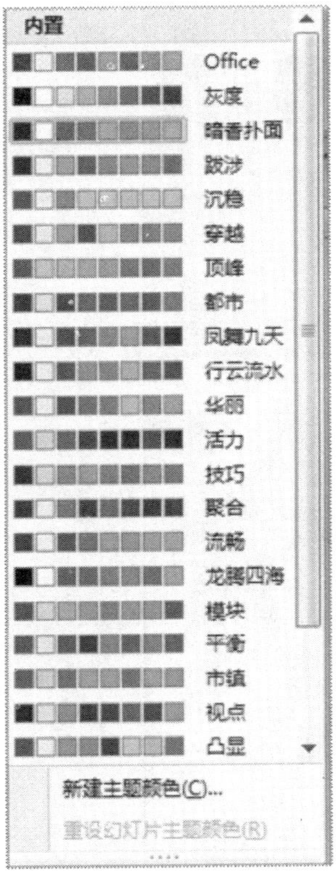

图5-22 【主题颜色】列表

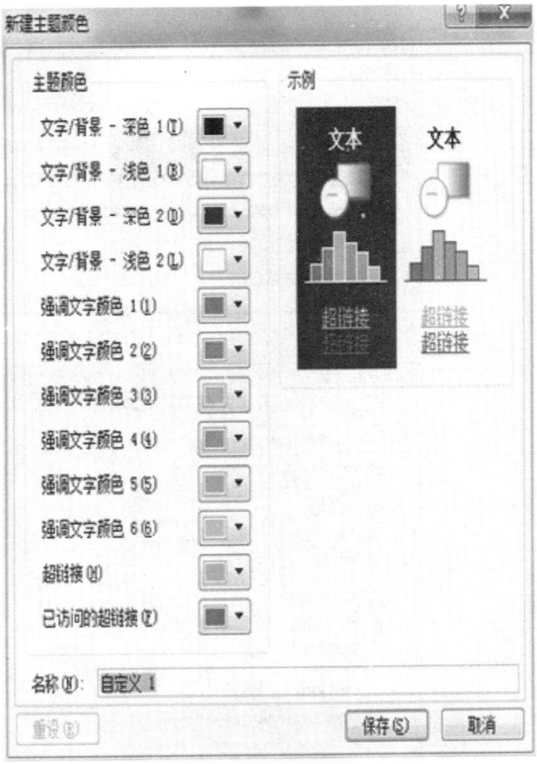

图5-23 【新建主题颜色】对话框

主题字体和主题效果的修改方法与主题颜色相同。

为了便于以后使用修改后的主题,可以将其进行保存,具体方法如下。

单击主题预览区的下拉按钮,弹出【所有主题】下拉列表,如图5-24所示。选择【保存当前主题】命令,将弹出如图5-25所示的【保存当前主题】对话框。输入主题名称,单击【保存】按钮,即可将主题保存在相应的系统文件夹中。

主题保存后,在【所有主题】下拉列表的【自定义】区域中会出现该主题选项,以便用户使用。

3. 背景的设置

如果用户不想使用主题中的背景样式,可以根据需要,自己设置幻灯片的背景颜色、填充效果等内容。

(1)使用预设背景样式

在【设计】选项卡中的【背景】组中单击【背景样式】下拉按钮,弹出下拉列表,如图5-26所示。在该列表中选择任意一种预设样式,即可将其应用到所有幻灯片。如果想将其应用到当前幻灯片，用鼠标右键单击所选的背景样式，在弹出的快捷菜单中选择【应用于所选幻灯片】命令即可。

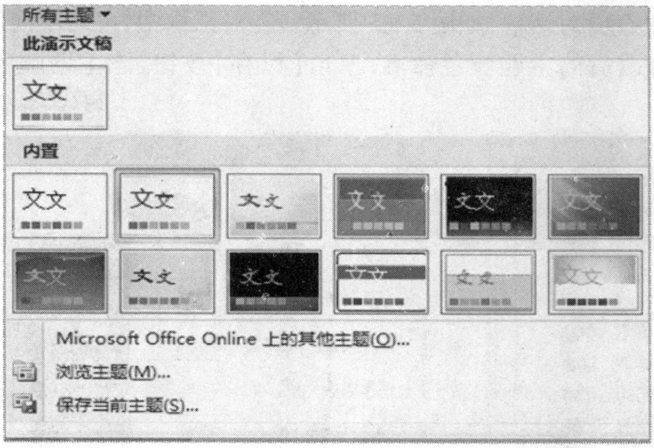

图 5-24 【所有主题】下拉列表

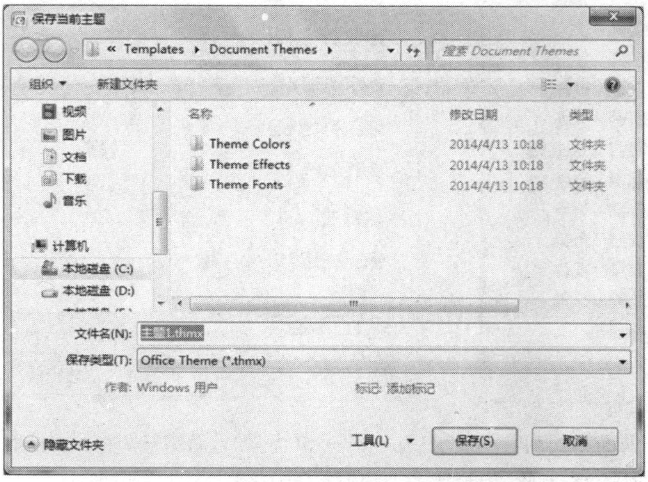

图 5-25 【保存当前主题】对话框

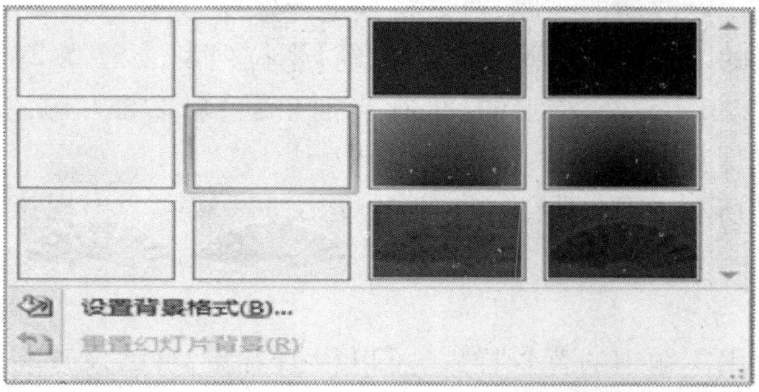

图 5-26 【背景样式】列表

（2）自定义背景样式

①选择【背景样式】下拉列表中的【设置背景格式】命令，弹出【设置背景格式】对话框，如图 5-27 所示。

②单击左侧的【填充】选项卡,可以将某种颜色、纹理或图片等填充效果设置为幻灯片的背景。

③若在第②步选择图片作为幻灯片的背景,并且想对图片作进一步的设置,则可以单击对话框左侧的【图片】选项卡,在这里可以对图片进行着色、亮度和对比度的设置。

图 5-27 【设置背景格式】对话框

4. 幻灯片母版的设置

幻灯片母版可以对创建完成的演示文稿在排版和外观上做整体调整,使所创建的演示文稿有统一的外观。在幻灯片母版上设置的字体格式、背景效果和插入的图片等内容将在演示文稿中的每一张幻灯片上反映出来。

PowerPoint 2007 中的幻灯片母版由两个层次组成,即"主母版"和"版式母版"。

"主母版"是对演示文稿中幻灯片共性的设置,"主母版"中的设置会体现在所有"版式母版"中;"版式母版"则是对演示文稿中幻灯片个性的设置。

(1)设置幻灯片母版

①在【视图】选项卡的【演示文稿视图】组中单击【幻灯片母版】按钮,打开【幻灯片母版】窗口,如图 5-28 所示。此时在左窗格中以树形结构显示幻灯片母版的缩略图,其中不同的树代表应用不同主题的幻灯片母版,树根为"主母版",树枝为"版式母版"。当鼠标指针放在幻灯片母版缩略图上时,可以显示该母版已被应用于哪些幻灯片。

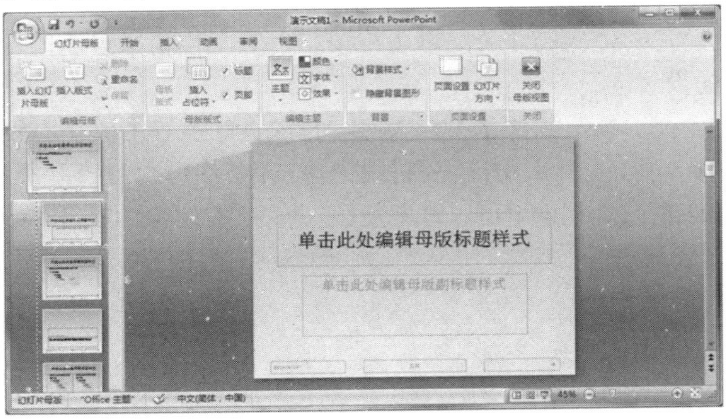

图 5-28 【幻灯片母版】窗口

②在"主母版"中设置幻灯片的共性内容,如文本及对象格式、占位符格式及位置、主题和背景等。设置方法与在普通视图中的设置方法一样。

③在"版式母版"中设置幻灯片的个性内容。在统一风格后,为了使演示文稿的外观样式更丰富,可以单击【母版版式】组中的【插入占位符】下拉按钮,从弹出的下拉列表中选择相应的占位符,将其插入到幻灯片中来改变幻灯片的版式,或者通过【编辑主题】组和【背景】组对幻灯片的主题和背景进行修改。

(2)讲义母版的设置

讲义主要用于打印输出,供听众在会议中使用,设置方法如下。

①在【视图】选项卡的【演示文稿视图】组中单击【讲义母版】按钮,打开【讲义母版】选项卡,如图5-29所示。

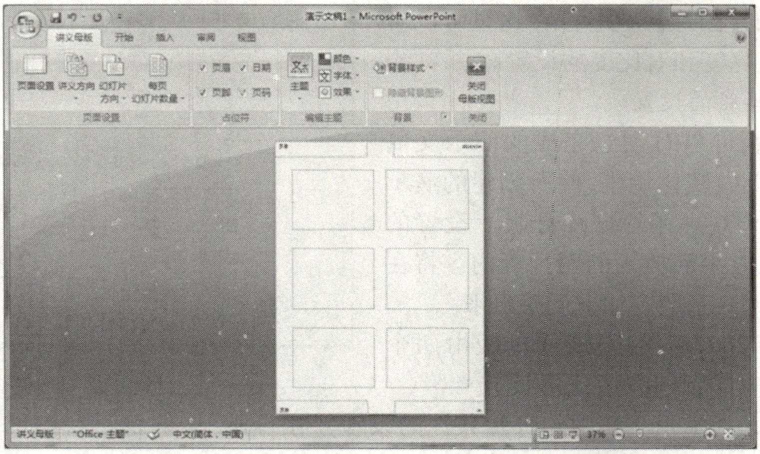

图5-29 【讲义母版】窗口

②通过【页面设置】组中的【每页幻灯片数量】下拉按钮,设置每页纸上打印的幻灯片的张数和位置。

③在页眉和页脚区中,用户可以直接在其中输入相应的内容。

④在【背景】组与【编辑主题】组中,用户可以设置讲义的背景和主题,方法和在普通视图下对幻灯片的设置一样。

⑤讲义母版设置完成后,单击【关闭母版视图】按钮,退出讲义母版的编辑。

(3)备注母版的设置

备注页同样应用于打印输出,便于听众参考。备注页的设置主要在【备注母版】选项卡中进行。在【视图】选项卡中的【演示文稿视图】组中单击【备注母版】按钮,用户可以打开【备注母版】窗口,如图5-30所示。在这里可以对备注页的页面、占位符、主题和背景进行设置。

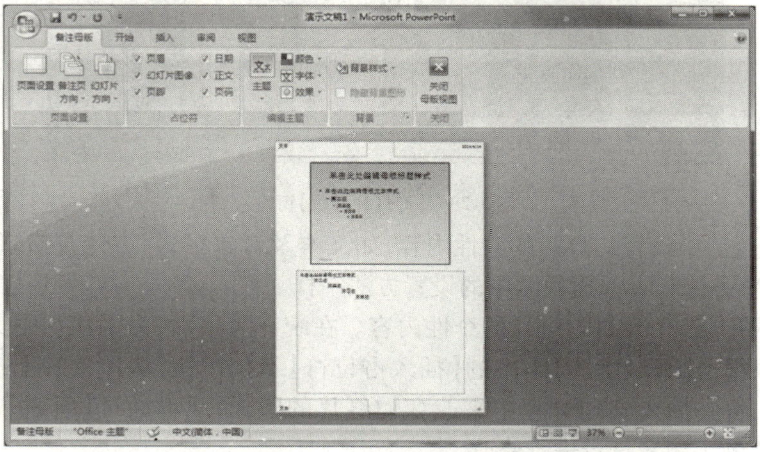

图5-30 【备注母版】窗口

5.3.4 本节练习

利用内置的"PowerPoint 2007 简介"模板新建演示文稿。将5.2节练习中的幻灯片复制到该演示文稿中，使其成为第一张幻灯片，并调整标题和副标题的位置。把第二张幻灯片的版式改为"空白"版式，保存并关闭演示文稿。

1. 案例分析

本案例主要涉及以下知识点。

①利用模板创建演示文稿。

②幻灯片的复制和删除。

③调整幻灯片中占位符的位置。

④设置幻灯片的版式。

2. 实现步骤

①启动 PowerPoint 2007 后，单击【Office 按钮】图标中的【新建】命令，打开【新建演示文稿】对话框。

②单击左侧【模板】列表中的【已安装的模板】，选择其中的【PowerPoint 2007 简介】模板，单击【创建】按钮，即可创建相应的演示文稿，如图5-31所示。

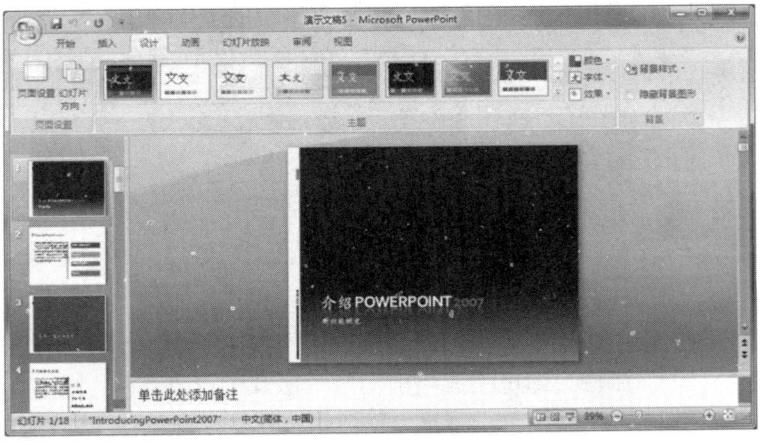

图5-31 利用模版创建演示文稿

③打开5.2节练习中的演示文稿"演示.pptx"

④在"演示.pptx"左侧的幻灯片窗格中用鼠标右键单击幻灯片缩略图，在弹出的快捷菜单中选择【复制】命令。

⑤切换到新建的演示文稿，在幻灯片窗格中用鼠标右键单击第一张幻灯片，快捷菜单中选择【粘贴】命令，即可将"演示.pptx"中的幻灯片复制到当前幻灯片之后，如图5-32所示。

⑥在幻灯片窗格中用鼠标右键单击第一张幻灯片，从弹出的快捷菜单中选择【删除灯片】命令，使"演示.pptx"中的幻灯片成为当前演示文稿的第一张幻灯片。

⑦单击标题文字"PowerPoint 2007 简介"，将出现标题文字占位符的虚线框。拖动标题占位符的边框至幻灯片中央适合的位置后松手，即可实现标题文字位置的改变，如图5-33所示。用同样的办法可将副标题也移动到适合的位置。

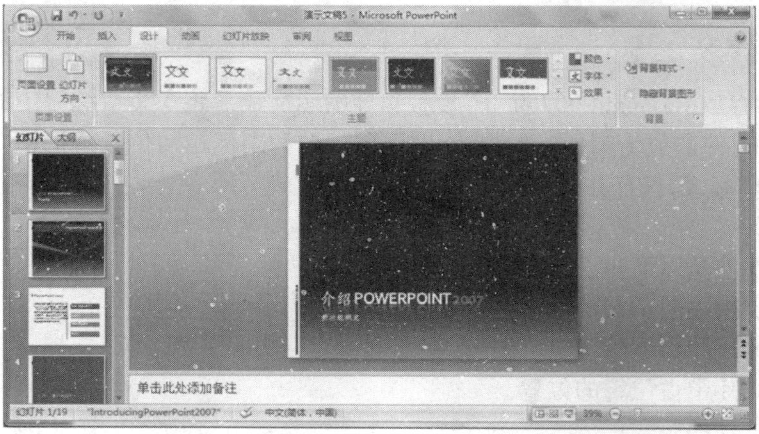

图 5-32　复制幻灯片

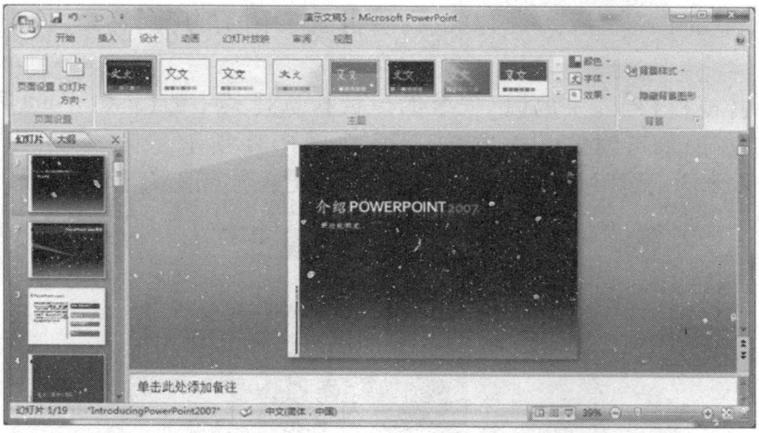

图 5-33　调整占位符的位置

⑧用鼠标右键单击第二张幻灯片，在弹出的快捷菜单中选择【版式】级联菜单，如图 5-34 所示。单击其中的【空白】版式，即可完成当前幻灯片版式的设置。

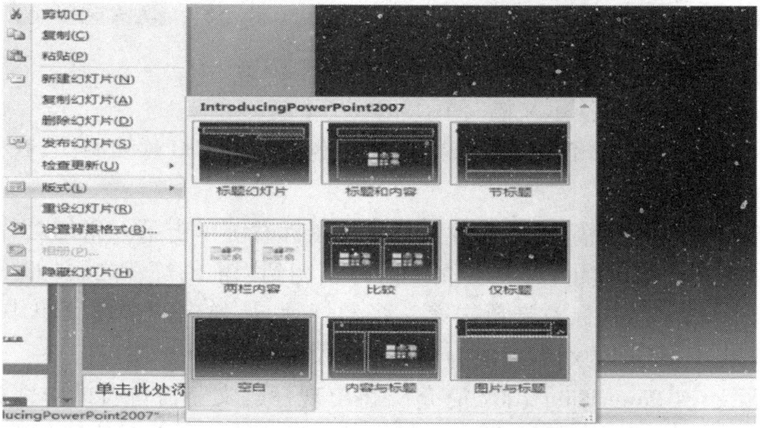

图 5-34　【版式】级联菜单

⑨单击快速访问工具栏中的【保存】按钮，将演示文稿以原文件名保存。

⑩单击窗口右上角的【关闭】按钮，关闭当前演示文稿。

5.4 PowerPoint 2007 幻灯片的高级编辑

5.4.1 艺术字的编辑

艺术字使文本在幻灯片中更加突，能给幻灯片增加更加丰富的效果。

1. 艺术字的插入

选中要插入艺术字的幻灯片，单击【插入】选项卡，在其【文本】组中选择【艺术字】下拉按钮，在弹出的下拉列表中选择一种样式，即可在幻灯片中插入所需样式的艺术字，具体步骤见案例。

2. 艺术字的设置

若想对插入的艺术字作进一步的编辑，可先选中艺术字，单击【绘图工具】浮动选项卡的【格式】选项卡，通过【艺术字样式】的功能按钮完成相应的编辑操作。

①更改艺术字样式。单击【快速样式】栏中的下拉按钮，在弹出的列表中选择一种样式即可。

②更改艺术字的填充色。单击组内的【文本填充】下拉按钮，在弹出的颜色列表中选择合适的颜色即可，也可以选择列表最下方的渐变颜色或纹理进行填充，如图 5-35 所示。

③修改艺术字的轮廓。单击组内的【文本轮廓】下拉按钮，在弹出的颜色列表中选择合适的颜色作为艺术字的轮廓颜色。通过列表下方的【粗细】和【虚线】两个级联菜单可以设置艺术字的轮廓线型，如图 5-36 所示。

图 5-35 【文本填充】列表

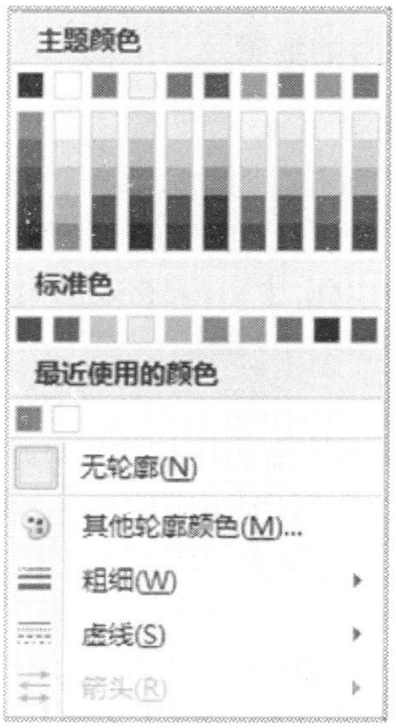

图 5-36 【文本轮廓】列表

④修改艺术字的艺术效果单击组内的【文本效果】下拉按钮，弹出如图 5-37 所示的下拉

列表，在其中可以对艺术字的阴影、发光、映像和三维效果等内容进行设置。

⑤修改艺术字的其他格式单击【艺术字样式】组右下角的对话框启动器按钮，弹出【设置形状格式】对话框，如图 5-38 所示。在其中可以对阴影、三维效果和文字方向等内容进行详细的设置。

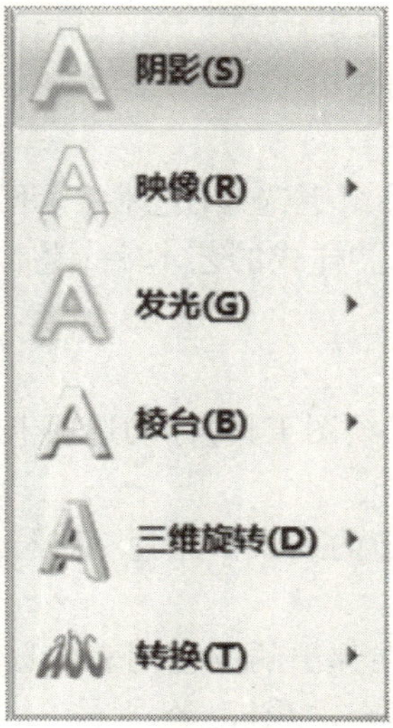

图 5-37 【文本效果】列表图

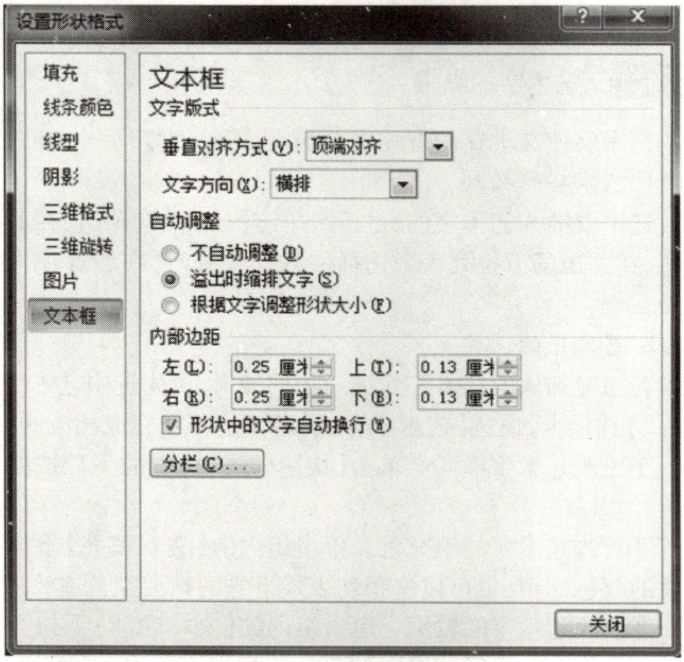

图 5-38 【设置形状格式】对话框

5.4.2 表格图片的编辑

1. 表格与图表的编辑

当幻灯片中的数据信息比较多时，如果只用文字很难表达清楚，而表格与图表可以将数据表达得更直观、更形象，利于观众理解数据之间的关系。

在 PowerPoint 2007 中，对表格及图表的各种操作与在 Word 2007 中的操作基本相同，具体方法参见 Word 相关章节。

2. 图片的插入

图片被广泛应用于各种类型的幻灯片中，是幻灯片制作非常重要的元素，它可以使幻灯片的内容更加丰富多彩、生动形象。在 PowerPoint 2007 中，图片主要包括程序自带的剪贴画和外部图片文件。

(1)剪贴画的插入

①单击需要插入剪贴画的幻灯片。

②在【插入】选项卡中，单击【插图】组中的【剪贴画】按钮，打开【剪贴画】任务窗格，如图 5-39 所示。单击所需图片即可完成插入操作。

③若任务窗格中的剪贴画不能满足要求，则可单击任务窗格下方的【管理剪辑…】超链

接，打开【剪辑管理器】窗口，如图 5-40 所示。在窗口左侧的【Office 收藏集】中选择所需的剪贴画类型，在窗口右侧用鼠标右键单击所需图片，从弹出的快捷菜单中选择【复制】命令。在幻灯片中单击鼠标右键，从弹出的快捷菜单中选择【粘贴】命令即可。

图 5-39 【剪贴画】任务窗格

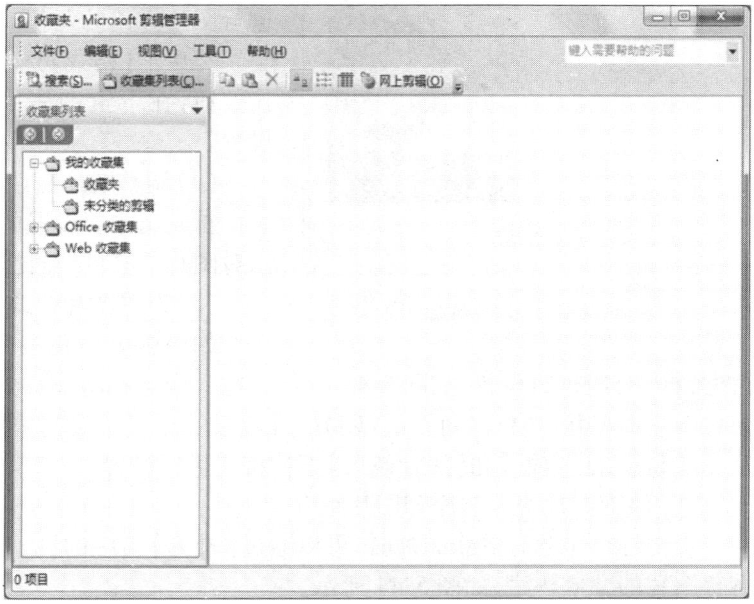

图 5-40 【剪辑管理器】窗口

(2)外部图片的插入

具体步骤见“本节练习”。

3. 图片的设置

(1)调整图片的大小和位置

①单击图片，利用图片周围的 8 个控制点，可以调整图片的大小，拖动图片的其他地方可以改变它的位置。

②用鼠标右键单击图片，从快捷菜单中选择【大小和位置】命令，弹出【大小和位置】对话框，如图 5-41 所示。在【大小】和【位置】选项卡中分别设置图片的大小和位置属性。

③单击图片，在“图片工具”浮动选项卡的“格式”选项卡中，“大小”组用于调整图片的高度和宽度。单击“大小”组右下角的对话框启动器，也可以弹出“大小和位置”对话框。

(2)剪裁图片

单击图片，在【格式】选项卡中，选择【大小】组里的【剪裁】按钮，此时图片周围出现 8 个剪裁控制点，拖动控制点可以将图片剪裁为合适的大

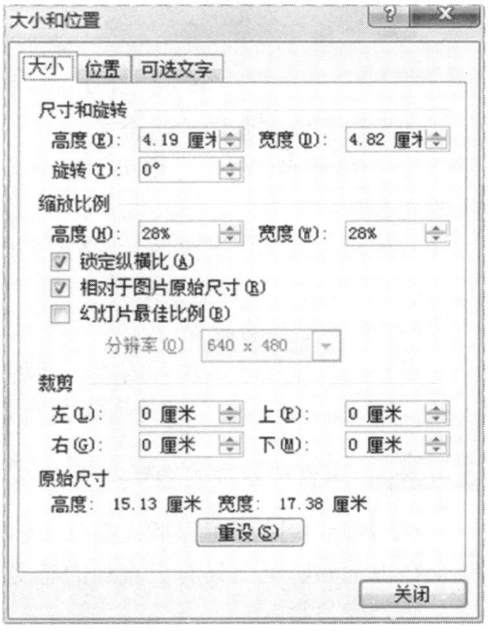

图 5-41 【大小和位置】对话框

小,如图 5-42 所示。

图 5-42　图片剪裁

(3)旋转图片

①单击图片,拖动图片上方的绿色旋转按钮,进行图片方向的调整。

②单击【格式】选项卡中【排列】组的【旋转】下拉按钮,在下拉列表中选择相应的旋转角度进行设置。

(4)调整图片属性

首先选中要设置的图片,然后在【调整】组中可以对图片的亮度、对比度等属性进行设置。

(5)设置图片样式

如果想要对图片添加边框等效果,可以通过【图片样式】组进行设置,如图 5-43 所示。在其中选择所需样式,即可将其应用于图片。若想对图片的形状、边框颜色及线型和三维效果等作进一步的修饰,可单击样式栏右侧的【图片形状】、【图片边框】和【图片效果】下拉按钮进行设置。

(6)改变图片叠放顺序和图片组合

当幻灯片中含有多张图片时,可以通过【排列】组中的【置于顶层】和【置于底层】命令,调整图片的叠放顺序,如图 5-44 所示。

图 5-43　【图片样式】组

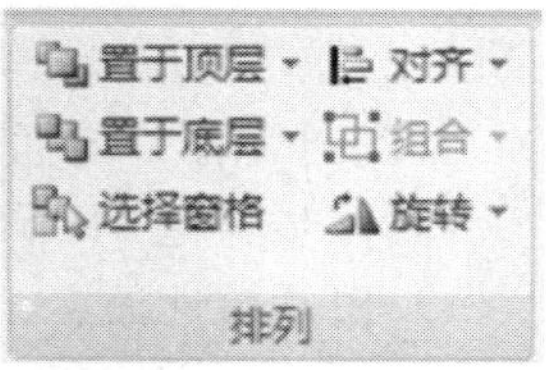

图 5-44　【排列】组

如果想要将多张图片组合成为一个整体,可以先选中需要组合的图片,然后单击【组合】下拉按钮中的【组合】命令即可。组合后的多张图片就如同一张图片一样,相对位置不会发生改变。

若需要修改其中某张图片,必须先单击【组合】下拉按钮中的【取消组合】命令,解除图片的组合,修改完后再重新组合。

(7)对齐方式的设置

在幻灯片中插入的图片需要以某种对齐方式进行组织,其方法是选中图片,单击【对齐】下拉按钮,在下拉菜单中选择所需的对齐方式即可。

5.4.3　声音和影片的编辑

在幻灯片中除了可以插入图片、表格等元素,还可以插入声音和影片等多媒体元素,使听众在视觉和听觉上具有更直观的感受。

1. 声音的插入

①单击需要插入声音的幻灯片。

②在【插入】选项卡中，单击【媒体剪辑】组中的【声音】下拉按钮，打开下拉列表，如图5-45所示。

③在下拉列表中列出了插入声音的来源，从中选择声音的正确来源及位置，并将其插入。

④插入操作完成后，将弹出如图5-46所示的对话框，单击【自动】按钮（声音会在切换到该幻灯片时自动播放）或者【在单击时】按钮（声音会在切换到该幻灯片并单击鼠标时播放），同时插入的声音以图标的形式出现在幻灯片中。

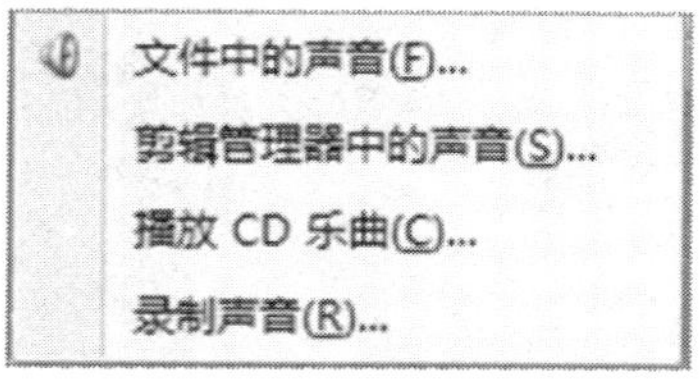

图5-45 【声音】下拉列表

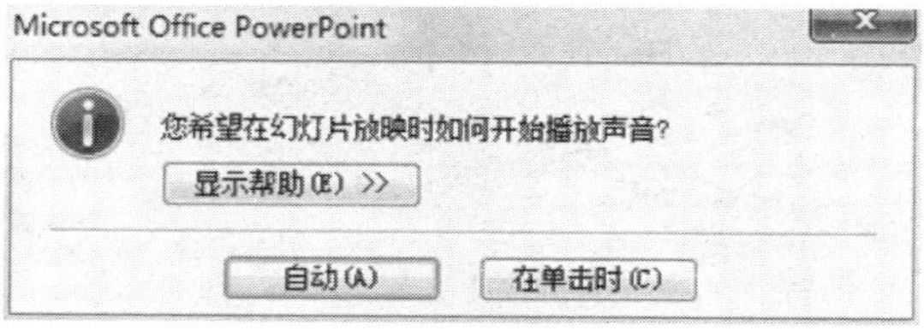

图5-46 播放方式对话框

2. 声音的设置

在插入声音之后，除了幻灯片中会出现声音的图标，PowerPoint 2007 窗口还会多出【图片工具】和【声音工具】两个浮动选项卡。其中，【图片工具】选项卡主要用于声音图标的设置，内容与图片编辑的内容相同；【声音工具】选项主要对插入的声音进行音量、循环播放和播放方式（单击播放还是自动播放）等内容的设置，如图5-47所示。

图5-47 【声音工具】选项卡

3. 影片的插入

PowerPoint 2007 支持的影片文件类型包括 Windows Media 文件、Windows 视频文件、影片文件、Windows Media Video 文件、动态 GIF 文件和 MPEC 格式的电影文件。在幻灯片中插入影片的具体步骤如下。

①选择插入影片的幻灯片，使其成为当前幻灯片。

②在【插入】选项卡中，单击【媒体剪辑】组中的【影片】按钮，弹出如图5-48所示的【插入影片】对话框。

③在【插入影片】对话框中找到需要插入的影片文件，单击【确定】按钮，此时影片文件便插入到幻灯片中。

4. 影片的设置

和插入声音一样，插入影片文件后，幻灯片中会出现影片的图标，PowerPoint 2007 窗口还会多出【图片工具】和【影片选项】两个浮动选项卡。其中，【图片工具】选项卡主要用于影片图标的设置；【影片选项】选项卡主要对插入的影片文件进行音量、循环播放、全屏播放和播放方式（单击播放还是自动播放）等内容的设置，如图5-49所示。

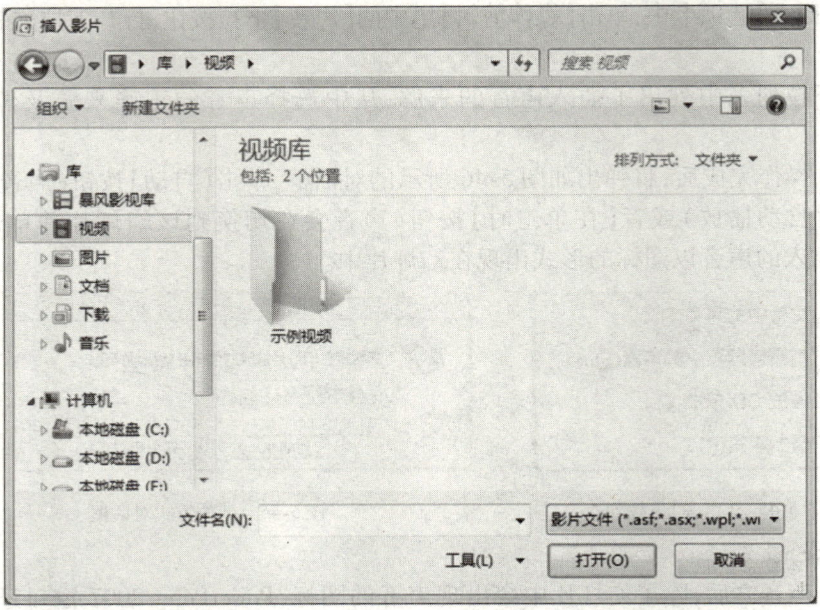

图 5-48 【插入影片】对话框

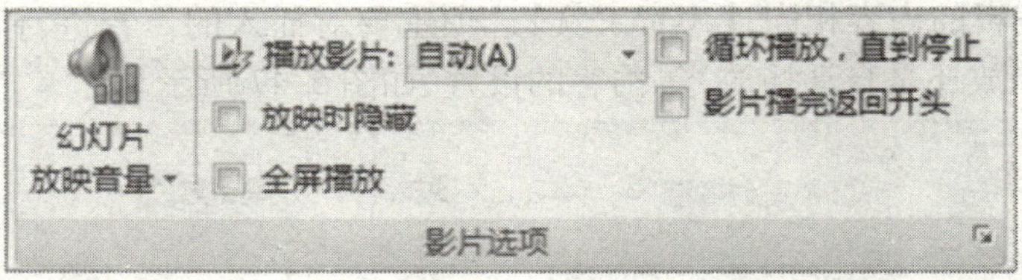

图 5-49 【影片选项】选项卡

5.4.4 图形对象的编辑

1. 图形的插入

(1) 自选图形的插入

自选图形包括一些基本的线条、矩形、圆形、箭头、星形、标注和流程图等图形，在幻灯片中绘制自选图形的步骤如下。

①选中绘制自选图形的幻灯片，使其成为当前幻灯片。

②在【插入】选项卡中，单击【插图】组中的【形状】下拉按钮，弹出如图 5-50 所示的下拉列表，其中列出了基本的线条、形状和流程图等图形，从中选择需要的图形。

③在幻灯片需要绘制图形的范围内按住鼠标左键拖动鼠标，然后松开，此时在幻灯片中出现所绘制的图形。

(2) SmartArt 图形的插入

利用 SmartArt 图形，用户可以轻松地绘制出各种组织结构及流程图，将要点转变成图形，让抽象的事物更直观可见。在幻灯片中插入 SmartArt 图形可通过以下步骤实现。

①选中绘制图形的幻灯片，使其成为当前幻灯片。

②在【插入】选项卡中，单击【插图】组中的【SmartArt】按钮，弹出如图 5-51 所示的【选择

SmartArt 图形】对话框。

③对话框的左侧为 SmartArt 图形的组织方式，选择其中一个类型，如【流程】，则对话框中间就列出了此种类型的所有 SmartArt 图形。单击其中一种图形，如【齿轮】，则对话框的最右侧显示出所选图形的特点。

④单击【确定】按钮，则相应的 SmartArt 图形就插入到当前幻灯片中。

2. 图形的设置

(1) 自选图形的设置

①添加文本。选中要添加文本的图形，在【绘图工具】浮动选项卡的【格式】选项卡中，单击【艺术字样式】组中的【文本填充】下拉按钮，在其中选择字体的颜色。此时在图形中出现闪烁的光标，用户输入相应文字即可。通过【艺术字样式】组还可以对所添加的文本更换样式、增加轮廓和三维效果等设置。

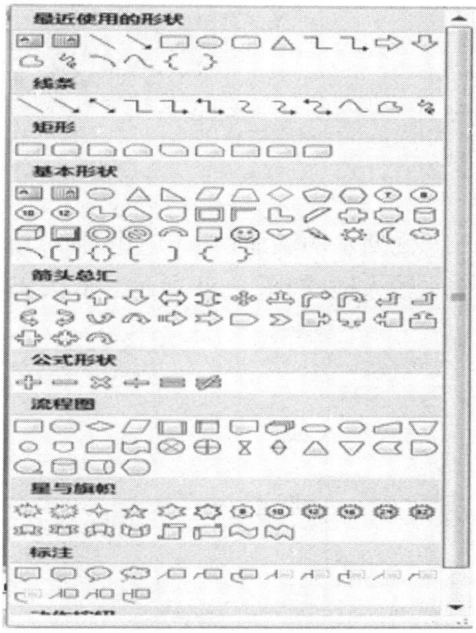

图 5-50 【形状】下拉列表

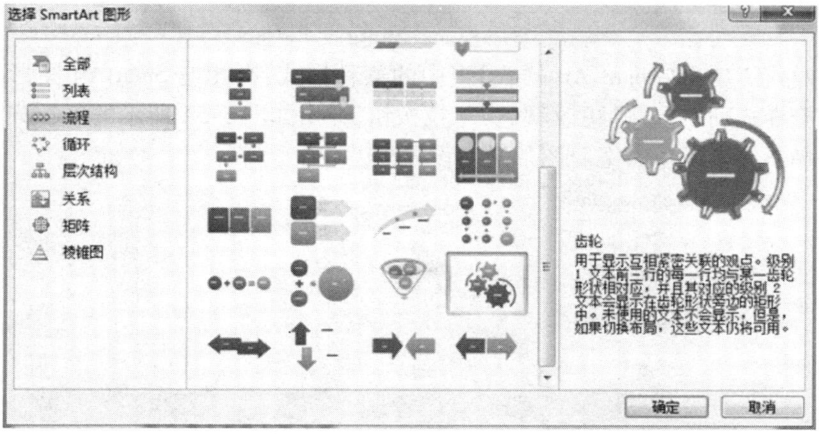

图 5-51 【选择 SmartArt 图形】对话框

②更改图形样式。选中相应图形，在【形状样式】组中单击某一样式便可将其应用于所选图形。通过【形状样式】组中的【形状填充】、【形状轮廓】和【形状效果】按钮，还可以对图形进行填充颜色或纹理图片、增加轮廓和改变三维样式的设置。

③其他设置。对自选图形的大小、位置、对齐方式、旋转和叠放层次等内容的设置和图片的相应操作类似，此处就不再重复。

(2) SmartArt 图形的设置

①更改布局。插入 SmartArt 图形后，PowerPoint 2007 窗口会出现【设计】和【格式】选项卡，其中【设计】选项卡中的【布局】组主要用于对 SmartArt 图形的布局进行更改，如图 5-52 所示。在其中单击某种布局即可应用于所选的 SmartArt 图形上。

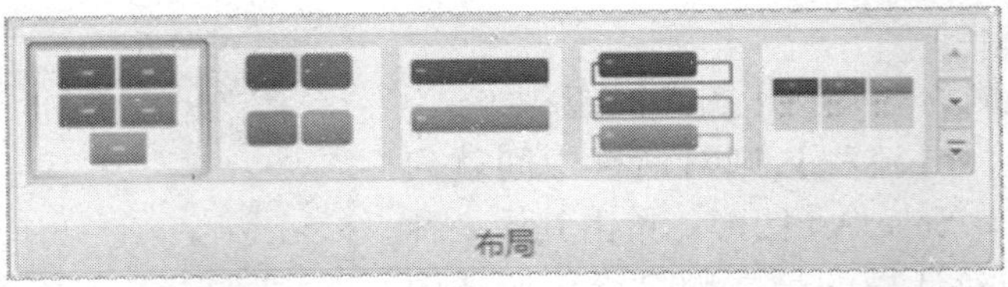

图 5-52 【布局】组

②文本的添加。在【创建图形】组中单击【文本窗格】按钮，则 SmartArt 图形就会显示出文本输入框，如图 5-53 所示。依次在文本输入框中输入相应文字即可。

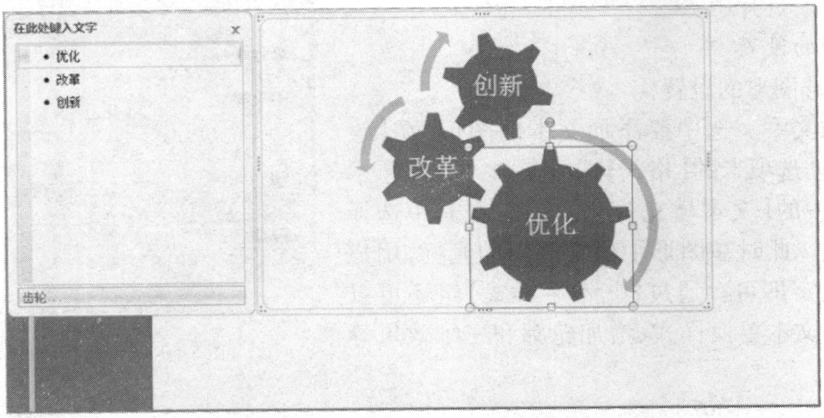

图 5-53 SmartArt 图形的文本窗格

③更改样式。单击【Smart Art 样式】组中的某种样式，则相应 SmartArt 图形的样式便发生更改。单击样式列表左侧【更改颜色】下拉按钮，弹出如图 5-54 所示的下拉列表。在其中用户可以选择不同的配色方案对图形进行设置。

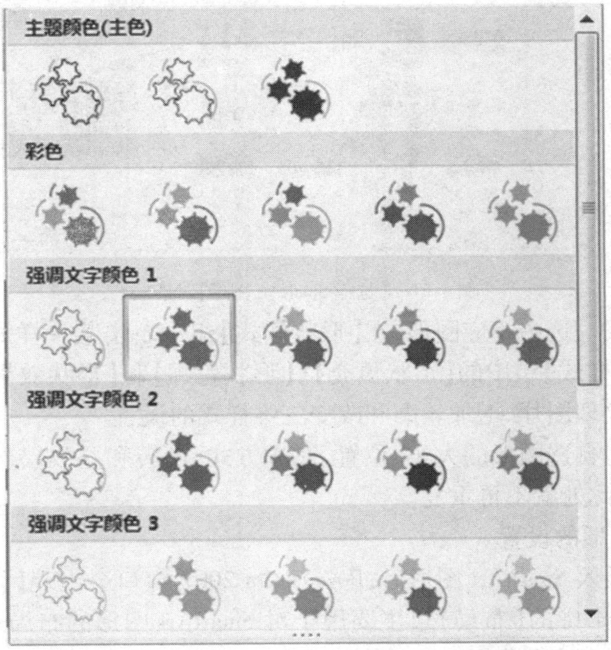

图 5-54 SmartArt 图形的颜色方案列表

④大小和位置。通过拖动 SmartArt 图形四周的控制点可以改变图形的大小,拖动控制点以外的图形部分可以改变图形的位置。

5.4.5 本节练习

对 5.3 节练习中的演示文稿进行如下操作:

①将第一张幻灯片中的文字换成艺术字,并进行相应设置。

②在第三张幻灯片中插入图片,并调整其大小。

1. 案例分析

本案例主要涉及以下知识点。

①在幻灯片中插入艺术字并对其进行设置。

②在幻灯片中插入图片并对其进行设置。

2. 实现步骤

①打开 5.3 节练习中的演示文稿,选中第一张幻灯片中的标题文字。

②在【插入】选项卡中,选择【文本】组中的【艺术字】下拉按钮,如图 5-55 所示。在下拉列表中选择第 2 行第 5 列位置的艺术字样式,则幻灯片中插入该艺术字样式的标题。同样方法插入艺术字样式为第 4 行第 2 列样式的副标题,如图 5-56 所示。

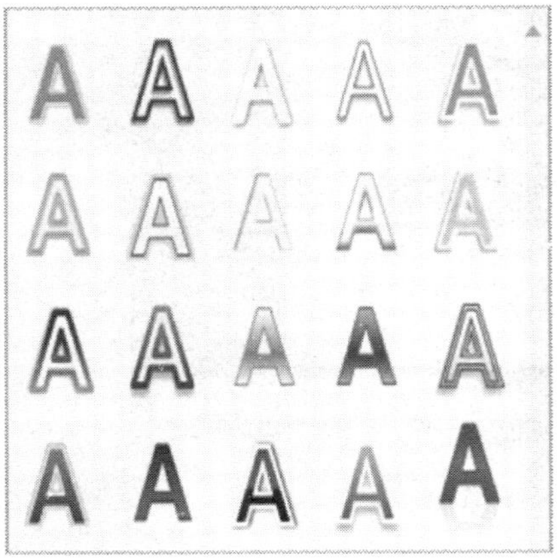

图 5-55 艺术字样式列表

图 5-56 插入艺术字

③删除原标题和副标题所在的占位符。

④选中标题占位符中的艺术字,在【开始】选项卡的【字体】组中,将字号改为“60”。再选中副标题占位符中的文字,将字号改为“54”,并用鼠标拖动占位符边框,调整其尺寸和位置。

⑤选中第三张幻灯片,在【插入】选项卡中,单击【插图】组中的【图片】命令按钮,从弹出的【插入图片】对话框中找到素材文件夹中的“风景 1. jpg”图片,如图 5-57 所示。单击【插入】按钮。

⑥在第三张幻灯片中,拖动“风景 1. jpg”图片周围相同的控制点,将其调整到合适的大小,如图 5-58 所示。

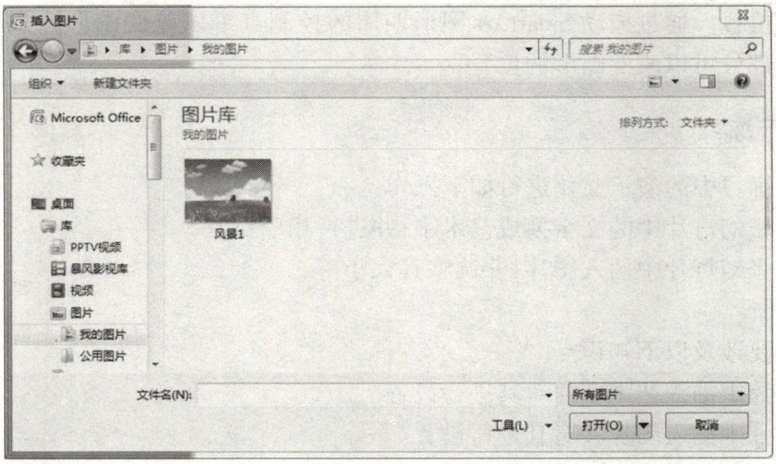

图 5-57 【插入图片】对话框

图 5-58 调整图片大小和位置

5.5 PowerPoint 2007 幻灯片的动态效果设置

5.5.1 设置动画效果

使用 PowerPoint 2007 提供的动画功能，用户可以为幻灯片中的文字、图片、图形、表格、公式、艺术字以及声音、视频等各种对象设置动画效果，控制它们在幻灯片放映时显示的顺序和方式，以控制播放流程，突出重点并提高演示文稿的趣味性。

1. 套用动画方案

PowerPoint 2007 为对象的动画效果设置提供了几种方案，用户可以直接套用。具体步骤如下。

①选中要添加动画效果的对象。

②切换至【动画】选项卡,然后在【动画】组中展开【动画】下拉列表,如图 5-59 所示。

③该列表中包含了 3 类常用的动画方案,用户可根据需要,直接套用 3 种类型中的某种动画方案。除此之外,还可以设置自定义动画。

2. 自定义动画的设置

(1)动画效果的添加

①选择要设置动画的对象。

②切换至【动画】选项卡,然后单击【动画】组中的【自定义动画】按钮,打开【自定义动画】任务窗格。

③单击任务窗格中【添加效果】下拉按钮,弹出其下拉列表,在下拉列表中选择一种动画效果进行设置。

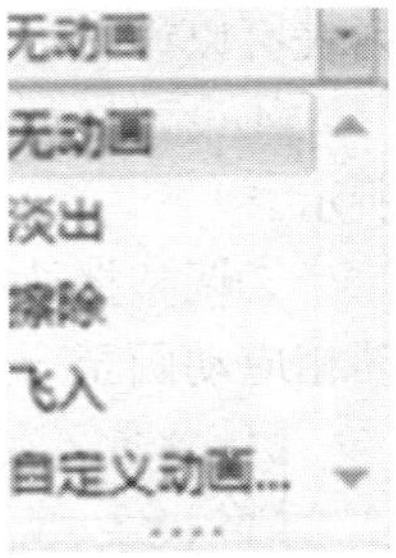

图 5-59 【动画】下拉列表

若要使文本或对象在放映时以某种效果进入幻灯片,则选择【进入】类型中的某种效果;若要为幻灯片上的文本或对象添加某种强调效果,则选择【强调】类型中的某种效果;为文本或对象添加某种效果以使其在某一时刻离开幻灯片,则选择【退出】类型中的某种效果。若要使文本或对象在放映时以特定路径进行移动,则选择【动作路径】中的某种效果。

为所选文本或对象添加了动画效果后,在任务窗格的动画列表中会显示出所有添加到该对象的动画效果。

(2)动画效果的设置

①更改或删除已有的动画效果。在【自定义动画】任务窗格的动画列表中,选择已添加的动画效果,【添加效果】按钮就会变为【更改】按钮。单击该按钮,从下拉列表中选择其他效果,可以更改选定的动画效果。若单击【删除】按钮则可以删除选定的动画效果,如图 5-60 所示。

②设置开始方式。在【开始】下拉列表框中选择设置启动动画效果的方式,主要有【单击时】、【之前】、【之后】3 种,如图 5-61 所示。【单击时】为默认的动画触发方式;【之前】选项为设置当前动画和前一动画同时发生;【之后】选项为设置当前动画发生在前一动画之后。

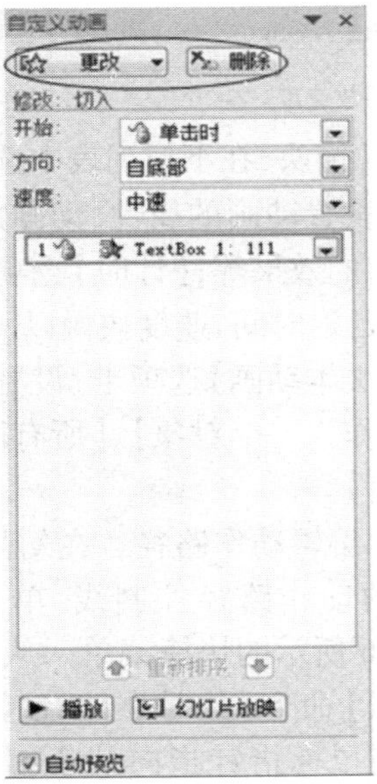

图 5-60 更改动画

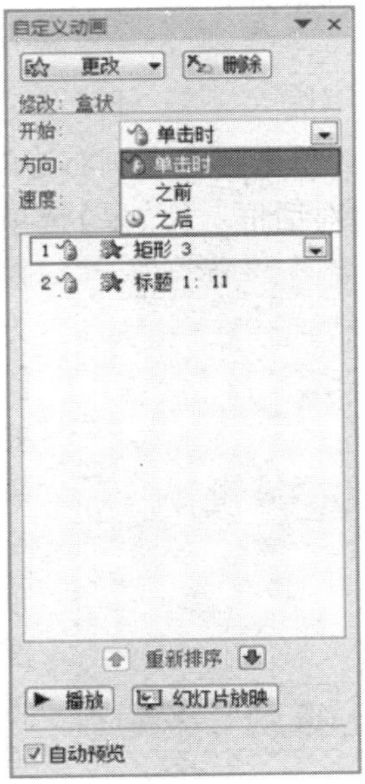

图 5-61 设置开始方式

③设置动画属性。当添加的动画为【强调】、【退出】和【动作路径】时，通过【属性】下拉列表可以设置动画进入时的【方向】、【显示比例】等属性，如图 5-62 所示。

④设置播放速度。在【速度】下拉列表框中可以设置动画播放速度的快慢，如图 5-63 所示。

⑤调整播放顺序。若要调整动画的播放顺序，只需在动画列表中，用鼠标向上或向下拖动相应动画至合适的位置，或者单击【重新排序】两边的上/下箭头即可，如图 5-64 所示。

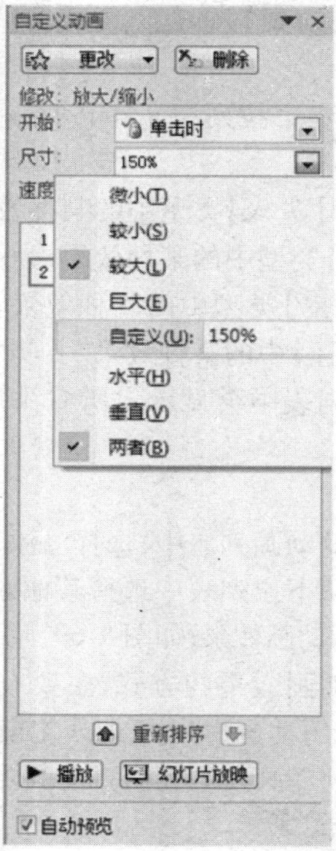

图 5-62　设置动画属性

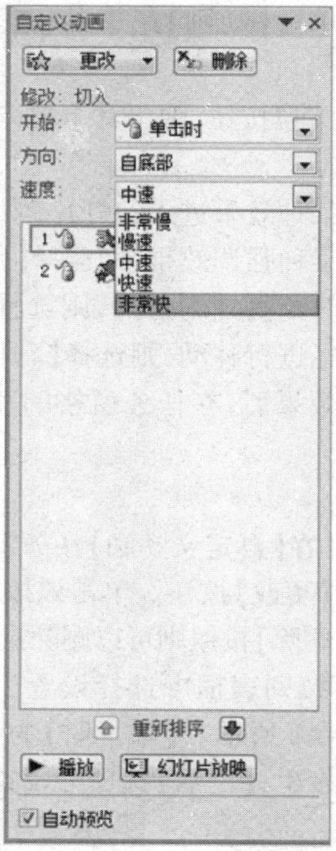

图 5-63　设置播放速度

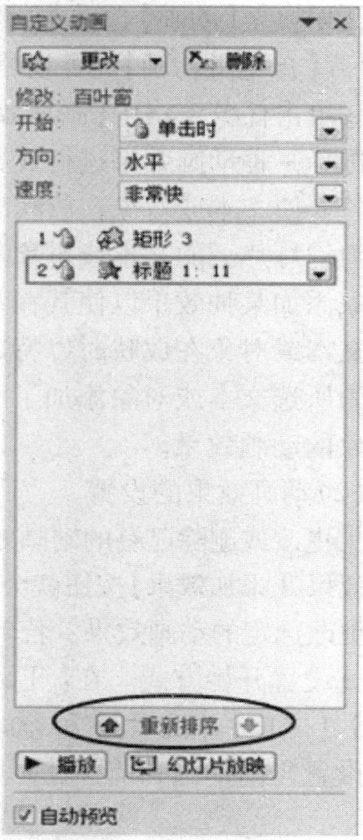

图 5-64　调整播放顺序

⑥设置效果选项。单击选定动画右边的下拉箭头，在下拉列表中选择【效果选项】命令，打开如图 5-65 所示的对话框。【效果】选项卡：设置动画的属性、动画放映时的声音和动画播放后的效果等；【计时】选项卡：设置动画的开始方式、延迟时间、速度快慢以及重复播放的次数等；【正文文本动画】选项卡：设置文本的放映方式，主要有【作为一个对象】、【所有段落同时】或【按照某级段落】。

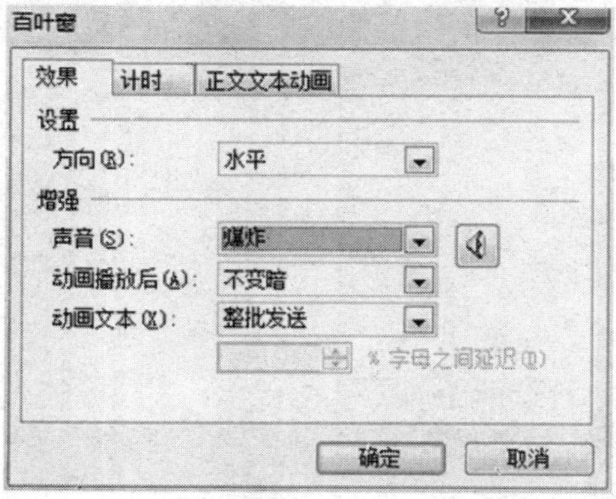

图 5-65　【效果选项】对话框

⑦编辑动作路径。在幻灯片中选中需要编辑顶点的动作路径控制线，单击鼠标右键，弹出如图 5-66 所示的快捷菜单。从快捷菜单中选择【编辑顶点】命令，此时在路径控制线上出现编辑顶点。将鼠标指针指向某个编辑顶点，按住鼠标左键，将其拖动到合适的位置释放鼠标即可。

如果要添加编辑顶点，则用鼠标右键单击路径控制线，从弹出的快捷菜单中选择【添加顶点】命令即可。编辑完成之后，在控制线之外的任意位置单击鼠标，即可退出路径顶点的编辑状态。

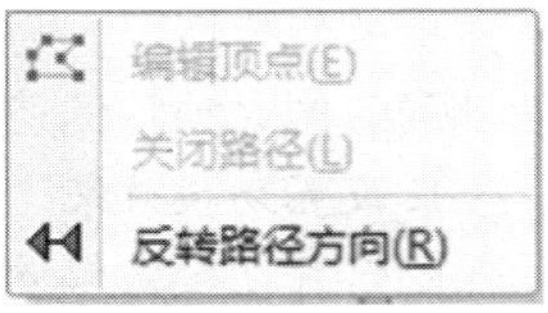

图 5-66 编辑动作路径

3. 绘制与设置动作按钮

①选择需要绘制按钮的幻灯片为当前幻灯片。

②切换到【插入】选项卡，在【插图】组中单击【形状】下拉按钮，在列表中选择动作按钮中的【开始】按钮。

③在幻灯片的合适位置单击，弹出【动作设置】对话框，如图 5-67 所示。若用户想单击动作按钮时跳转到某张幻灯片，则选择【超链接到】单选按钮，在其下拉列表中选择相应的幻灯片；若想单击动作按钮时运行某个应用程序，则选择【运行程序】单选按钮，单击【浏览…】按钮从中选择程序的可执行文件；若想通过动作按钮控制幻灯片中插入的声音或影片，则选择【无动作】单选按钮。这是以动作按钮控制影片为例进行设置。

④单击插入的影片对象，在【自定义动画】任务窗格中，单击【添加效果】→【影片操作】→【播放】。

⑤在动作列表中，单击【播放】动作的下拉按钮，从中选择【效果选项】，弹出【播放影片】对话框。

⑥单击【计时】选项卡中的【触发器】按钮，选择【单击下列对象时启动效果】下拉列表框中的【动作按钮:开始】，如图 5-68 所示。然后单击【确定】按钮。

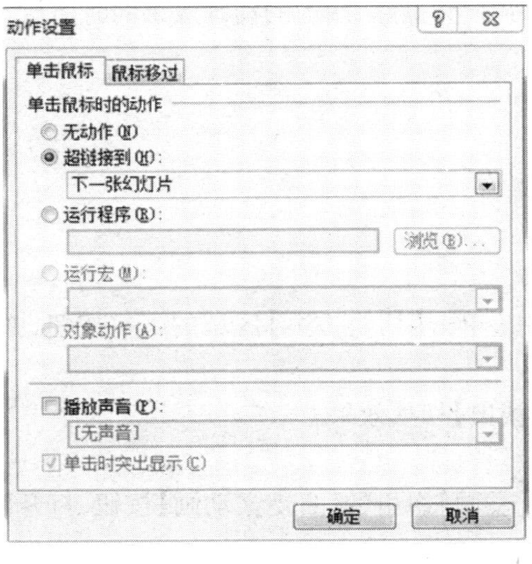

图 5-67 【动作设置】对话框

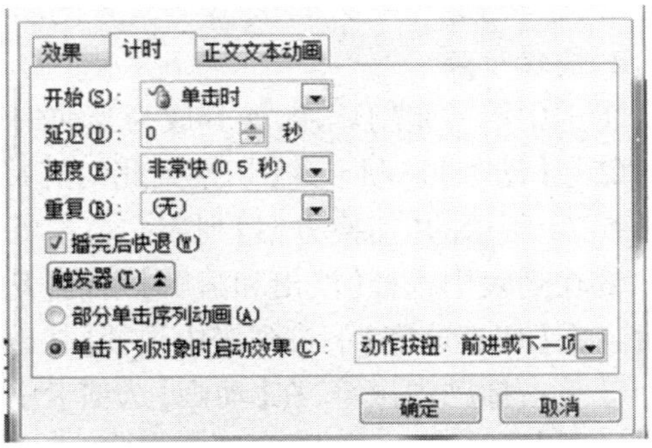

图 5-68 【触发器】设置

⑦用类似方法添加【结束】和【暂停】按钮。

添加完动作按钮，用户在放映幻灯片时就可以通过按钮来控制影片的播放、暂停和结束，对演示文稿的控制更加从容。

5.5.2 幻灯片的切换

幻灯片的切换方式指的是演示文稿在放映时，从一个幻灯片转换到另一个幻灯片时屏幕显示的变化情况。为幻灯片添加、设置切换效果,可以使幻灯片的转换过程显得更加自然、顺畅,同时独特的切换效果也能够加强对观众注意力的吸引。

1. 设置切换效果

幻灯片切换效果的设置步骤具体参见“本节练习”的①~④步操作。

2. 设置切换声音

在【切换到此幻灯片】组中单击切换声音下拉按钮,在声音列表中选择一种声音,即可在上一张幻灯片过渡到当前幻灯片时播放该声音。

图 5-69　设置幻灯片切换方式

3. 设置切换方式

系统默认的换片方式为手动切换,即【单击鼠标时】。若希望幻灯片自动切换,则可以选择【在此之后自动设置动画效果】复选框,并设置自动切换的时间间隔,如图 5-69 所示。

5.5.3 本节练习

对 5.4 节练习中的演示文稿进行动画设置,具体要求如下。

①设置第一张幻灯片的切换方式为从全黑淡出,速度快速。

②标题进入方式为切入并闪烁一次,速度中速。

③副标题进入方式为渐入,速度中速。

④将第三张幻灯片中的图片和标题的进入方式设为擦除,两者的动画效果同时播放。

1. 案例分析

本案例主要涉及以下知识点。

①设置幻灯片的切换方式。

②设置幻灯片中文本、图片等对象的动画效果。

2. 实现步骤

①选中第一张幻灯片,使其成为当前幻灯片。

②在【动画】选项卡的【切换到此幻灯片】组中,单击【切换方案】区域的下拉按钮,弹出如图 5-70 所示的【切换方案】列表。

③在列表中选择【淡出和溶解】组的【从全黑淡出】切换效果。

④在【切换速度】下拉列表中选择【快速】。

⑤单击标题占位符,在【动画】选项卡中单击【动画】组里的【自定义动画】按钮,打开【自定义动画】任务窗格,如图 5-71 所示。

⑥在【自定义动画】任务窗格中单击【添加效果】按钮,在弹出的菜单中选择【进入】→【其他效果】命令,打开【添加进入效果】对话框,如图 5-72 所示。在其中选择【切入】效果,然后单击【确定】按钮。在【自定义动画】任务窗格中的【速度】下拉列表中选择【中速】,如图 5-73 所示。同样方法添加标题的【闪烁】效果。

⑦重复步骤⑥,设置副标题的进入方式为渐入,速度为中速。

⑧选中第三张幻灯片中的图片,在【添加进入效果】对话框中选择【擦除】效果,单击【确定】按钮。同样方法设置标题进入方式也为【擦除】效果。

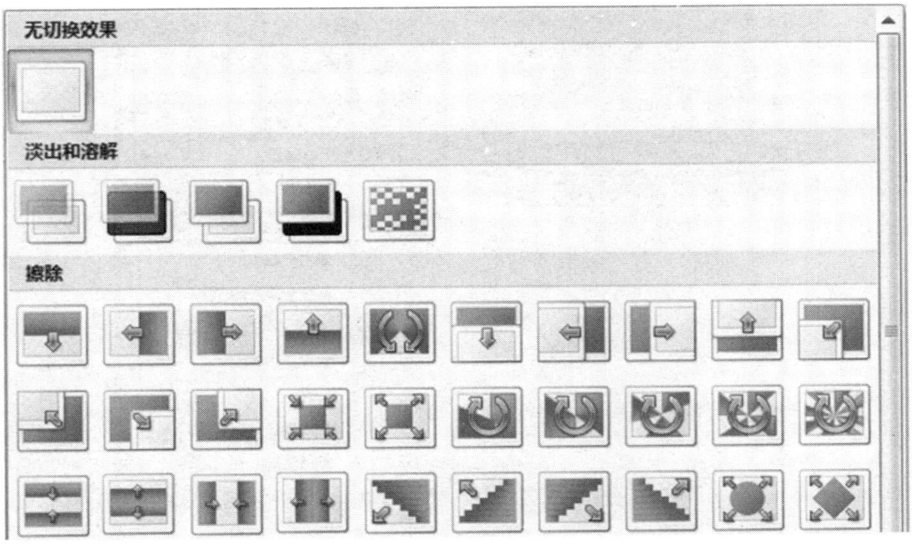

图 5-70 【切换方案】列表

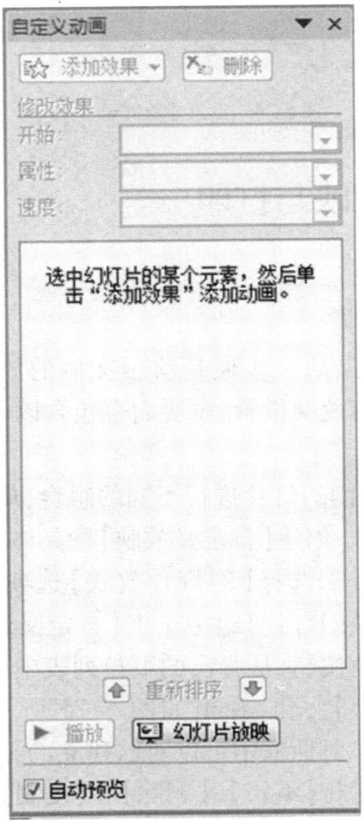

图 5-71 【自定义动画】任务窗格

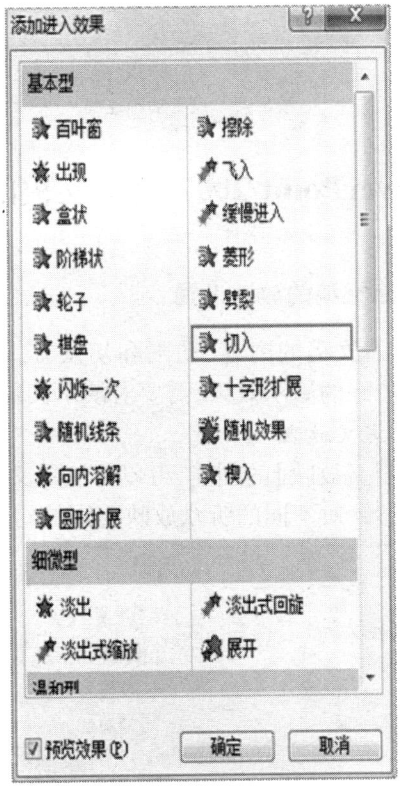

图 5-72 【添加进入效果】对话框

⑨在【自定义动画】任务窗格中展开标题动画选项菜单，选择【从上一项开始】命令，调整标题动画与图片动画同时播放，如图 5-74 所示。

图 5-73　设置动画速度

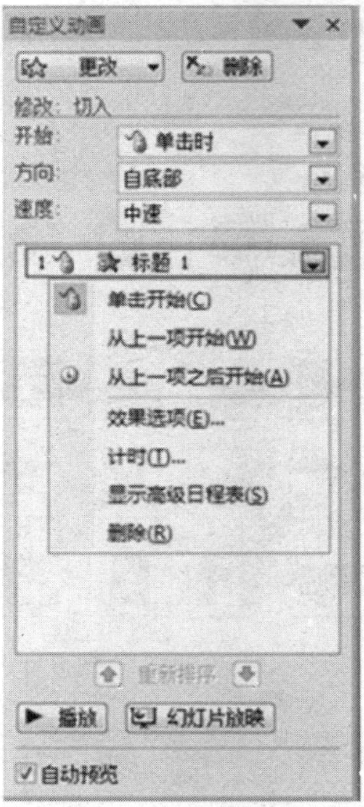

图 5-74　设置播放时机

5.6 PowerPoint 2007 演示文稿的放映与打印

5.6.1 演示文稿的放映设置

制作完演示文稿的内容、动画和切换方式后，最后一步便是演示文稿的放映。在放映时，为了达到较好的演示效果，需要对演示文稿进行放映设置，主要内容包含以下几个方面。

1. 创建自定义放映

通过【自定义放映】的创建，可以将演示文稿中的幻灯片进行不同的组合，从而在同一演示文稿中，能够针对不同的听众放映不同的幻灯片。创建【自定义放映】的具体步骤如下。

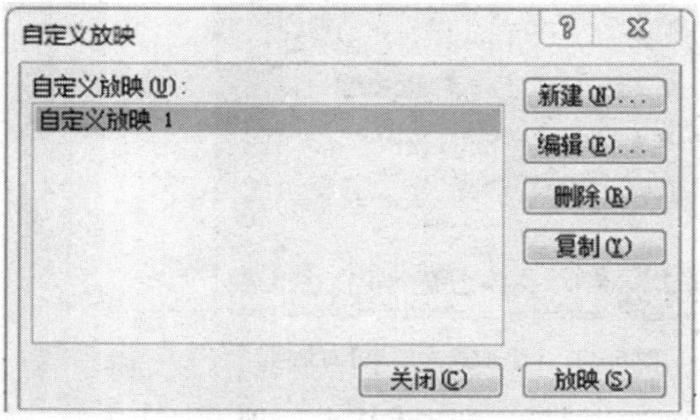

图 5-75　【自定义幻灯片放映】对话框

①选择【幻灯片放映】选项卡，在【开始放映幻灯片】组中单击【自定义幻灯片放映】下拉按钮，从弹出的下拉列表中单击【自定义放映】按钮，弹出如图 5-75 所示的对话框。在该对话框中可以对已建立的某个自定义放映进行【编辑】、【删除】和【复制】等操作。

②单击对话框中的【新建】按钮，弹出如图 5-76 所示的【定义自定义放映】对话框。

③在【在演示文稿中的幻灯片】区域中，

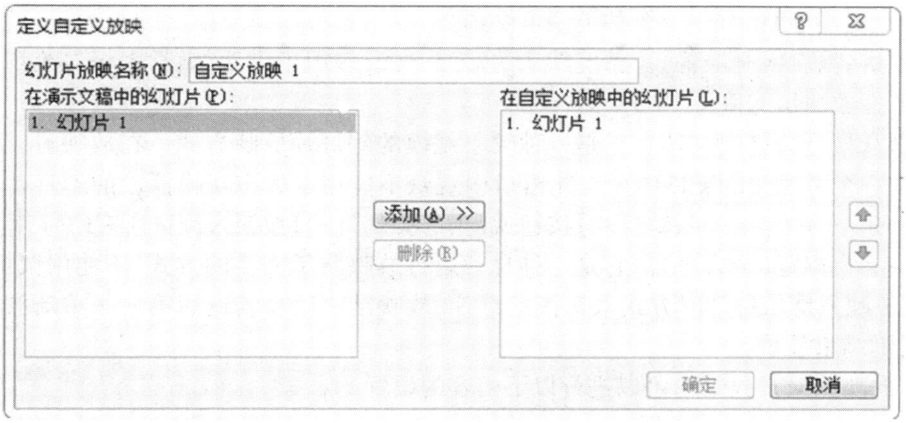

图 5-76 【自定义放映】对话框

选择需要放映的幻灯片的标题，并单击【添加】按钮将其添加到【在自定义放映中的幻灯片】区域中，在这里可以对所选幻灯片进行放映顺序的调整，如果想取消某张幻灯片的放映，还可以将其从这个区域删除。

④重复步骤③，直至添加完所有需要放映的幻灯片。

⑤在【幻灯片放映名称】文本框中输入自定义放映的名称，单击【确定】按钮，返回【自定义放映】对话框。

⑥单击该对话框中的【放映】按钮，将看到定义放映的幻灯片。

2. 设置放映方式

在【幻灯片放映】选项卡的【设置】组中单击【设置幻灯片放映】按钮，弹出【设置放映方式】对话框，如图 5-77 所示。

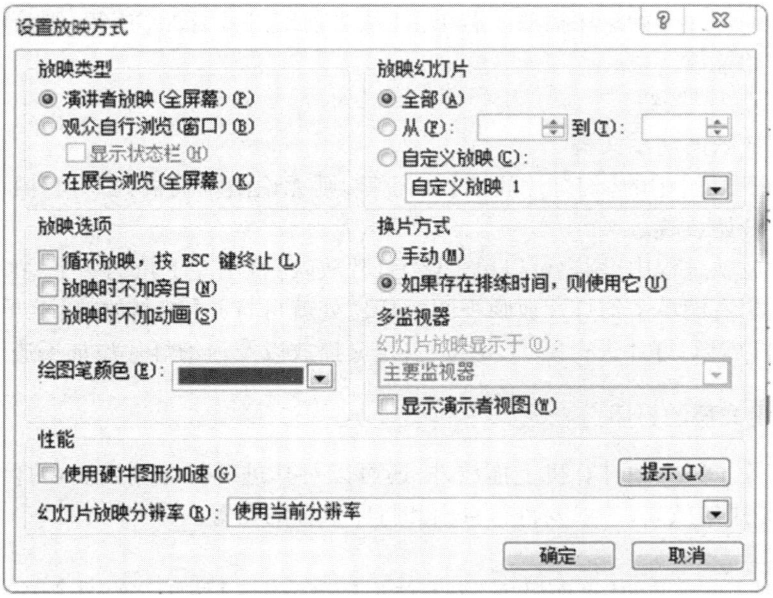

图 5-77 【设置放映方式】对话框

在【放映类型】区域中有3种类型可供选择。

①演讲者放映(全屏幕)。系统默认的播放方式,多用于讲课、做学术报告等场合,供演讲者自行播放演示文稿。

②观众自行浏览(窗口)。它是一种较小规模的幻灯片放映方式。在放映时,演示文稿会出现在一个可缩放的窗口中。在此窗口中观众不能用鼠标来切换播放的幻灯片,但可以通过滚动条下方的【下一张幻灯片】按钮或【上一张幻灯片】按钮来浏览所有幻灯片。

③在展台浏览(全屏幕)。它是一种自动运行放映演示文稿的方式,不能用鼠标激活任何菜单,放映只能依赖计时方式来切换幻灯片,放映结束后自动返回第一张重新放映,直至按【Esc】键结束放映。

在【放映选项】区域中,可以进行以下内容的设置。

①循环放映,按【Esc】键终止。该设置会使幻灯片连续循环播放,直至按【Esc】键结束。

②放映时不加旁白。在幻灯片放映中不播放任何旁白声音。

③放映时不加动画。在幻灯片放映过程中不带动画效果,适合快速浏览。

④绘图笔颜色。在幻灯片放映过程中添加墨迹注释时的绘图笔颜色。

在【放映幻灯片】区域中,可以设置放映全部幻灯片或者有选择地进行播放。

在【换片方式】中,如果想通过单击鼠标或键盘进行切换,则选择【手动】,否则选择另一个单选按钮。

3. 幻灯片放映

在计算机上放映演示文稿的操作方法有如下两种。

(1)使用功能区按钮

①打开拟放映的演示文稿。

②单击【幻灯片放映】选项卡,在【开始放映幻灯片】组中单击【从头开始】按钮,则演示文稿从第一张幻灯片开始顺序播放。若单击【从当前幻灯片开始】按钮,则演示文稿从当前所选幻灯片开始播放。

(2)使用视图栏按钮

①打开拟放映的演示文稿。

②单击【视图栏】中的【幻灯片放映】按钮,则无论演示文稿处于何种视图下,总是从当前的幻灯片开始放映。

在幻灯片放映过程中,用户可以单击【幻灯片放映】视图左下角的一个隐约可见的按钮,或者直接用鼠标右键单击幻灯片放映视图的任意处就可打开【控制放映】菜单。在【控制放映】菜单中,可以对幻灯片进行翻页、定位、自定义播放以及为幻灯片添加墨迹注释等操作。

5.6.2 演示文稿的打印

演示文稿除了在本地计算机上播放外,还可以对其进行打印输出。在打印演示文稿之前,为了达到预想的效果,一般要进行页面和打印参数的设置。

1. 页面设置

①在【设计】选项卡的【页面设置】组中单击【页面设置】按钮,弹出【页面设置】对话框,如图5-78所示。

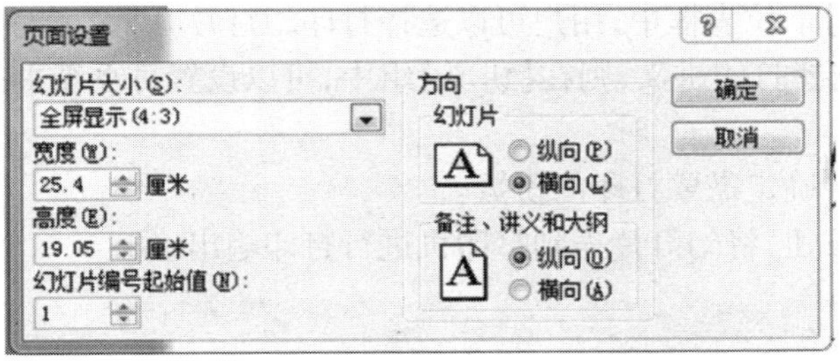

图 5-78 【页面设置】对话框

②在【幻灯片大小】下拉列表框中选择相适应的大小和纸张，也可以通过宽度和高度两个微调框自定义幻灯片的大小。

③在【幻灯片编号起始值】微调框中输入幻灯片的起始编号。

④在【方向】组中可以设置幻灯片、讲义、备注和大纲以纵向或横向进行显示。

2. 打印参数设置

页面设置完成之后，就可以对打印机、打印份数及打印范围等参数进行设置，具体步骤如下。

①单击【Office 按钮】图标，从其下拉列表中选择【打印】命令，弹出如图 5-79 所示的【打印】对话框。

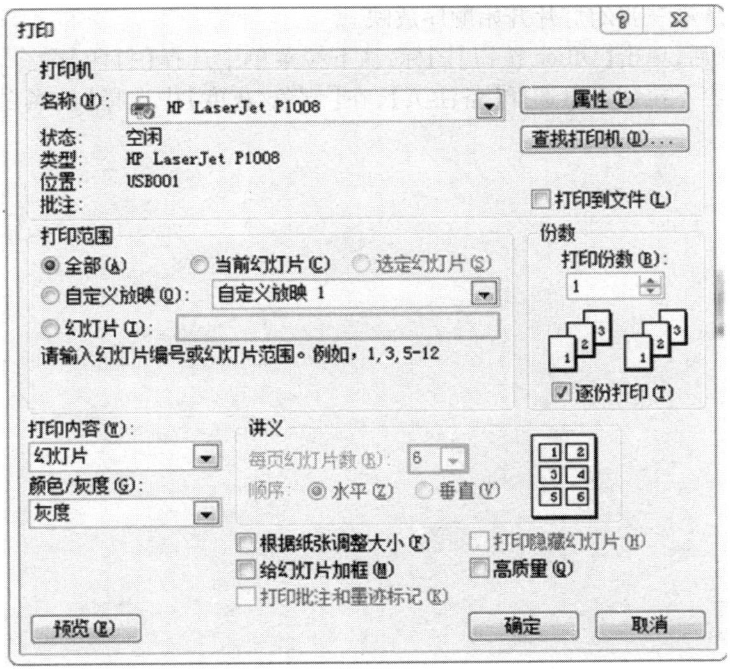

图 5-79 【打印】对话框

②在【名称】下拉列表框中选定所使用的打印机。

③在【打印范围】组中，从【全部】、【当前幻灯片】、【幻灯片】等单选按钮中选定一项，对所有幻灯片、当前选定幻灯片和连续或不连续的多张幻灯片进行打印。

④在【打印内容】下拉表框中，用户可以选择打印幻灯片、讲义、备注页或大纲。

⑤如果第④步选择打印讲义，则在【讲义】组中，可以设置每页纸中打印几张幻灯片及其排列顺序。

⑥在【份数】组中确定需要打印的份数。

⑦单击【确定】按钮，将幻灯片送到打印机进行打印输出。

5.6.3 本节练习

播放5.5节练习中的演示文稿，使其从第三张幻灯片开始顺序放映，最后以纯黑白的样式打印备注页。

1. 案例分析

本案例主要涉及以下知识点。

①从指定页放映演示文稿。

②按备注页打印演示文稿。

2. 实现步骤

①打开演示文稿。

②在幻灯片窗格中选中第三张幻灯片。

③单击【幻灯片放映】选项卡，在【开始放映幻灯片】组中单击【从当前幻灯片开始】按钮，则演示文稿从第三张幻灯片开始顺序放映。

④放映结束后，单击【Office 按钮】图标，从下拉菜单中选择【打印】命令，弹出【打印】对话框，在打印内容下拉列表里选择【备注页】，在【颜色/灰度】中选择【纯黑白】，单击【确定】按钮进行打印。

第6章 计算机网络及网络安全

本章要点

- □ 明确计算机网络的发展、基本概念、分类及组成。
- □ 掌握计算机的拓扑结构。
- □ 理解Internet的基本概念。
- □ 掌握网络协议以及网络的接入方式、IP地址。

本章首先对计算机网络的定义、发展做了简要的说明，然后对网络的软硬件组成、协议和体系结构做了阐述，接着对Internet的应用和相关操作做了详细的介绍。

6.1 计算机网络概述

6.1.1 计算机网络的产生与发展

计算机网络的发展过程是计算机与通信的融合过程。计算机网络萌芽于20世纪60年代,20世纪70年代中期至20世纪80年代得以发展并实现了网络互联,20世纪90年代出现了网络计算和因特网(Internet)。

计算机网络从产生到发展,总体来说可以分成4个阶段。

第一阶段:20世纪60年代末到20世纪70年代初为计算机网络发展的萌芽阶段。

其主要特征是:为了增加系统的计算能力和资源共享,把小型计算机连成实验性的网络。第一个远程分组交换网叫ARPANET,是由美国国防部于1969年建成的,第一次实现了由通信网络和资源网络复合构成计算机网络系统。ARPANET是这一阶段的典型代表,标志计算机网络的真正产生。

第二阶段:20世纪70年代中后期是局域网络(LAN)发展的重要阶段。

其主要特征是:局域网络作为一种新型的计算机体系结构开始进入产业部门。局域网技术是从远程分组交换通信网络和I/O总线结构计算机系统派生出来的。1976年,美国Xerox公司的Palo Alto研究中心推出以太网(Ethernet),它成功地采用了夏威夷大学ALOHA无线电网络系统的基本原理,使之发展成为第一个总线竞争式局域网络。1974年,英国剑桥大学计算机研究所开发了著名的剑桥环局域网(Cambridge Ring)。这些网络的成功实现,一方面标志着局域网络的产生,另一方面,它们形成的以太网及环网对以后局域网络的发展起到导航的作用。

第三阶段:整个20世纪80年代是计算机局域网络的发展时期。

其主要特征是:局域网络完全从硬件上实现了ISO的开放系统互联通信模式协议的能力。计算机局域网及其互连产品的集成,使得局域网与局域互连、局域网与各类主机互连,互连,以及局域网与广域网互连的技术越来越成熟。综合业务数据通信网络(ISDN)和智能化网络(IN)的发展,标志着局域网络的飞速发展。1980年2月,IEEE(美国电气和电子工程师学会)下属的802局域网络标准委员会宣告成立,并相继提出IEEE 801.5~802.6等局域网络标准草案,其中的绝大部分内容已被国际标准化组织(ISO)正式认可。作为局域网络的国际标准,它标志着局域网协议及其标准化的确定,为局域网的进一步发展奠定了基础。

第四阶段:20世纪90年代初至现在是计算机网络飞速发展的阶段。

其主要特征是:计算机网络化,协同计算能力发展以及全球互连网络(Internet)的盛行。计算机的发展已经完全与网络融为一体,体现了“网络就是计算机”的口号。目前,计算机网络已经真正进入社会各行各业,为社会各行各业所采用。另外,虚拟网络FDDI及ATM技术的应用,使网络技术蓬勃发展并迅速走向市场,走进平民百姓的生活。

6.1.2 计算机网络的概念及作用

1. 计算机网络的概念

计算机网络,是指将地理位置不同的具有独立功能的多台计算机及其外部设备,通过通信线路连接起来,在网络操作系统、网络管理软件及网络通信协议的管理和协调下,实现资源共享和信息传递的计算机系统。这里的计算机严格讲是一个工作节点,因为计算机可以入网,其他信息设备(如打印机等)也可以入网。在计算机网络的工作节点之间,数据可以互相交流,还可以使用对方的软硬件资源等。

具体地讲,网络是将所有的工作节点组织集合起来。工作节点可以是终端机、打印机、个人计算机、工作站或是大型计算机主机等,它们之间通过网卡、利用各种不同材质的网络线作为传输媒介、根据不同的拓扑结构连接而成。至于数据在网络上的传输,是根据不同的通信协议(所谓协议,是指通信双方事先约定的通信规则的集合)标准,根据协议规则将数据分成不同格式的信息包,再依照分组交换的方式或是其他方式来完成。

计算机网络具有以下特征:

①计算机是一个互连的计算机系统群体。这些计算机系统在地理上是分布的,可以在一个房间内、在一个单位的楼群里、在一个或几个城市里甚至在全国乃至全球范围。

②这些计算机系统是自治的,即每台计算机都可以独立工作,组网后它们在网络协议的控制下协同工作。

③系统互连要通过通信设施(网)来实现。通信设施一般都由通信线路、相关的传输和交换设备等组成。

④系统通过通信设施执行信息交换、资源共享、互操作和协作处理,实现各种应用要求。互操作和协作处理是计算机网络应用中更高层次的需求。它需要有一种机制能支持互连网络环境下的异种计算机系统之间的进程通信和互操作,实现协同工作和应用集成。

2. 计算机网络的作用

计算机网络的作用主要有以下几点:

(1)资源共享

充分利用计算机系统资源是组建计算机网络的主要目的之一。计算机的许多资源是非常昂贵的,包括一些特殊的外部设备和各种软件。有了计算机网络,这些昂贵的设备和丰富的软件就可以让多台计算机共享。资源共享更重要的意义在于数据共享。

(2)提高系统的处理能力

计算机网络的组建使得原来单机无法处理的事情,现在可以有数台计算机协同处理,从而提高了系统的处理能力。建立在计算机网络基础上的分布式数据库应用就是典型的例子。

(3)建立新的通信手段

公文可以通过计算机网络在瞬间到达各个办公室,若收件人不在,网络也会在他到来时及时地发给他。同时,计算机网络对这些文件的管理也十分方便和安全。

(4)提高系统的可靠性

当计算机网络中的某台设备出现故障时,不会影响整个网络的运行。借助网络设备冗余和数据备份的技术可以提高系统的可靠性。

6.1.3 计算机网络的分类

1. 按照网络拓扑结构划分

所谓计算机网络的拓扑结构就是把网络中的计算机和通信设备抽象为一个点,把传输

介质抽象为一条线,由点和线组成的几何图形。依照网络拓扑结构所呈现的形状,主要可分为下列几种:

①星型:如星星发光一样,以一个节点为主,往外放射排列,如图6-1a)所示。

②环型:各个节点像链子一样呈环形排列,如图6-1b)所示。

③总线型:各个节点像直线一样,按照一条主线,依次排列下去,所有节点均接到此主线上,如图6-1d)所示。

④阶层树型:各个节点像树枝一样由根部一直往叶部发展,一层一层犹如阶梯状,如图6-1c)所示。

⑤网型:各个节点像蜘蛛网一样互相连接,也可以说是上面几种结构的综合体,如图6-1e)所示。

图6-1给出多种网络拓扑形式,当然,常见的还是总线型、环型和星型。

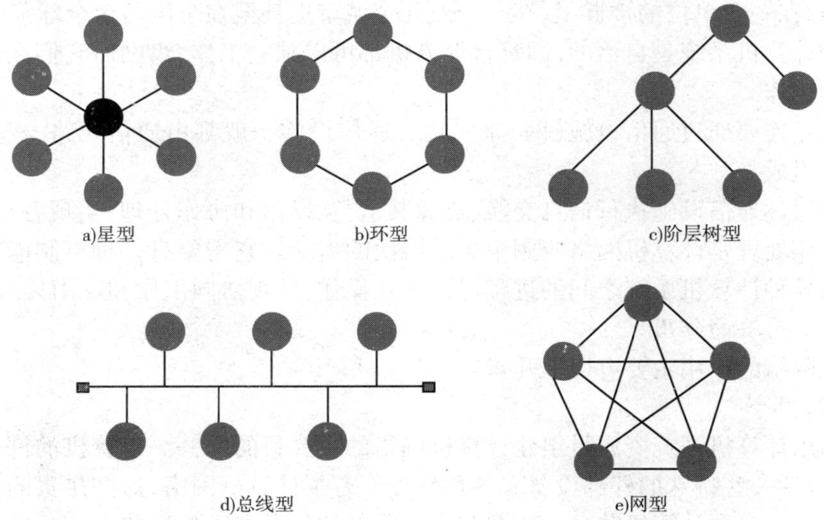

图6-1 各种网络拓扑结构

2. 按照网络连接方式划分

网络按照通信子网的结构可以分成两种:点对点通信和广播通信。

①点对点通信。其特点是一条线路连接一对主机。两台主机常常要经过几个节点相连接,信息的传输采用存储转发方式。这种信道组成的通信子网常见的拓扑结构有:星型、树型、回路型、相交回路型、全连接型和不规则形式等拓扑结构。

②广播通信。其特点是只有一条可供所有节点共享的信道。任一节点所发出的数据都可以被所有其他节点所接收。当然信道需要有一定的访问控制机制。由这种信道构成的通信子网的拓扑结构可以有以下几种形式:总线型、环型、卫星或无线广播通信方式。

3. 按照地域范围划分

从计算机系统之间互连距离和网络分布地域范围的角度来看,可以将计算机网络分为局域网、城域网和广域网等。

①局域网。规模限定在较小的区域内(一般小于10km的范围)。如企业内部互联网、家庭内部两台以上计算机连接而成的网络都是局域网。

②城域网。规模局限在一座城市的范围内(大致在10~100km的区域)。如杭州市城域网。

③广域网。网络跨越城市、国界、洲界甚至全球范围。广域网的典型代表是因特网。

4. 按照网络组建属性划分

一个计算机网络,根据其组建、经营和用户,特别是它的数据传输和交换系统的拥有性,可以分为公用网和专用网两类。

公用网是由国家电信部门组建、经营管理、提供公众服务的网络。任何单位部门甚至个人的计算机和终端都可以接入公用网,利用公用网提供的数据通信服务设施实现本行业或个人的业务。例如,ChinaNet是中国电信面向全国范围提供网络服务的公用网。

专用网往往是由一个政府部门或一个公司等组建经营,未经许可其他部门和单位不得使用,其组网方式可以是利用公用网提供的"虚拟网"功能或自行架设的通信线路。例如,CERNet(China Education and Research Network)就是教育部建设的面向全国教育系统和科研单位的专用网。

6.1.4 局域网技术基础

局域网是涉及最多的工作网络环境,几乎所有的办公网络环境都离不开局域网。

1. 局域网的概念及特点

局域网(LAN)的全称为局部区域网络。在较小地理范围内,利用通信线路把数据设备连接起来,实现彼此之间的数据传输和资源共享的系统称为局域网。它是目前应用最广泛的一类网络,比较适合于连接公司、办公室或工厂里的个人计算机和工作站,以便资源的共享(如共享打印机)和信息的交换,因此广泛应用于各种专用网、办公自动化、工业控制及数据处理等。局域网的主要特点如下:

①网络覆盖的地理范围比较小。通常不超过几十公里,甚至只在一幢建筑或在一个房间内。

②信息的传输速率比较高,不同类型的局域网,速率从10Mbps到1000Mbps不等。

③时延和误码率都比较小,误码率一般在10^{-8}~10^{-10}之间。

④传输介质较多,既可用通信线路(如电话线),又可用专线(如同轴电缆、光纤、双绞线等),还可以用无线介质(如微波、激光、红外线)等。

2. 局域网的组成

局域网由硬件和软件两大部分组成。

(1)局域网的硬件

局域网的硬件主要包括:服务器、工作站、网络适配器(又称网卡)、中继器、桥接器、路由器、网关、集线器、交换机、传输介质及附属设备等。

①服务器。

服务器(Server)是网络的核心控制计算机,主要作用是管理网络资源和协助处理其他设备提交的任务,它拥有可供共享的数据和文件。服务器通常选用性能较好的计算机,其处理能力、内存、外存等都可能配置得很高,其供电系统也较好,这样可以保持长时间不间断运行。通常网络中可以有一台服务器,也可以有多台服务器。服务器从外形看有很多种,如台式、刀片式、机架式等，如图6-2所示。其在网络中担当什么角色，主要看其中安装什么软件。网络操作系统主要运行在服务器上。

a)台式服务器　　b)刀片式服务器　　c)机架式服务器

图6-2　各种服务器示意图

②工作站。

工作站（Work Station）是网络用户的工作终端，一般是指用户计算机。网络工作站通过网卡向网络服务器申请获得资源后，用自己的处理器对资源进行加工处理（也可以由服务器协助处理，将加工结果返回到网络工作站），将信息显示在屏幕上或把处理结果送回到服务器。

③网络适配器。

网络适配器（Adapter 或 NIC：Network Interface Card）也称网卡。为了将网络各个节点连入网络中，需要用网络接口设备在通信介质和数据处理设备（计算机）之间进行物理连接，这个网络接口设备就是网卡。网卡通常插在计算机的扩展槽中（或内置在主板上）。网卡与传输电缆的连接有多种类型的插口，如细缆插口、双绞线插口（RJ45）等。

网卡的作用非常重要，其主要功能有：

a. 信息包的封装和拆封。

b. 网络传输信号生成。

c. 地址识别。

d. 网络访问控制。

e. 数据校验。

网卡还有很多作用，例如数据转换、数据缓存、网线连接固定等。网卡可以是独立的硬件卡，也可能被制作在计算机主板上，如图6-3所示。

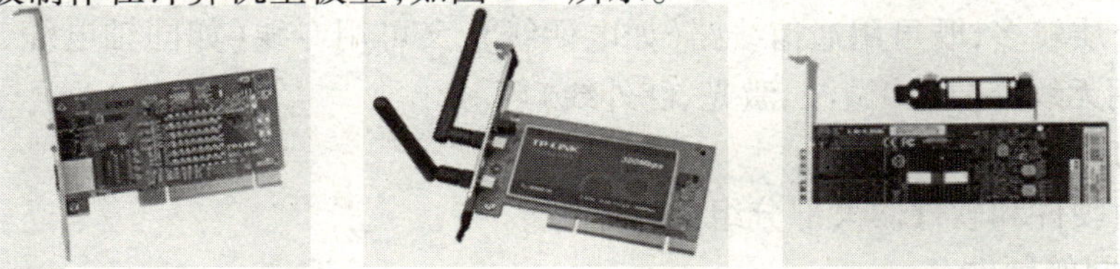

a)双绞线网卡　　b)无线网卡　　c)光纤网卡

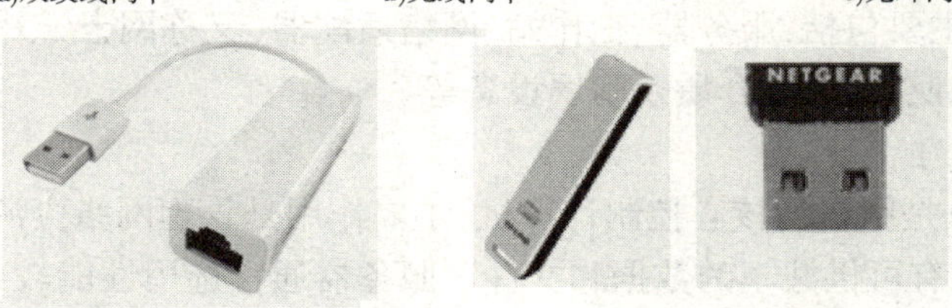

d)USB有线网卡　　e)USB无线网卡

图6-3　常见的网卡实物图

④中继器。

中继器(Repeater)的主要作用是用来对信号进行加强和整形,因为信号在传输一段距离后一定会衰减失真,所以必须要用中继器来增强和整形信号,使信号的传输距离得以延伸并被接收方正确地接收。中继器不具有信号过滤功能,它是有什么信号就传输什么信号,完全原封不动地传送,如图6-4所示。

a)双绞线中继器　　b)光纤中继器　　c)一种远程中继器

图6-4　中继器实物图

⑤桥接器。

桥按器(Bridge)也称网桥。桥接器通常用来连接若干个网络,这些网络一般运行相同的通信协议,至于网络的拓扑结构和传输介质等是否相同则没有关系。如桥接器的一端为同轴电缆系统,另一端可以是光纤系统,只要两端运行的协议相同即可。桥接器具有过滤信号的功能,因为它可以根据硬件地址来判断此数据包是否要传递到另一端,所以,桥接器可以有效地隔离或控制两端数据的交通量,以增强网络功能,如图6-5所示。

⑥路由器。

路由器(Router)是网络互连的关键设备,它可以完成从信息发出机器到信息接收机器之间的最佳信息传输路径的计算和确定工作。路由器的主要工作就是为经过路白器的每个数据包寻找一条最佳传输路径,并将该数据包有效地传送到目的站点。路由器中运行着不同的路由软件和路由协议。路由器是互联网的主要节点设备。路由器通过路由决定数据的转发。转发策略称为路由选择,这也是路由器名称的由来。路由器的处理速度是网络通信的主要瓶颈之,它的可靠性则直接影响着网络互连的质量,如图6-6所示。

以太网网桥

图6-5　网桥实物图

a)路由器　　b)无线路由器

图6-6　路由器实物图

⑦网关。

网关(Gateway)的功能基本上与路由器类似,但比路由器的功能更强,它主要用于连接两个不同体系的网络,其最主要功能是协议转换。网关所提供的软件可以将某一协议的数据包格式加以改装,转换成另一协议的数据包格式,让两端的网络系统能彼此认识达成连接，如图 6-7 所示。

⑧集线器。

集线器(HUB)是用来综合网络系统的一个设备，它比较适合于在网络设备集中的地方使用。校园网的各个机房大都使用集线器来简化布线工程。由于集线器在功能上的限制，在现在的组网中基本上已经不使用了，如图 6-8 所示。

⑨交换机。

交换机(Switch)是一种基于网卡硬件地址(MAC 地址)识别，能完成封装转发数据包功能的网络设备。在计算机网络系统中，"交换"概念的提出改进了共享工作模式。交换机在同一时刻可以进行多个端口对之间的数据传输。每一个端口都可视为独立的网段，连接在其上的网络设备独自享有全部的带宽，无须同其他设备竞争使用。当节点 A 向节点 D 发送数据时，节点 B 可同时向节点 C 发送数据，而且这两个传输都享有网络的全部带宽，都有着自己的虚拟连接。假使这里使用的是 10Mbps 的以太网交换机，那么该交换机这时的总流通量就等于 20Mbps，而使用 10Mbps 的共享式 HUB 时，一个 HUB 的总流通量也不会超出 10Mbps，如图 6-9 所示。

图 6-7　网关实物图

图 6-8　16 口 TP-LINK 集线器

图 6-9　16 口 D-LINK 交换

⑩网络传输介质。

传输介质总体上可以分为有线和无线两种，有线传输介质包括双绞线、同轴电缆和光纤。

a. 双绞线。由两根各自封装在彩色塑料皮内的铜线互相扭绞而成的，扭绞的目的是使它们之间的干扰最小。多对双绞线外面有一层保护套，构成双绞线电缆，通过相邻线对之间变换的扭矩，可使同一电缆内各线对之间的干扰最小。双绞线分屏蔽型和非屏蔽型两种类型。屏蔽型是在非屏蔽型外面再加上一个由金属丝编织而成的屏蔽层，以提高其抗电磁干扰能力。双绞线可用于传输模拟信号，也可用于传输数字信号。电话线是双绞线的一种。双绞线的带宽取决于铜线的粗细和传输距离，如图 6-10 所示。

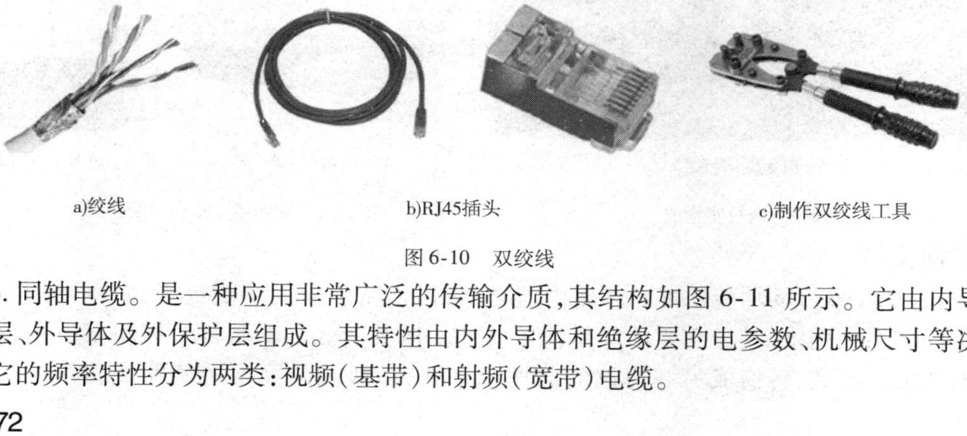

a)绞线　　b)RJ45插头　　c)制作双绞线工具

图 6-10　双绞线

b. 同轴电缆。是一种应用非常广泛的传输介质，其结构如图 6-11 所示。它由内导体、绝缘层、外导体及外保护层组成。其特性由内外导体和绝缘层的电参数、机械尺寸等决定。根据它的频率特性分为两类：视频(基带)和射频(宽带)电缆。

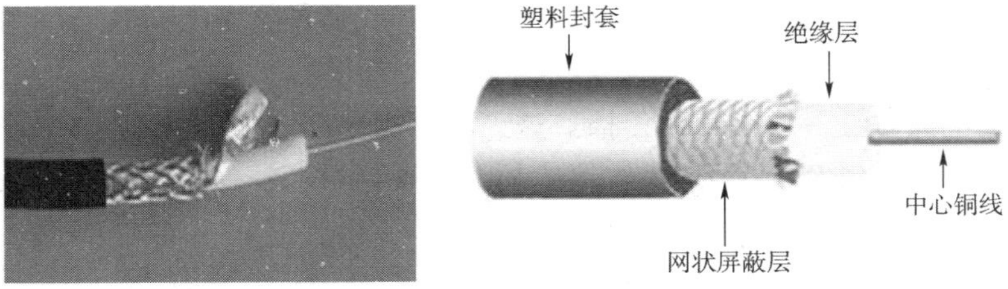

图 6-11　同轴电缆结构示意图

基带同轴电缆可用于数字信号的直接传输；宽带同轴电缆用于传输高频信号，利用多路复用技术可在一条同轴电缆上传送多路信号。

c. 光纤。是有线传输介质中性能最好、最具发展前途的一种。光纤是一种直径为 50 ~ 100μm 的、柔软的、能传导光波的介质，它由玻璃或塑料构成，其中使用超高纯度石英玻璃制作的光纤具有最低的传输损耗。在折射率较高的单根光纤外面再用折射率较低的包层包住，就可以构成一条光通道，外面再加一个保护套，即构成一根单芯光缆，将多条光纤放在同一个保护套内，就构成了光缆光纤，其结构如图 6-12 所示。

图 6-12　光纤和光纤收发器

光导纤维通过内部的全反射来传输光信号，其传输过程如图 6-13 所示。由于光纤的折射系数高于外部包层的折射系数，因此可使光波在纤芯与包层界面上产生全反射。以小角度进入光纤的光波沿纤芯以反射方式向前传播。

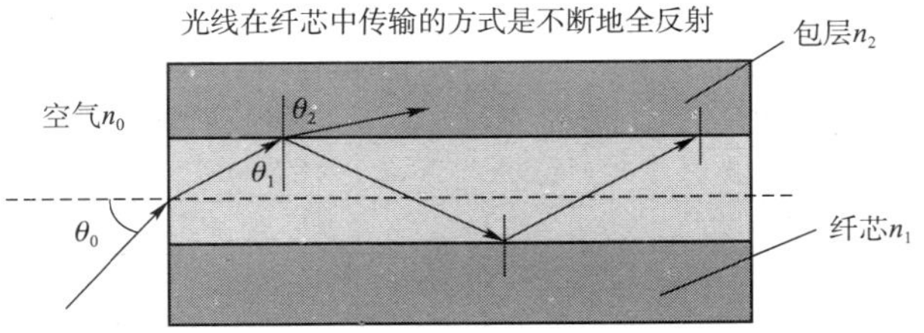

图 6-13　光导纤维传输过程

光纤分为多模和单模两类。多模光纤允许一束光沿纤芯反射传播；而单模光纤只允许单一波长的光沿纤芯直线传播，在其中不产生反射。单模光纤直径小，价格高；多模光纤直径大，价格便宜，但单模光纤性能优于多模光纤。光纤具有频带宽、损耗小、数据传输速率高、误码率低、安全保密性好等特点，因此是一种最有发展前途的有线传输介质。

d. 无线传输介质。无线传输是利用大气作为传输介质。目前主要采用 3 种无线传输介质：微波、红外线和激光。

微波信道的频率范围通常认为是 2 ~ 40GHZ。由于频带宽、数据传输速率高，对于不同建筑物之间的局域网互联特别适用。目前，微波传输已在无线局域网技术中得到了广泛的应用。微波的特点是直线传播，由于地球的表面是曲面，微波在地面进行远距离传输时，必须通过中继接力来实现。卫星通信也是利用了微波频带。由于卫星通信具有通信距离远、费用与通信距离无关、覆盖面积大、不受地理条件的限制、通信带宽大等优点，是国际干线通信的主要手段。

红外和激光也像微波一样沿直线传播。这三者都需要在收发之间有一条视线通路。三者对环境气候较为敏感，如对雨、雾、雷电等。相对来说，微波对一般雨和雾的敏感度较低。

(2)局域网的软件

局域网的软件主要包括网络协议软件、通信软件和网络操作系统等。网络协议软件主要用于实现物理层及数据链路层的某些功能；通信软件用于管理各个工作站之间的信息传输；网络操作系统是指网络环境上的资源管理程序，主要包括文件服务程序和网络接口程序。文件服务程序用于管理共享资源，网络接口程序用于管理工作站的应用程序对不同资源的访问。局域网的操作系统主要有：UNIX 操作系、Novell Netware 操作系统、Microsoft windows 操作系统等。

3. 局域网标准及原理

IEEE802 模型是美国电气和电子工程学会(IEEE)为了使局域网标准化而创建的。该模型是在遵循 ISO/OSI 参考模型的基础上，对最低两层即物理层和数据链路层制定规程。早在 1980 年 2 月，该委员会就设立了专门的局域网课题研究组，简称 IEEE 802 委员会。

IEEE 将 OSI 模型的数据链路层分割为两个子层：逻辑链路控制子层 LLC(Logical Link Control)和介质访问控制子层 MAC(Medium Access Control)，如图 6-14 所示。MAC 子层通常进行 MAC 帧的组装和拆卸工作、实现和维护各种 MAC 协议、比特差错检测、寻址等。IEEE 关于以太网和令牌环技术的规范应用于数据链路层的 MAC 子层。

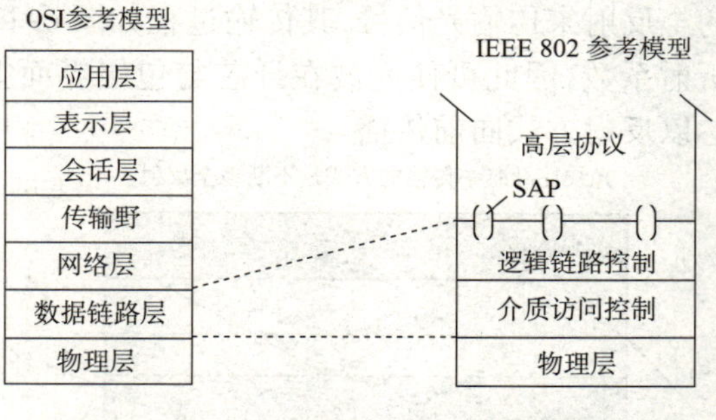

图 6-14 OSI 参考模型与 IEEE 802 模型的对应关系

4. 典型的局域网技术

常见的局域网主要有以太网和令牌环网两种，在我国使用最广泛的是以太网。

(1)以太网(Ethernet)

以太网是目前应用最广泛的一类基带总线局域网，是当今现有局域网采用的最通用的通信协议标准。以太网最初是由施乐(Xerox)公司在 20 世纪 70 年代开发的一种联网传输方法，它在一条 1 公里长的电缆上连接了 100 多个工作站，当时的传输速率只有 2.94Mbps。1980 年 9 月，施乐、英特尔(Intel)以及美国数字设备公司(DEC)联合提出了 10Mbps 以太网规约的第一个版本 DIX V1(DIX 是三个公司名称的缩写)。1982 年又修改为第二版规约，即 DIX Ethernet V2，成为世界上第一个局域网产品的规约。在此基础上，IEEE 802 委员会于 1983 年制定了第一个 IEEE 的局域网标准，被称作 IEEE 802.3 标准，数据传输率为 10Mbps。以太网经过多年的发展，已由原来的 10Mbps 发展到了今天的千兆、万兆位以太网。IEEE 802.3 在介质访问控制子层中采用的是带有冲突检测的载波监听多路访问(CSMA/CD)协议。

(2)令牌环局域网(Token Ring)

IEEE 802.5 标准定义了令牌环网规程,与以太网类似,令牌环是开放系统互连(OSI)模型中的逻辑链路控制(LLC)和物理层之间的一个介质访问控制(MAC)协议。令牌环介质访问控制技术最早开始于 1969 年贝尔实验室的 Newhall 环网。最有影响的令牌环网是 IBM Token Ring,IEEE 802.5 标准就是在它的基础上形成的。在 IEEE 802.5 标准中,要求物理层采用屏蔽双绞线作为传输介质,速率为 1Mbps 或 4Mbps。

6.1.5 计算机网络体系结构

结构化是指将一个复杂的系统设计问题分解成一个个容易处理的子问题,然后加以解决。层次结构是指将一个复杂的系统设计问题分成层次分明的一组组容易处理的子问题,各层执行自己所承担的任务。网络体系即为了完成计算机间的通信合作,把每台计算机互连的功能划分成有明确定义的层次,并规定了同层次进程通信的协议及相邻之间的接口及服务。网络体系结构是指用分层研究方法定义的网络各层的功能、各层协议和接口的集合。计算机网络体系结构是指计算机网络层次结构模型和各层协议的集合。

1. OSI/RM 体系结构

国际标准化组织 ISO(International Standard Organization)的开放系统互连参考模型 OSI/RM(Open Systems Interconnection Reference Model)实际上可以看作是网络协议的标准,它是以层次(Laver)观念为主,将网络体系结构分为 7 个层次,每个层次都有各自负责的功能,而且各个层次息息相关、环环相扣、互相提供服务。此 7 个层次如图 6-15 所示。

OSI的7层通信协议标准		
7	Application	应用层
6	Presentation	表示层
5	Session	会话层
4	Transport	传输层
3	Network	网络层
2	Data Link	数据链路层
1	Physical	物理层

图 6-15 OSI/RM 分层图

各层功能简介如下:

(1)物理层

物理层(physical layer)提供相邻设备间的比特流传输。它是利用物理通信介质,为上一层(数据链路层)提供一个物理连接,通过物理连接透明地传输比特流。所谓透明传输是指经过实际电路后所传送的比特流没有变化,任意组合的比特流都可以在这个电路上传输,但物理层并不知道比特的含义。物理层要考虑的是如何发送“0”和“1”,及接收端如何识别。

(2)数据链路层

数据链路层(data-link layer)负责在两个相邻的节点之间的线路上进行无差错地传送以帧为单位的数据,每一帧包括一定的数据和必要的控制信息,当接收点接收到的数据出错时,要通知发送方重发,直到这一帧数据无误地到达接收节点为止。数据链路层就是把一条有可能出错的实际链路变成让网络层看起来是一条不出错的链路。

(3)网络层

网络层(network layer)以分组为单位将数据从源节点传输到目的节点。处于不同网络中的两个计算机要进行通信,可能要经过许多个节点和链路,以及可能经过几个通信子网。网络层的任务就是要选择合适的路由,使发送站的传输层发下来的分组能够准确无误地按照地址找到目的站,并交付给目的站的传输层,这就是网络层的寻址功能。

(4)传输层

传输层(transportation layer)的任务是根据通信子网的特性最佳地利用网络资源,并以可靠和经济的方式为两个端系统(主机)的会话层之间,建立一条传输连接,透明地传输报文。传输层向上一层提供一个可靠的端到端的服务,使会话层不知道传输层以下的数据通信的细节。传输层只存在于端系统中,传输层以上的层就不再管信息传输的问题了。

(5)会话层

会话层(session layer)虽然不参与具体的数据传输,但它对数据进行管理,它向互相合作的表示层进程之间提供一套会话设施,组织和同步它们的会话活动,管理它们的数据交换过程,这里“会话”的意思是指两个应用进程之间为交换信息而按一定规则建立起来的一个暂时联系。

(6)表示层

表示层(presentation layer)提供端到端的信息传输,处理的是 OSI/RM 系统之间用户信息的表示问题。在 OSI/RM 中,端用户(应用进程)之间传送的信息数据包含语义和语法两个方面。

(7)应用层

应用层(application layer)是 OSI/RM 的最高层,应用层确定进程之间通信的性质以满足用户的需要;负责用户信息的语义表示,并在两个通信者之间进行语义匹配。也就是说,应用层不仅要提供应用进程所需要的信息交换和远程操作,而且还要作为互相作用的应用进程的用户代理,来完成一些为进行信息交换所必需的功能。

至于各层次间数据的传输都有一定的格式标准,只有彼此间互相认识,资料才能继续往下传输,否则网络就不通,如图 6-16 为协议的工作过程图。

2. TCP/IP 体系结构

TCP/IP(Transmission Control Protocol/Internet Protocol)是使计算机能互相通信的一组协议,是网络互联协议的一种标准。实际上,要实现网络的互联,有许多协议可以选用,而 TCP/IP 是使用最广泛的、业界公认的一种协议。这主要是由于 TCP/IP 是 Internet 上选用的协议,而 Internet 是世界上用户群最多的、规模最大的网络。如果一台计算机要在 Internet 上通信,就必须选用 TCP/IP,几乎所有厂商在涉及硬件和软件时,都是按照支持 TCP/IP 标准来考虑的。所以也可以说,TCP/IP 是 Internet 通信协议的标准。

TCP/IP 协议并不只是一个协议,它是许多协议的总称。当多个协议一起工作时,这一组协议统称为协议集或协议栈。TCP/IP 就是一个协议集,它包括 IP、TCP、ARP、ICMP、UDP、RIP、FTP、HTTP 等协议。

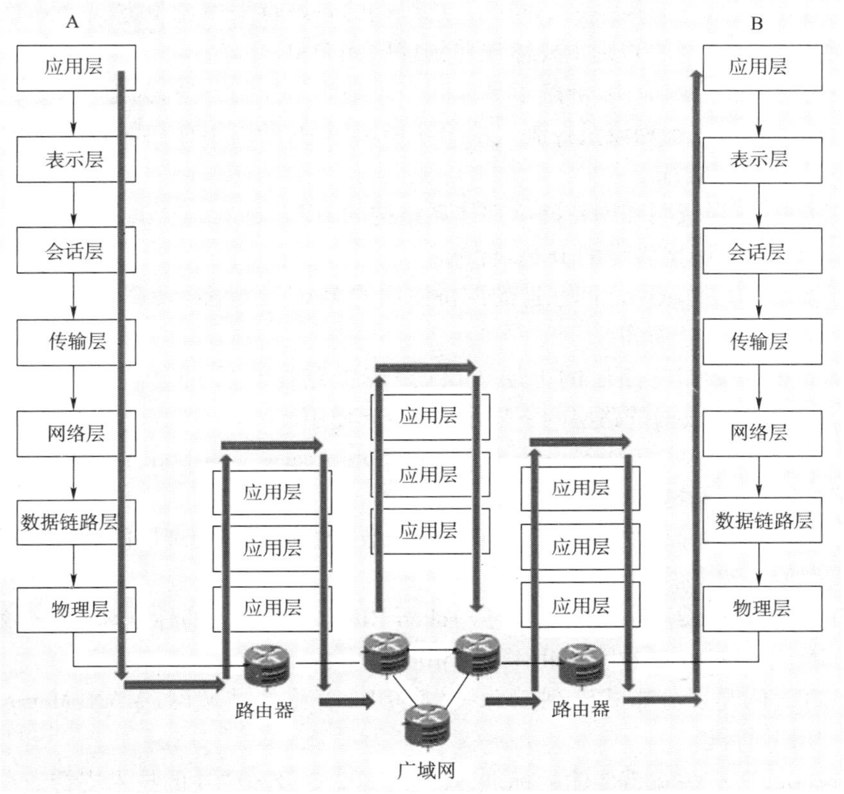

图 6-16 协议的工作过程图

TCP/IP 协议模型如图 6-17 所示。其中网络接口层负责提供 IP 数据报的发送和接收。互联网层(又称网络层)提供计算机间的分组传输,包括高层数据的分组生成、底层数据报的分组组装,以及处理路由、流量控制、拥塞等问题。传输层提供应用程序间的通信,包括格式化信息流、提供可靠传输。应用层提供常用的应用程序,如 HTTP 服务、SMTP 服务等。

3. IEEE 802 体系结构

局域网的结构主要以 IEEE 802 委员会定义的标准为主。局域网标准只定义了相当于 ISO/RM 中的最低两层,即物理层和数据链路层,如图 6-18 所示。

应用层:各种应用层协议
传输层:TCP和UDP
互联网层:IP、ICMP、ARP、RARP等
网络接口层:SLIP、PPP等

图 6-17 TCP/IP 协议模型

数据链路层	逻辑链路层(LLC)
	介质访问控制层(MAC)
物理层	物理层

图 6-18 IEEE 802 协议模型

物理层负责信号的编码和译码、前导码的生成和除去、比特的发送和接收等。数据链路层可以为两个子层:逻辑链路层(LLC)和介质访问控制层(MAC)。

MAC 层负责访问控制方式。局域网的拓扑结构和传输介质可以有多种形式,不同的拓扑结构和传输介质,其访问控制是不同的。总线型的各站点采用竞争方式,环形结构采用控制令牌等,所以说局域网的差别主要体现在物理层和 MAC 层。

LLC 层负责对高层的应用,屏蔽了具体的介质和访问控制方法,为连到局域网上的端系统提供端到端的差错控制和流量控制。由于在局域网中,所以不存在网络层的路由问题。

IEEE 802 主要标准如下:

①IEEE 802.1:局域网和因特网全部体系结构的 IEEE 标准。

②IEEE 802.1B:网络管理的 IEEE 标准。

③IEEE 802.1D:局域网之间互连的网桥使用的 MAC 层标准。802.1D 标准包含了 802.3、802.4 和 802.5 的互连标准。

④IEEE 802.2:数据链路层的上层子层(逻辑链路控制层)的标准。802.2 与 802.3、802.4 和 802.5 标准(数据链路层的下层子层)一起使用。

⑤IEEE 802.3:CSMAVCD(Carrier Sense Multiple Access with Collision Detection)的标准。以太网和星型网都遵循这种标准。

⑥IEEE 802.4:令牌总线协议(Token Bus)的数据链路层和物理层的标准。10Mbps 是这种标准的典型传输速度。

⑦IEEE 802.5:局域网协议的令牌环(Token Ring)存取方法的标准。它包含数据链路层和物理层标准。传输速度包括 16Mbps 和 4Mbps。

⑧IEEE802.6:是以分布式队列双总线(DQDB)著称的城域网(MAN,Metropolitan Area Network)的 IEEE 标准。

⑨IEEE 802.7:有关宽带传输的标准,及其对 802.3 及 802.4 的技术支持。

⑩IEEE 802.8:有关光纤传输的标准,及其对 802.3 及 802.4 的技术支持。

⑪IEEE 802.9:局域网络中有关声音和数据整合传输的标准。

⑫IEEE 802.10:有关局域网络的安全问题及相关标准制定。

⑬IEEE 802.11:无线局域网络相关标准制定。

6.2 Internet 技术

6.2.1 Internet 概述

最大的国际互联网络——因特网(Internet),最初是由美国国防部高级研究计划局(DARPA)在 20 世纪 60 年代出于军用目的而计划开发的。在 1969 年,DARPA 组建了 Internet 的前身 ARPAnet 网,并连接了一些大学和研究所。ARPAnet 通过通信线路实现了计算机和计算机的互联,其基本宗旨就是实现资源共享。

在此之前,世界各地已经建立了一些小型的局域网,ARPAnet 的目的之一是将这些局域网连接起来。然而,这些局域网却往往采用不同的网络结构和数据传输规则(协议),如果要将它们连接起来，就必须要有一个统一的协议来实现数据通信。因此，在 20 世纪 80 年代初，美国国防部（Department of Defense，DoD）制定了 TCP/IP，而 ARPAnet 则采用它作为正式的网络通信协议。TCP/IP 协议是开放、简单和易于使用的。在 TCP/IP 的支撑下，网络的规模迅速扩大，最终形成世界上最大的计算机互联网络——Internet。

到了 20 世纪 90 年代，随着国际互联网的发展，TCP/IP 作为基础协议得到了广泛应用。如今，众多的网络硬件、软件产品都支持 TCP/IP，它已经成为网络互联的主要标准。TCP/IP 规范了网络上的所有通信设备，尤其是一个主机与另一个主机之间的数据往来格式以及传送方式。利用 TCP/LP 协议可以很方便地实现多个网络的无缝连接。

6.2.2 IP 地址

一台计算机要上网必须具备两大条件：网卡和 IP 地址。在 Internet 中，IP 地址实现了底层网络物理地址的统一。IP 地址可分为两部分：网络号和主机号，网络号用来标识网络，主机号则用于标识网络中的主机。IP 地址用来确定 Internet 上每台计算机的位置，路由器根据接收方的 IP 地址来进行路径选择。

1. IP 地址的基本概念

IP 地址采用了一种全局通用的地址格式，为全球的每一个网络和每一台主机分配一个唯一的 Internet 地址，以此屏蔽物理网络地址的差异。在 IPv4 标准中，IP 地址由 32 位二进制数组成，为了方便记忆，用“.”来做分隔，将 32 位二进制数分成 4 段，每一段包含 8 个二进制位（一个字节）。例如：11000100.10000001.00001000.01101100。

平时一般用点分十进制来表示 IP 地址，即把 IP 地址每 8 位组以十进制数的形式表示出来，每段取值在 0 – 255 范围内，所以，上述 IP 地址用点分十进制表示，则为：

196.129.8.108。

IP 地址唯一地标识了一台主机。一般情况下，IP 地址是唯一的，两台主机不应该有相同的 IP 地址。但可能存在这样的情况，一台主机同时联入了多个网络，这时，这台主机就可能有多个 IP 地址。

理论上计算，IPv4 标准可以允许有 2^{32}（超标 40 亿）个地址空间。因此，几乎可以为地球上三分之二的人提供一个地址。但事实上，随着 Internet 的发展，连入网络的设备越来越多，尤其当移动电话、PDA、智能电器也逐渐成为 Internet 终端时，很快就会产生 IP 地址不足的问题。IPv6 的出现就是为了解决 IPv4 中存在的 IP 地址制约问题。其重要的改进之一体现在扩展地址空间上，IPv6 将 IP 地址扩大到 128 位，为将来网络的发展提供了巨大的地址资源。

2. IP 地址的分类

Internet 由各个网络互联而成，而网络由主机互联而成。因此，一个 IP 地址由网络号（网络 ID）和主机号（主机 ID）构成。例如：

193.6.1.	200	131.106.	2.1	75.	13.78.29
网络 ID	主机 ID	网络 ID	主机 ID	网络 ID	主机 ID

IP 地址的网络号用来标识网络，主机号则用于标识网络中的主机。网络号的长度决定整个 Internet 中能包含多少个这样的网络，主机号的长度决定每个网络能容纳多少台主机。

Internet 组织定义了 5 类 IP 地址,以容纳不同大小的网络。不同的分类地址定义了哪些位用于表示网络 ID,哪些位用于表示主机 ID,同时也定义了可能的网络数目及每个网络中的最大主机数量。

(1)A 类地址

A 类地址用于主机数目非常多的大型网络。A 类地址的最高位为 0,接下来的 7 位表示网络 ID,剩余的 24 位表示该网络内的主机 ID。A 类地址第一个 8 位组取值在 1 ~ 126 范围内,而 127 作为一个特殊的网络 ID,用来检查 TCP/IP 协议工作状态,因此,共有 126 个 A 类网络。A 类地址的 24 位主机号理论上可以标识 1677216(2^{24})台主机,但由于主机号为 0 时表示网络地址,主机号全 1 时表示广播地址,这两个主机号不能用来标识主机,因此每个 A 类网络实际上可以容纳 1677214 台主机。

(2)B 类地址

B 类地址用于中型到大型的网络。B 类地址的最高两位为 10,接下来的 14 位表示网络 ID,剩余的 16 位表示主机 ID。14 位可变的网络号可以标识 16384(2^{14})个 B 类网络。B 类地址第一个 8 位组取值在 128 ~ 191 范围内。B 类地址的 16 位主机号理论上可以标识 65536(2^{16})台主机。由于主机号不能为全 0 或全 1,因此每个网络实际上可以容纳 65534 台主机。

(3)C 类地址

C 类地址用于小型本地网络。C 类地址的最高三位为 110,接下来的 21 位表示网络 ID,剩余的 8 位表示主机 ID。C 类地址第一个 8 位组取值在 192 ~ 223 范围内。C 类地址一共可以标识 2 097 152(2^{21})个网络。由于主机号不能为全 0 或全 1,每个网络最多可以容纳 254 台主机。

(4)D 类地址

D 类地址用于组播。D 类地址的最高四位为 1110。第一个 8 位组取值在 224 ~ 239 范围。在组播操作中,没有区分网络或主机位。每个地址对应一个组,发往某一组地址的数据将被该组中的所有成员接收。注意,只有注册了组播地址的主机才能接收到数据包。

(5)E 类地址

E 类是一个通常不用的实验性地址:它保留作为以后使用。E 类地址的最高四位通常为 11110;第一个 8 位组在 240 ~ 247 范围内。另外,第一个 8 位组在 248 ~ 254 范围内的 IP 地址暂无规定。

在 5 类地址中,A、B、C 是三个基本的类别。一个 IP 地址属于哪一类可以通过起始的一些标志位来识别,对应于 A、B、C 这三类地址的起始位分别为 0、10 和 110。在划分某个类的 IP 地址时,同一个网络中连接的计算机将具有相同的网络 ID 部分,而它们的主机 ID 部分则是不同的。

3. 子网划分

一个网络可以进一步划分为子网。子网的划分不仅可以提高 IP 地址的使用效率、带来管理上的方便,还可以隔离广播和通信,减少网络拥塞,有效控制网络安全。比如对于一个拥有较大规模网络的企业,可能各个下属业务部门又分别组建了 LAN,并通过路由器相互连接。如果它们同属于一个 TCP/IP 网络,共用同一个域名,当进行广播等大量数据传输时,通信线路有可能因拥塞而中断(如产生广播风暴)。此时,如果进行子网的划分,每个 LAN 是相对独立的,对于数据传输的控制效果会好得多。

子网是一个逻辑概念,为了将一个网络划分为若干个子网,一般采用借位的方式,从主机 ID 最高位开始借位变为新的子网号,所剩余的部分则仍为主机号,这使得 IP 地址的结构分为三部分:网络号、子网号和主机号。引入子网概念后,IP 地址的网络号加上子网号才能唯一地标识一个子网。带子网标识的 IP 地址结构如图 6-19 所示。

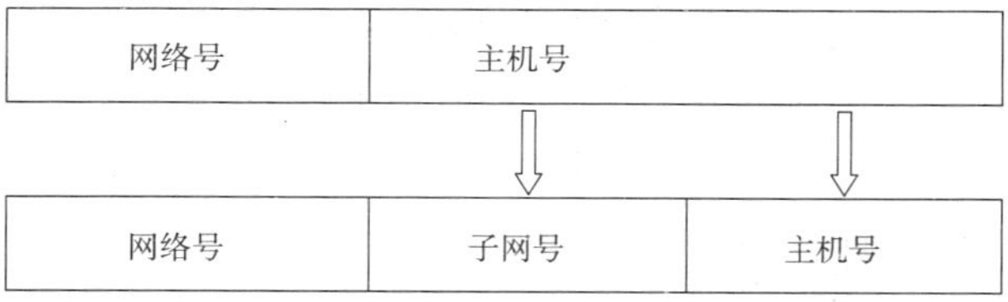

图 6-19 带子网的 IP 地址结构

当不同子网的主机需要通信时,就必须通过网关(具有路由功能的设备)。网关对于有效地运行 IP 路由非常重要。比如有网络 1 的主机 A 与网络 2 上的主机 B 通信,主机 A 发现数据包的目的主机 B 不在本地网络中,就把数据包转发给网络 1 的网关,再由网关转发给网络 2 的网关,网络 2 的网关再转发给主机 B。网络 2 向网络 1 转发数据包的过程也是如此。所以说,只有设置好网关的 IP 地址,TCP/IP 协议才能实现不同网络之间的相互通信。一台主机可以有多个网关,默认网关为 TCP/IP 主机提供同远程网络上其他主机通信时所使用的默认路由。

4. IP 地址的配置

如果一台计算机连接到了 Internet,不管是哪种机型,也不管是通过什么连接方式与 Internet 相连,以下两点可以确定:第一,这台机器在使用 TCP/IP 网络协议;第二,这台机器有一个唯一的 IP 地址。一般来说,TCP/IP 协议通常在安装操作系统的时候就一起安装了,或者通过一些功能模块进行安装和配置。计算机从 Internet 服务供应商(Internet Service Provider, ISP)获得 IP 地址,而 ISP 从上游服务提供商获得一组 IP 地址。这个 IP 地址分配树的顶端是三个区域性的登记中心,其中 APNIC(www. apnic. net)负责亚洲和太平洋地区,RIPE(www. ripe. net)负责欧洲,ARIN(www. arin. net)负责美洲和非洲的一部分。

5. IP 地址和 MAC 地址

MAC 地址也称物理地址或硬件地址。MAC 地址是由网络设备制造商生产时写在硬件内部的,与网络结构无关,一般不能更改。也就是说,具有 MAC 地址的硬件,如网卡、集线器、路由器等,不管接入网络的何处,它的 MAC 地址始终不变。

既然每个硬件设备在出厂时都有一个 MAC 地址,那为什么还需要为每台主机再分配一个 IP 地址?因为物理地址有两个特点:不一致性和不唯一性。不一致性是指不同的物理网络技术采用不同的编址方式;不唯一性是指在不同的物理网络中节点的物理地址可能重复。因此,Internet 在网络层完成地址的统一工作,将不同物理网络的地址统一到具有全球唯一性的 IP 地址上。

IP 地址虽然实现了底层网络物理地址的统一,但在 TCP/IP 体系中,并没有改变或取消底层的物理网络。最终数据还是要在物理网络上传输,而在物理网络上传输时使用的仍然是物理地址。因此,在底层环境中,如在网络接口层(数据链路层)中,需要根据IP地址查查找相应的MAC地址并进行数据传送。

TCP/IP提供了两个协议实现IP地址与物理地址之间的映射。其中,ARP用于从IP地址到物理地址的映射;RARP用于从物理地址到IP地址的映射。

6. IP地址与域名

在Internet上辨别一台主机的方式是利用IP地址。但是,对于一般用户来说,用数字标记的IP地址记忆起来不方便,也不好理解。尽管一些人有记忆数字的惊人能力,但是存在如此众多的IP地址,一般人要记住它们绝非易事。因此. TCP/IP专门设计了一种字符型的主机标识符机制,即用容易记忆的字符串来替代难记的数字,这就是域名。举例来说,访问兰州交通大学网站时,都会输入www. lzjtu. edu. cn,而很少有人会记住其对应的IP地址。由于在Internet上,在网络层上辨识机器的还是IP地址,所以当使用者通过应用程序发送域名后,应用程序给出的域名必须被转换成IP地址。由域名到IP地址的转换工作是由DNS(Domain Name System,域名系统)提供的。

6.2.3 Internet的接入方式

计算机网络的迅速发展实现了资源的共享和数据的交换,使我们可以更加迅速地了解和掌握身边的信息。为了使计算机发挥最大的作用,需要将它们接入Internet。

1. 有线网络的接入

(1)有线局域网的接入

计算机要接入局域网,必须要有一个属于自己的IP地址,IP地址分为动态IP(又称自动获得IP)和静态IP(又称固定IP)。动态IP是指计算机开机后自动从服务器获取的IP,每次的IP地址可能不一样;静态IP是指为计算机设定的一个固定的IP,其地址不会发生改变。无论动态IP还是静态IP均需要在计算中进行相关配置。

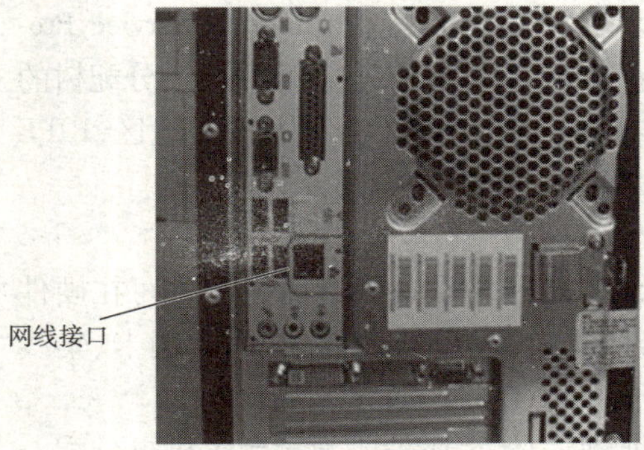

图6-20　台式机网线接口

一般的局域网接入分有线接入和无线接入两种,有线接入的形式下又可以分为静态IP地址和动态IP地址。计算机接入局域网需要的硬件设备是交换机或者路由器,详细步骤如下:

①将双绞线一端插到台式机的网卡接口上,如图6-20所示,双绞线的另一端接至交换机或路由器如图6-21所示,或者是连接到墙上的网络接口。

②网络连通后,在计算机桌面右击【网上邻居】,然后单击右键选择【属性】,会弹出网络连接的窗口,如图6-22所示。注意:当计算机安装好网卡和网卡驱动后,图6-22右边会有相关图标显示,例如图6-22中的两个图标,左边代表无线网络,右边代表有线网络,此时有线网络处于连接状态,无线网络处于断开状态。如果此处未显示任何图标,请认真检查是否已安装好网卡和网卡驱动。

③双击图6-22中的【本地连接】,然后在弹出的对话框中选中【Internet协议(TCP/

IP)】,如图6-23所示。然后单击【属性】,弹出另一对话框,如图6-24所示,填入IP地址、子网掩码、默认网关和首选DNS服务器(具体IP地址为多少,请咨询所在单位的信息中心或者网管),然后单击【确定】即可。如果是动态获取IP,则在图6-24中选择【自动获得IP地址】,如图6-25所示。如果是无线上网,设置方式详见【单位无线局域网接入】。

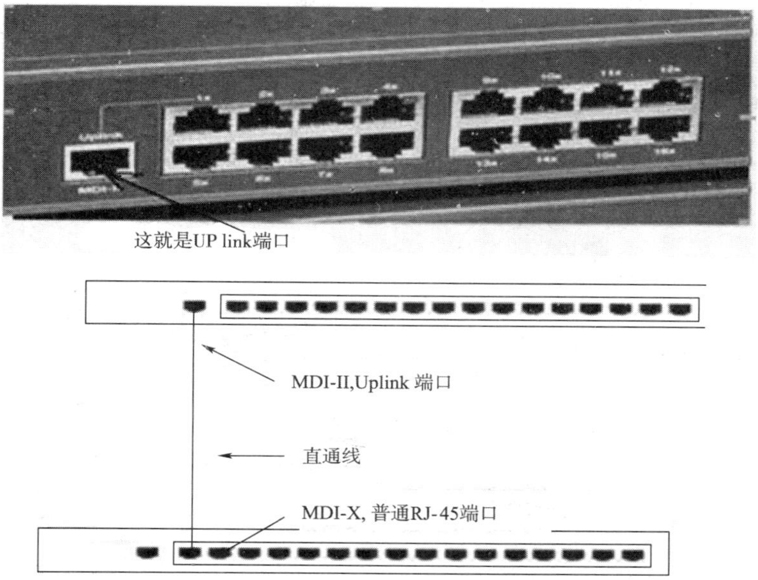

图6-21　交换机接口

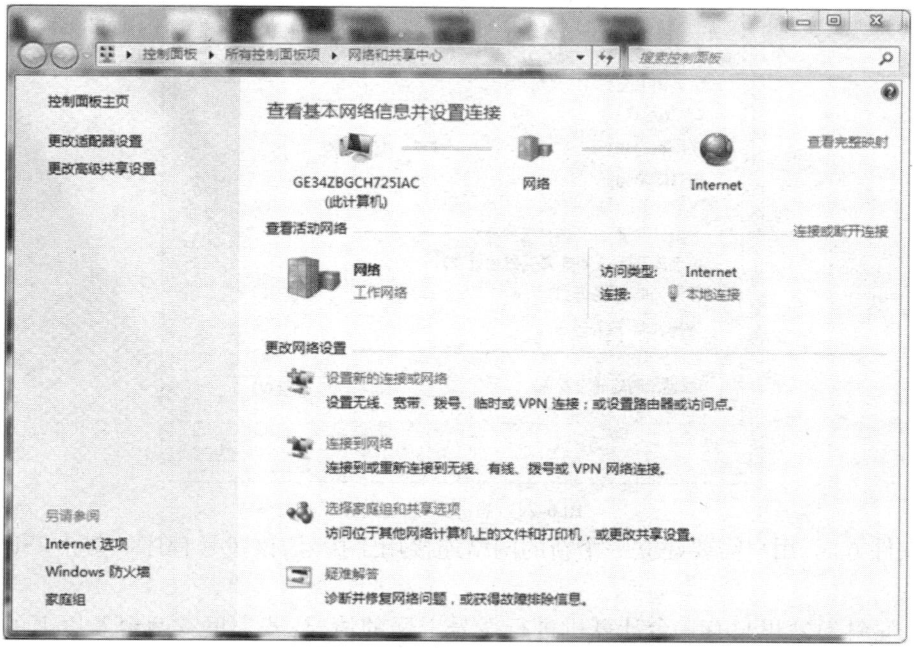

图6-22　网络连接窗口

(2)家庭计算机接入互联网

家庭用户上网目前多采用拨号上网,用户可根据实际需求向当地ISP申请。在进行拨号上网时需要一个硬件设备:Modem,就是俗称的“猫”。该设备一般由 ISP 提供,用一根双绞线将 Modem 和计算机相连,用另一根数据线将 Modem 和 ISP 提供的网络接口连接即可。

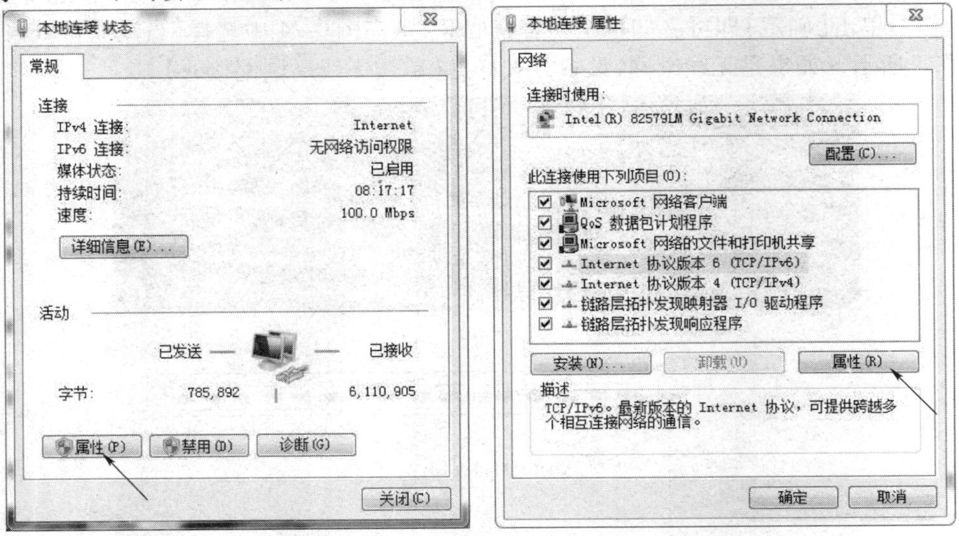

图 6-23　本地连接属性图

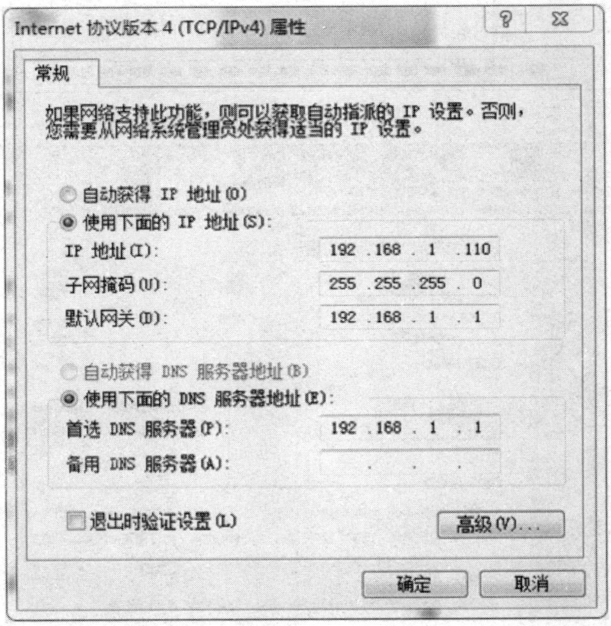

图 6-24　静态 IP 地址设置

在软件方面,用户需要建立一个新的网络连接用于拨号,该拨号程序一般由 ISP 工作人员来安装。

以上是针对家里只有一台计算机进行拨号上网的情况,若家里有两台及以上的计算机要同时上网,参见“家庭无线局域网的组建”,家庭无线局域网和有线局域网的组建很类似。

2. 无线网络的接入

以无线的方式接入局域网与以有线的方式接入局域网类似,唯一的区别是网卡类型发

生了改变。在以无线方式接入之前,要确保计算机上已安装好无线网卡和无线网卡驱动,详细步骤如下:

①将无线网卡接到主机上,并安装好网卡驱动。

②参照前面所讲的方法设置主机 IP 地址。注意,此时要在无线网络连接的图标上右键单击【设置 IP】。

③检查是否已经接入局域网络。其方法与有线方式接入局域网的检查方法相同。注意:此时要在无线网络连接的图标上双击打开无线连接状态对话框。

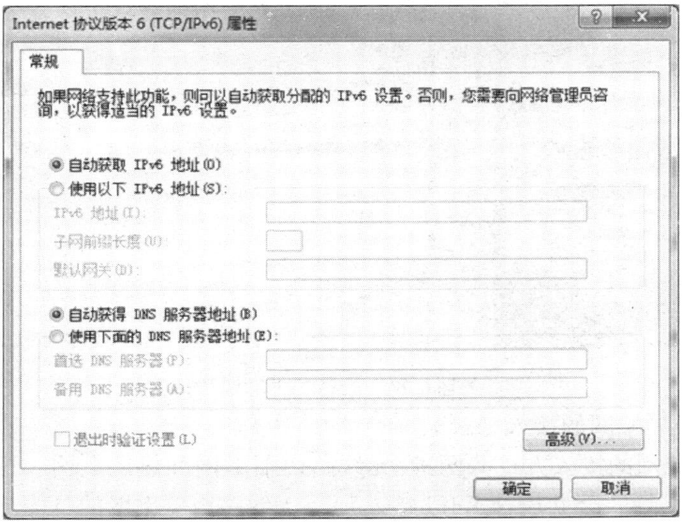

图 6-25　动态 IP 地址获取

无线上网方式分两种,一种是利用无线路由器上网,另一种是利用无线上网卡上网(参见"3G 无线网络接入"),前者需要计算机随时处于无线路由器的信号覆盖范围内,其连接方法参见"单位无线局域网的接入"。后者需要购买一张无线上网卡(注:无线上网卡与无线网卡不是同一种设备),无线上网卡直接与基站进行通信,只要有信号的地方均可以直接连入网,真正地实现了随时随地上网。

1)3G 无线网络接入

3G 无线上网是指利用 3G USB 无线上网卡进行上网的一种方式,如图 6-26 所示。无线上网卡是目前无线广域通信网络应用中广泛使用的上网介质,利用它的好处是真正实现了随时随地上网,只要有信号覆盖的地方均可以上网,例如在火车上,只要将上网卡插入笔记本内,就可以在整个旅途中上网。使用该方式上网首先需要到 3G 运营商处购买无线上网卡和开通无线账号。

图 6-26　3G USB 上网卡

如图 6-27 所示的无线宽带连接图,在该图中有 2 个连接项。

2)WIFI 的接入(热区无线网络的接入)

WIFI 拼音音译为"waifai"或"waifi",俗称无线宽带,英文全称为 wireless fidelity,在无线局域网的范畴是指"无线相容性认证",是一种无线联网的技术。以前通过有线的方式连接计算机,而现在则是通过无线电波来联网。常见的就是无线路由器,在无线路由器的电波覆盖的有效范围都可以采用 WIFI 连接方式进行联网,如果无线路由器连接了一条 ADSL 线路或者别的上网线路,则又被称为“热点”,被“热点”覆盖的区域称“热区”。所谓的热区无线网络是为了支持诸如机场、酒店大堂、茶馆和咖啡厅等公共环境下的便携机、手机和 iPad 等数据设备上网,通信公司往往会提供无线上网的环境,例如 ChinaNet。详细的使用方法见“公共场合 WIFI 的接入”。

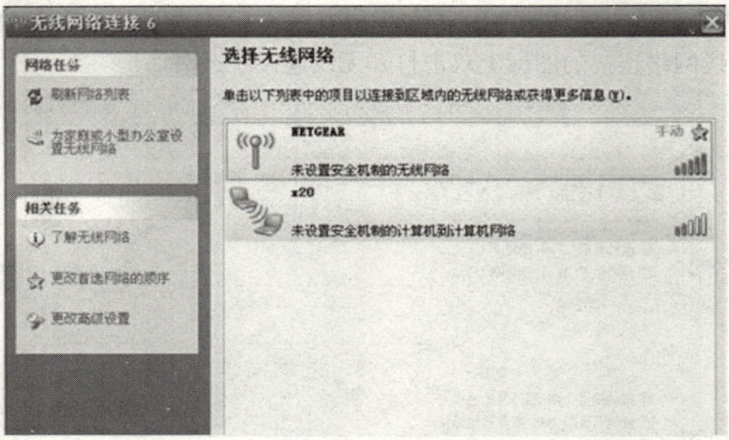

图 6-27　无线宽带连接图

(1)单位无线局域网的接入

单位无线局域网的接入方式分两种:无线路由器上网和热区上网。这里介绍无线路由器上网(热区上网详见“公共场合 WIFI 接入”)。无线路由器上网的具体步骤如下:

①打开计算机上的无线网卡开关,右键单击【网上邻居】选择【属性】,在图 6-28 中双击【无线网络连接】的图标,弹出【选择无线网络】的对话框,如图 6-29 所示。

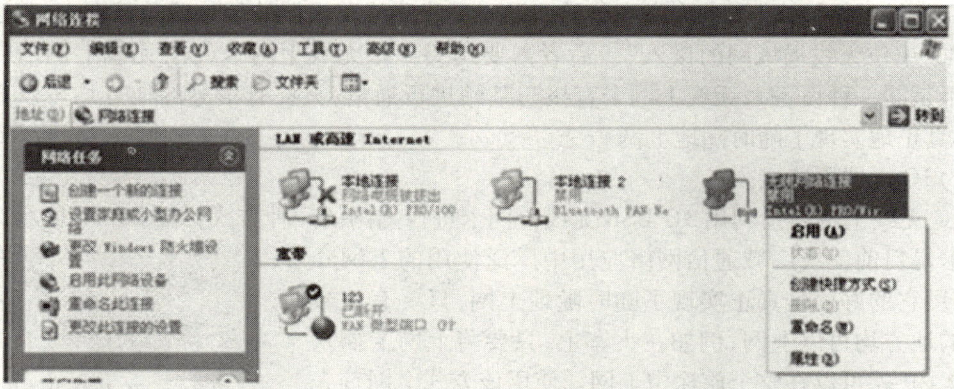

图 6-28　网络连接

②在图中选择用户所要连接的网络,一般的无线网络都设有密码(联系网络管理员获取无线网络连接密码),例如选择图中的“WGR614v6”,单击【连接】,如图 6-30 所示。

③在弹出的对话框里输入密钥,如图 6-31 所示;若密钥正确,计算机会自动连接到网络并自动获得 IP 地址,如图 6-32 所示。

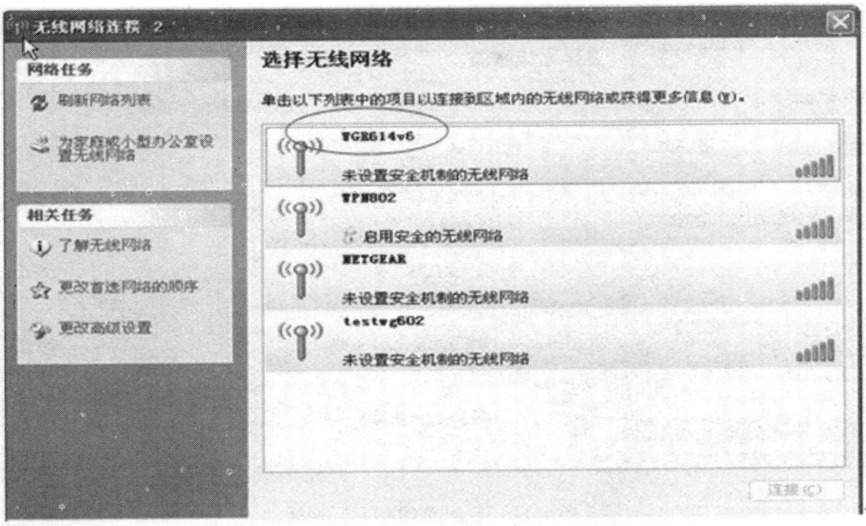

图6-29　选择无线网络

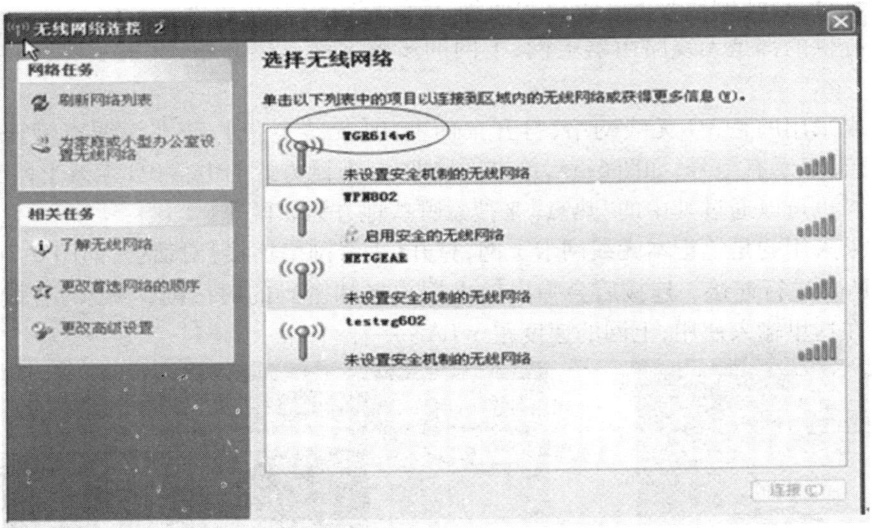

图6-30　选择“WGR614v6”

图6-31　输入密钥

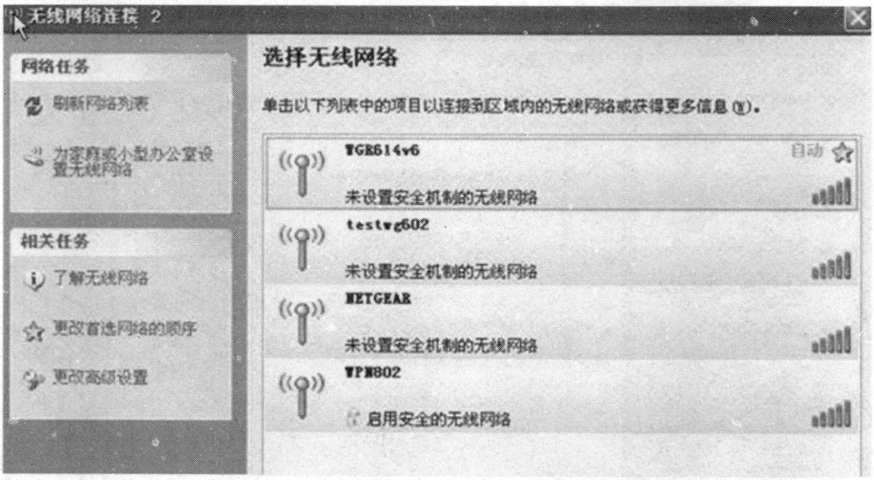

图 6-32　连上“WGR614v6”网络

（2）公共场合 WIFI 的接入

公共场合 WIFI 的接入方式也分为两种：无线路由器上网和热区无线上网，一般茶馆和咖啡厅等提供的都是无线路由器上网，上网的步骤上面已经介绍，这里主要介绍热区无线上网。

①如果采用的是 3G 无线网络，打开桌面上的【无线宽带】，若在无线宽带连接图中的【WIFI 连接】显示有信号，如图 6-33，单击连接即可，上网方式与电信 3G 无线上网类似，而且速度更快。也可以通过其中的“热点”来搜索哪些地方为热区。

②如果采用的是笔记本无线网卡上网，打开【无线网络连接】对话框，如图 6-34 所示，选择“ChinaNet”进行连接。连接后会弹出输入用户名和密码的对话框，一般的有线宽带的账号都可以在这里输入使用，上网的速度跟 WLAN 一样。

图 6-33　WIFI 连接图

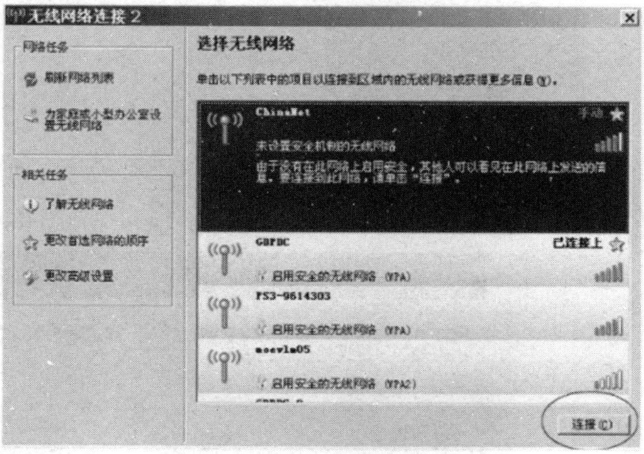

图 6-34　选择“ChinaNet”

（3）家庭无线局域网的组建

家庭无线网络的组建一般采用无线路由器以及宽带运营商提供的调制解调器和账号密码，如图 6-35 所示无线路由器。电话线与调制解调器相连，调制解调器通过网线与无线路由器的 WAN 口相连，无线路由器通过网线与计算机相连，然后启动无线路由器进行如下相关的软件设置。

图 6-35　无线路由器

①在浏览器中输入路由器地址以及采用的用户名和密码，具体可以查询路由器说明书，以 TP-LINK 的无线路由器为例，在地址栏里输入"http://192.168.1.1"，在弹出的登录框里输入用户名"admin"，密码也为"admin"，然后进入如图 6-36 所示的界面，在左边的任务栏里单击【设置向导】，如图 6-37 所示，单击【下一步】。

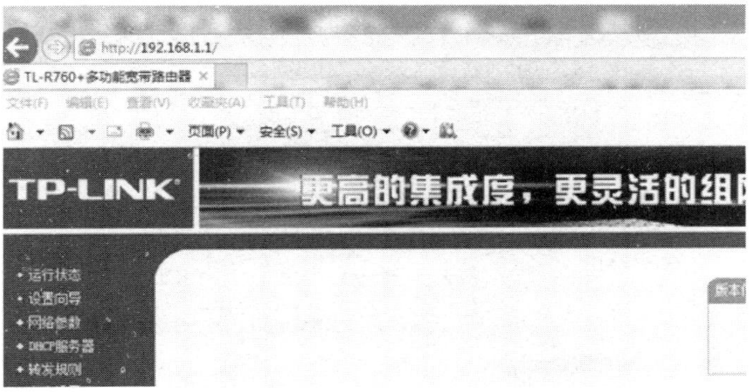

图 6-36　访问无线路由器

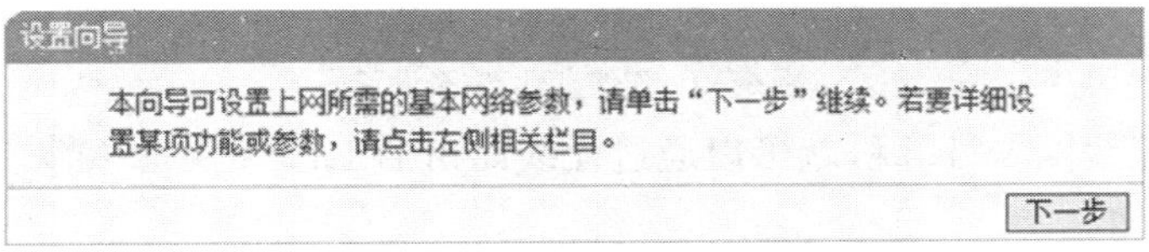

图 6-37　设置向导

②在图 6-38 中选择【PPPoE（ADSL 虚拟拨号）】，单击【下一步】，在图 6-39 中填入宽带上网的账号和密码，单击【下一步】。

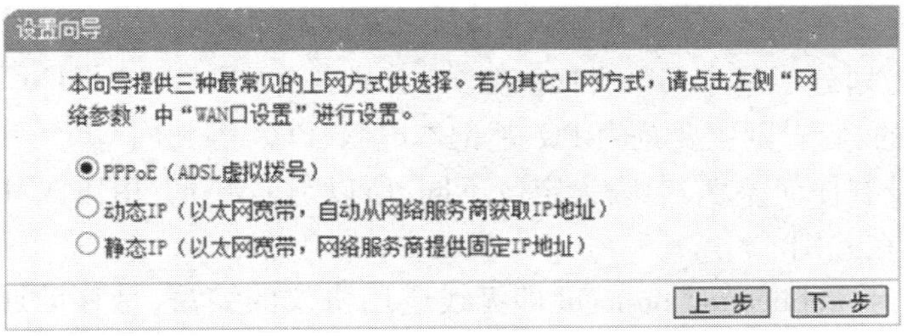

图 6-38　上网方式选择

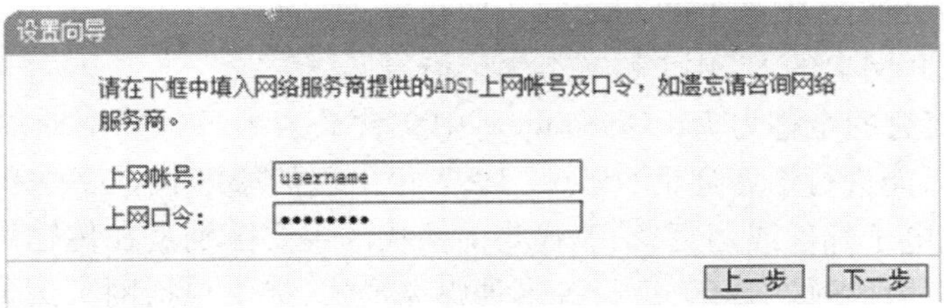

图 6-39　输入宽带账号和密码

③在图 6-40 所示的无线网络参数设置中,【SSID】号可以自己命名,此名称即为搜索无线网络时所搜到的名称,【模式】和【最大发送速率】按建议设置,然后单击【保存】。

④在图 6-36 中单击【无线设置】下的【无线网络基本设置】来设置无线密码。若该密码不设置,任何计算机都可以通过该无线路由器上网,这样的话,第一占用了带宽而使上网速度变慢,第二给黑客攻击自己的计算机提供了路径。无线路由器提供了三种加密的方式,用户可以根据需要随意选择一种,如图 6-40 中采用【WPA-PSK/WPA2-PSK】加密方式,加密完成后单击【保存】,无线路由器将自动重启。

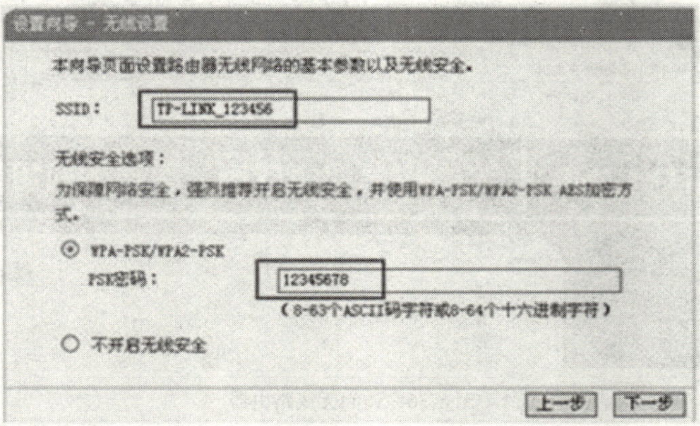

图 6-40　无线参数、安全设置

⑤家里的带无线网卡计算机就可以通过无线路由器上网,上网步骤见“单位无线局域网的接入”。

3. 手机上网

手机上网是指利用支持网络浏览器的手机通过 WAP 或者 3G 同互联网相连,从而达到网上冲浪的目的。手机上网具有方便性、随时随地性,已经越来越广泛,逐渐成为现代生活中重要的上网方式之一。

中国移动人为划分了两个 GPRS 接入方式,分别是 CMWAP 和 CMNET。前者是为手机 WAP 上网而设立的,后者则主要是为 PC、笔记本电脑、PDA 等利用 GPRS 上网服务的。他们在实现方式上并没有任何差别,但因为定位不同,所以与 CMNET 相比,CMWAP 便有了部分限制,资费上也存在差别。

WAP 是 wireless application protocol 即无线应用协议的缩写,是移动通信与互联网结合的第一阶段性产物,也是大家听说最多的。这项技术让使用者可以用手机之类的无线装置上网,透过小型屏幕遍游在各个网站之间。而这些网站也必须以 WMI(无线标记语言)编写,相当于国际互联网上的 HTML(超文本标记语言)。

所谓 3G,其实它的全称为 3rd Generation,中文含义为第三代数字通信。1995 年问世的第一代数字手机只能进行语音通话;1996～1997 年出现的第二代数字手机便增加了接收数据的功能,如接收电子邮件或网页;第三代与前两代的主要区别是在传输声音和数据的速度上的提升,它能够处理图像、音乐、视频等多种媒体形式,提供包括网页浏览、电话会议、电子商务等多种信息服务。

6.2.4 Internet 服务及应用

1. 浏览器的使用

上网过程中使用最多的是浏览器,通过浏览器可以浏览网页并获取信息和资料。目前常用的浏览器除微软的 IE 外,还有谷歌浏览器、360 安全浏览器、世界之窗浏览器、火狐浏览器、Opera 浏览器、遨游浏览器、搜狗浏览器等。以下以 IE 浏览器为例讲述浏览器的使用。

(1)IE 浏览器主界面

IE 浏览器主界面如图 6-41 所示。

图 6-41 IE 浏览器主界面

①标题栏:显示打开的网页标题。

②菜单栏:常用菜单项,包括文件、编辑、查看、收藏夹、工具和帮助等。

③浏览窗口:显示浏览网页的各种信息。

④状态栏:用于显示浏览器工作状态。

⑤地址栏:用于在其中输入网址或其他 URL 地址。

(2)IE 浏览器使用技巧

①保存网页到本地磁盘。要把网页首页保存到本地硬盘,可以在如图 6-41 所示主界面中单击【文件】菜单中的【另存为】,如图 6-42 所示,然后选择保存类型进行保存。

保存网页主要有以下几种类型:

a. 网页,全部(*.htm;*.html)。这种方式是保存网页的全部元素,会有一个“*.html”文件和一个同名文件夹。“*.html”文件就是网页的源文件,文件夹中放的是图片。当打开 HTML 文件时,网页会自己连接文件夹中的图片,这样就可以看到与原来一样的网页。

b. Web 档案,单个文件(*.mht)。这种方式是由于选择“网页,全部”保存的形式用起来可能不方便,于是把两个文件整合到一个文件中,效果上是一样的。

c. 网页,仅 HTML(*.htm;*.html)。这种方式就只有“网页,全部”中的“*.html”文件,没有文件夹。当离线打开这个文件时,就看不到原来网页上的图片,但文件小是它的一大好处。

d. 文本文件(*.txt)。这种方式是只把网页上的文字内容以文本的方式保存到文本文件中。

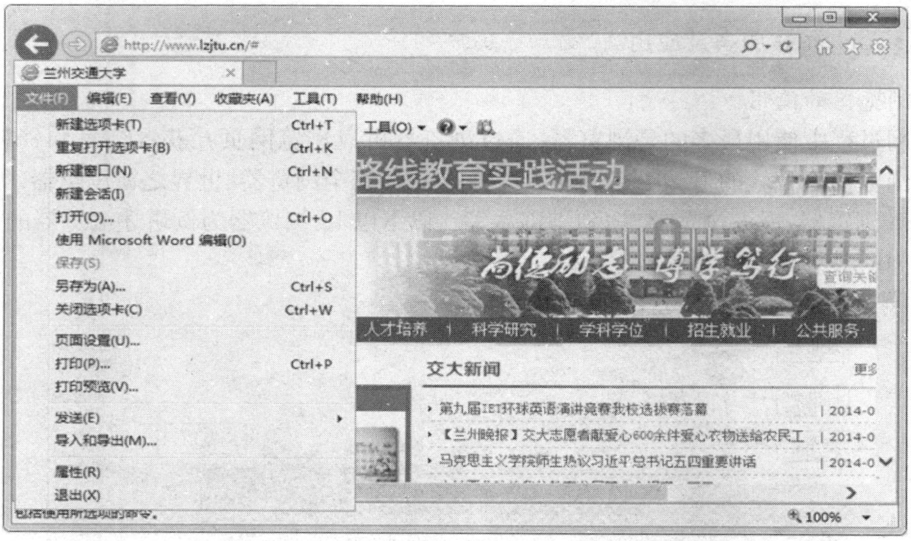

图 6-42　保存网页

②保存网页上的图片。在网页上看到需要的图片希望把它保存到本地磁盘的方法如下:鼠标右击网页上要保存的图片,选择快捷菜单中的【图片另存为】选项,在出现的【图片保存】对话框中选择一个合适的文件夹,如“C:\mydocument”,并取名“图片.gif”,单击【保存】按钮,此图片便保存在硬盘上了。

③利用收藏夹保存网页地址。将网页地址保存到收藏夹,以方便下次浏览时能快速通过收藏夹找到这个网页的地址。在浏览器中打开要收藏的网页,单击菜单【收藏】→【添加到收藏夹】,在出现的【添加到收藏夹】对话框中设置名称,如取名为“新浪”,以及创建位置,如默认的位置。单击【确定】,此网页的网址便收藏到收藏夹中了。

④下载文件。进入网页后,其中某些内容是可以下载的,单击可以下载的超级链接后,出现【文件下载】对话框,如果选择【把文件保存在本地硬盘上】,则可以在随后打开的文件对话框中选择一个文件夹,并在取名后,将此文件下载到硬盘上;如果选择【在当前位置打开文件】,则将直接打开并运行此文件。

2. 网络生活

Internet 的出现和应用,不仅仅带来技术层面的影响,在文化、经济等层面上也影响和改变着人们的生活。对很多人而言,上网讨论、上网购物、上网娱乐、上网买卖证券等都成为很自然的事情,虚拟的网络世界已成为生活中不可或缺的部分。

(1)网络购物

网络购物是一种全新的消费方式,是消费者借助网络,通过网络购物站点进行消费的行为。在网络站点,各种商品按多种分类方式向消费者展示,消费者通过简单的选择程序,形成电子订购单发出购物请求。商品则通过邮寄、快递等方式送到消费者手中。

(2)网络论坛

网络论坛(Bulletin Board System,BBS)是早期 Internet 的应用之一,现在更是日见兴旺。

网络论坛往往代表着一个网络虚拟社区,里面分布着网友感兴趣的一些讨论主题。根据各种规则，每个栏目会推选几位版主（斑竹），版主具有相对意义的管理权，可以对一些发布不良信息的网友提出警告，也可以删除论坛中的发言。

（3）网络金融

网络金融是金融与网络技术全面结合的产物，其内容包括网上银行、网上证券、网上保险、网络期货、网上支付、网上结算等金融业务。其中，网上银行是支持网络金融以及电子商务正常运营的中枢。

（4）网络学习

随着因特网的迅猛发展，学习和教育的手段也发生了很大的变化。网络上汇集了各种形式的学习资源，通过利用数字化手段超越时空限制，可以让学习的场所和形式灵活多变。遍布全球的教育机构提供了很多在线学习资料，其中很多学习资料都可以免费下载或在线查看。因此，在学习过程中可以充分利用这些在线资源。比如，麻省理工学院提供的开放课件（http://ocw.mit.edu/index.htm），涉及了很多大学课程。平时，也可以利用一些搜索引擎，查找自己感兴趣的学习资料。有效利用网络学习材料可以充实学习内容，提高学习质量。

（5）网络娱乐

计算机网络已经成为普通百姓的休闲工具。其中，网络游戏已成为很多年轻人的休闲方式。网络游戏之所以被大家所喜爱，很大程度是因为它的交互性。一些游戏提供虚拟的主题公园，成员们可以四处闲逛、聊天并参与各种游戏。远隔重洋的朋友可以相约一起玩同一个游戏。比如，联众网络游戏世界提供了各种棋牌游戏，同时还配有即时聊天室。大家可以一边玩棋牌游戏，一边聊天。同时，也不用担心缺少游戏伙伴，可以按一定规则加入到别人的游戏中，也可以邀请网友加入自己的游戏。

（6）网络中的个人空间

博客（Blog），即网络日志，是一种通常由个人管理、不定期粘贴新文章的网站。许多博客专注在特定的主题上提供见解或新闻，或者是生活中一些事情的记录。一个典型的博客结合了文字、画像、其他博客或网站的链接，以及其他与主题相关的媒体。访问者被允许留下评论或意见。一篇文章后面可能跟着很长的评论，给所讨论主题带来更丰富的内涵。

播客（Podcast），是数字广播技术的一种。播客录制的是网络广播或类似的网络声讯节目，用户可以利用"播客"将自己制作的"广播节目"上传到网上与广大网友分享。网友可将网上的广播节目下载到自己的 iPod、MP3 或 MP4 播放器中随身收听。

微博（Micro-Blog），是指 140 字以下的博客，因为字比较少所以称之为微博。2006 年 8 月正式上线的 Twitter 可以被视作微博的开创者。Twitter 创立之初，为数不多的用户只是利用这个平台互相说说小笑话。但很快，Twitter 风靡美国进而风靡全球。相比传统博客，字数限制使得微博更容易发布、阅读以及传播。

3. 电子商务

电子商务是商业的新模式，它通过电子方式而不是面对面方式完成交易。1997 年 11 月，在巴黎的世界电子商务会议上，专家和代表对电子商务的概念进行了最有权威的阐述：电子商务（Electronic commerce），是指实现整个贸易过程中各阶段的贸易活动的电子化。从涵盖范围方面可以定义为，交易各方以电子交易方式而不是通过当面交换或直接面谈方式进行的任何形式的商业交易；从技术方面可以定义为，电子商务是一种多技术的集合体，包括交换数据（如电子数据交换、电子邮件）、获得数据（共享数据库、电子公告牌）以及自动捕获数据（条形码）等。电子商务涵盖的业务包括：信息交换、售前售后服务（提供产品和服务的细节、产品使用技术指南、回复顾客意见）、销售、电子支付（使用电子资金转账、信用卡、电子支票、电子现金）、运输（包括商品的发送管理和运输跟踪，以及可以电子化传送的产品的实际发送）、组建虚拟企业（组建一个物理上不存在的企业，集中一批独立的中小公司的权限，提供比任何单独公司多得多的产品和服务）、公司和贸易伙伴可以共同拥有和运营共享的商业方法等。

参与电子商务的主要角色是企业（Business）和消费者（Customer）。因此，在企业之间、企业与消费者之间以及消费者之间，网上交易构成了 B2B（Business to Business，企业到企业）、B2C（Business to Customer，企业到客户）、C2C（Customer to Customer，客户到客户）三种典型的商务模式。

6.3 网络安全

随着计算机网络的发展，丰富的网络信息资源给人们带来了前所未有的便利和效率。但是人们在通过计算机网络获取诸多便利和好处的同时，也受到了来自计算机病毒、黑客入侵等威胁，使单位和个人蒙受了巨大的损失，特别是近几年来 Internet 用户的指数级增长、网络上各种新业务的兴起和各种专用网络的大规模建设使得网络安全成为一个日益突出的问题。

6.3.1 网络安全概述

1. 网络安全基础知识

(1)网络安全的定义

“安全”一词在字典中的定义是“不受威胁，没有危险、危害、损失”和“为防范间谍活动或蓄意破坏、犯罪、攻击或逃跑而采取的措施”。在 IT 行业中关于安全主要涉及网络安全、信息安全和计算机安全，这三者有一定的区别。网络安全主要研究网络环境中数据传输、数据存储和数据访问控制等方面的安全问题，这些问题主要是由网络而引起的；计算机安全则主要研究计算机单机的安全，包括计算机中数据保护、计算机自身的使用控制和访问控制、计算机所处的环境安全等；而信息安全主要是指数据安全。

网络安全是指网络系统的硬件、软件及其系统中的数据受到保护，不因偶然的或恶意的原因而遭受破坏、更改、泄露，系统连续正常地运行，网络服务不中断。网络安全从其本质上来讲就是网络上的信息安全。网络安全的具体含义会随着“角度”的变化而变化。比如，有些单位的数据很有价值，这时网络安全就定义为其数据不被外界访问；有些用户需要向外界提供信息，但禁止外界修改这些信息，这时网络安全就定义为数据不能被外界修改；有些用户注重通信的隐秘性，就把网络安全定义为信息不可被他人截获或阅读；还有些用户对安全的定义更复杂，把数据划分为不同的级别，其中有些级别数据对外界保密，有些级别数据只能被外界访问而不能被修改等。因此，从广义来说，凡是涉及网络上信息的保密性、完整性、可用性、真实性和可控性的相关技术和理论都属于网络安全的范围。

网络安全的核心是数据安全,即数据的完整性、可用性和保密性。

①数据完整性(data integrity)。指要保证计算机系统上的数据和信息处于一种完整的、未受损害的状态。如数据被篡改、删除等将影响数据的完整性。

②数据可用性(data availability)。数据的可利用程度,系统不管处在怎样的危险环境中,都能确保数据是可以使用的。一般通过冗余数据存储等技术来实现。

③数据保密性(data confidentiality)。保证只有授权用户可以访问数据,而且限制他人对数据的访问。数据的保密性分为网络传输保密性和数据存储保密性。通常,通过数据加密来保证网络传输保密性,通过访问控制和数据加密来确保数据存储保密性。

(2)网络安全基本特征

一个安全的计算机网络应当包含网络的物理安全、访问控制安全、系统安全、用户安全、信息加密安全、传输安全和管理安全等,一般具有以下一些特征:

①保密性。信息不泄露给非授权用户使用的特性。

②完整性。数据未经授权不能被改变的特性。即信息在存储或传输过程中保持不被修改、破坏、丢失的特性。

③可用性。可被授权用户访问并按需求使用的特性,即当需要时可以存取所需的信息。例如,网络环境下拒绝服务、破坏网络和有关系统的正常运行等都属于对可用性的攻击。

④可控性。对信息的传播及内容具有控制的能力。

⑤可审查性。出现安全问题时能提供的依据和手段。

2. 威胁网络安全的因素

网络安全的潜在威胁形形色色,有人为的和非人为的、恶意的和非恶意的、内部攻击和外部攻击等。对网络安全的威胁主要表现在非授权访问、冒充合法用户、干扰系统正常运行、利用网络传播病毒和破坏数据完整性等方面。安全威胁主要利用系统存在的漏洞、系统安全体系的缺陷、使用人员安全意识的薄弱以及管理制度不健全等。安全威胁可以分为故意的和偶然的两类。故意威胁又可进一步分为被动威胁和主动威胁,被动威胁只对信息进行监听和窃取,而不对其进行修改和破坏;主动威胁则对信息进行故意篡改和破坏,使合法用户无法得到可用的信息。非人为威胁因素主要是指火灾、地震、水灾、龙卷风、战争等因素造成网络中断、数据丢失、数据损毁等。人为威胁因素一般是由入侵者或入侵程序利用系统资源的脆弱环节进行入侵而产生的。

3. 网络安全的攻击形式

网络安全的攻击形式在最高层次可分为两类:主动攻击和被动攻击。

主动攻击:指攻击者访问其所需信息的故意行为。比如远程登录到指定机器的端口找出公司运行的邮件服务器的信息;伪造无效 IP 地址去连接服务器,使接收到错误 IP 地址的系统试图连接那个非法地址。主动攻击的攻击者是在主动地做一些不利于被攻击者的事情。主动攻击包括中断、篡改和伪造等。

被动攻击:攻击者只是观察和分析某一个协议数据单元(Protocol Data Unit)而不干扰信息流。被动攻击主要指截获这种攻击方式。

按攻击形式分类,网络安全攻击可以分为以下 4 种,如图 6-43 所示。

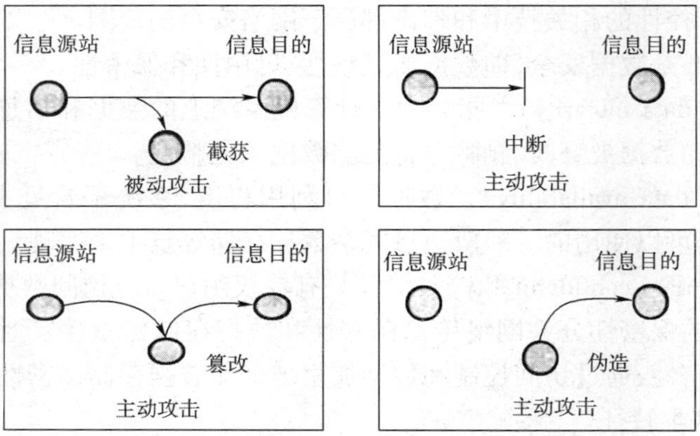

图 6-43 网络安全的攻击形式

①截获。以保密性作为攻击目标，非授权用户通过某种手段获得对系统资源的访问，如搭线窃听、非法拷贝等。

②中断。以可用性作为攻击目标，毁坏系统资源、切断通信线路或使系统数据变得不可用。

③篡改。以完整性作为攻击目标，非授权用户不仅获得对系统资源的访问权限，而且对系统数据进行篡改，如改变数据或者修改网上传输的信息等。

④伪造。以完整性作为攻击目标，非授权用户将伪造的数据插入正常系统中，如在网络上散布一些虚假信息等。

4. 计算机安全等级

为了帮助计算机用户区分和解决计算机网络安全问题，1985 年美国国防部公布了《可信计算机系统标准评估准则》的“橘皮书”(orange book)，对用户计算机系统安全级别的划分进了规定。“橘皮书”将计算机安全由低到高分为四类 7 个等级，即 D1、C1、C2、B1、B2、B3、A1。

D1 级：计算机安全的最低一级，不要求用户进行用户登录和密码保护，任何人都可以使用，整个系统是不可信任的。硬件、软件都容易被侵袭。

C1 级：自主安全保护级。要求硬件有一定的安全级，用户必须通过登录认证方可使用系统，并建立了访问许可权限机制。但 C1 级不能控制进入系统用户的访问级别，用户可以直接访问操作系统。

C2 级：受控存取保护级。比 C1 级增加了几个特性：引进了受控访问环境(用户权限级别)，进一步限制了用户执行某些系统指令；授权分级使用系统管理员给用户分组，授予他们访问某些程序的权限或访问分级目录，数据访问控制为目录级；采用系统审计，跟踪记录所有安全事件及系统管理员的工作。

B1 级：标记安全保护级。对网上的每一个对象都实施保护；支持多级安全，对网络、应用程序和工作站实施不同的安全策略；对象必须在访问控制之下，不容许拥有者自己改变所属资源的权限。

B2 级：结构化保护级。对网络和计算机系统中所有对象都加以定义，给一个固定标签；为工作站、终端、磁盘驱动器等设备分配不同的安全级别；按照最小特权原则取消权利无限大的特权用户;任何一个人都不能享有操作和管理计算机的全部权力。

B3 级:安全域级。要求用户工作站或终端必须通过信任的途径连接到网络系统内部的主机上;采用硬件来保护系统的数据存储区,根据最小特权原则,增加了系统安全员,将系统管理员、系统操作员和系统安全员职责隔离,将人为因素对计算机安全的威胁降至最小。

A1 级:验证设计级——“橘皮书”中的最高安全级。本级包括了以上各安全级别的所有措施,并附加一个安全系统的受监视设计。合格的个体必须经过分析,并通过这一设计;所有构成系统的部件的来源都必须有安全保证,还规定了将安全计算机系统运送到现场安装所必须遵守的程序。

综上所述,D1 级是不具备最低安全限制的等级;C1 和 C2 级是具备最低安全限度的等级;B1 和 B2 级是中等安全保护能力的等级,基本可以满足一般的重要应用的安全要求;B3 和 A1 级属于最高安全等级,其成本增加很多,只有极其重要的应用才需要使用这种安全等级的系统。具体各个级别的比较见表 6-1。

计算机安全等级表　　表 6-1

类别	安全级别	名称	主要特征
A	A1	可验证的安全设计	形式化的最高级描述和验证,形式化的隐秘通道分析,非形式化的代码一致性证明
B	B3	安全域机制	安全内核,高抗渗透能力
	B2	结构化安全保护	设计系统时,必须有一个合理的总体设计方案,面向安全的体系结构,遵循最小授权原则,较好的抗渗透能力,访问控制应对所有的主体和客体进行保护,对系统进行隐蔽通道分析
	B1	标记安全保护	除了 C2 级的安全需要外,增加安全策略模型,数据标号(安全和属性),托管访问控制
C	C2	受控的访问控制	存取控制以用户为单位,广泛的审计
	C1	选择的安全保护	有选择的存取控制,用户与数据分离,数据的保护以用户组为单位
D	D1	最小保护	保护措施很少,没有安全功能

6.3.2 计算机病毒

1. 计算机病毒的概念

“计算机病毒”这一概念是 1977 年由美国著名科普作家雷恩在一部科幻小说《P1 的青春》中提出的。1983 年美国计算机安全专家 F. Cohen 博士首次通过实验证明了病毒的存在。F. Cohen 认为计算机病毒是一个能感染其他程序的程序,它靠修改其他程序并把自身的拷贝嵌入其他程序而实现病毒的感染。

《中华人民共和国计算机信息系统安全保护条例》中对计算机病毒的定义是:“编制或者在计算机程序中插入的破坏计算机功能或者破坏数据,影响计算机使用并且能够自我复制的一组计算机指令或者程序代码。”从广义上讲所谓计算机病毒,是指人为编制的、破坏计算机功能或者毁坏数据、影响计算机使用并能自我复制的一组计算机程序。

2. 计算机病毒的分类

计算机病毒是一种基于硬件和操作系统的程序，是针对某种处理器和操作系统编写的，一般可以分为引导型病毒、文件型病毒、复合型病毒和宏病毒 4 种类型。

①引导型病毒。通过感染磁盘主引导扇区，来获得对 CPU 的控制。该病毒可以把引导扇区信息转移，使得系统无法发现；如果有一个新的磁盘插入计算机系统，驻留在内存的病毒就会把自己复制到新的磁盘上。传播过程可以用以下几个步骤表示：驻留内存、隐形、加密。这种病毒的隐蔽性和兼容性都很强，但是其传染速度慢、杀毒容易。常见的引导型病毒有 Form、Disk Killer 和 Stoned 等。

②文件型病毒。文件型病毒的宿主是可执行程序，当操作系统执行文件时取得控制权并把自己依附在“. EXE”和“. COM”这样的可执行文件上，然后利用这些指令来调用附在文件中某处的病毒代码。当文件执行时，病毒会调出自己的代码来执行，接着又返回到正常的执行系列。常见的文件型病毒有 Jerusalem 和 Cascade 等。

③复合型病毒。复合型病毒同时感染引导记录和程序文件，并且被感染的记录和程序较难修复。如果清除了引导区而未清除文件，则引导区将再次被感染。如果只清除受感染的文件则不能完全清除该病毒。常见的复合型病毒有 One-Half、Emperor 和 Tequila 等。

④宏病毒。宏病毒不只是感染可执行文件，它可以感染一般软件文件。宏病毒可以感染 Microsoft Office Word、Excel、PowerPoint 和 Access 文件，现在也出现其他程序中。宏病毒是利用宏语言编写的，不面向操作系统，所以它不受操作平台的约束，可以在 DOS、Windows、UNIX、Mac 甚至在 OS/2 系统中散播。这就是说，宏病毒能被传到任何可运行编写宏病毒的应用程序的机器中。常见的宏病毒有 Melissa、Macro 和 WM. NiceDay 等。

3. 计算机病毒的特征

计算机病毒是一段程序，但它和普通的计算机程序不同，具有以下特点：

①自我复制的能力。病毒可以隐藏在合法程序内部，随着人们的操作不断地进行自我复制。

②由人为编制而成。计算机病毒不可能随机自然产生，也不可能由编程失误造成，是人们故意为之。

③非授权可执行性。用户通常调用执行一个程序时，把系统控制交给这个程序，并分配给它相应系统资源，如内存等，从而使之能够运行并完成用户的需求。因此，程序执行的过程对用户是透明的。而计算机病毒是非法程序，正常用户是不会明知是病毒程序而故意调用执行。但由于计算机病毒具有正常程序的一切特性：可存储性和可执行性。它隐藏在合法的程序或数据中，当用户运行正常程序时，病毒伺机窃取到系统的控制权，得以抢先运行，然而此时用户还认为在执行正常程序。

④潜伏性。计算机病毒具有依附于其他媒介而寄生的能力。依靠病毒的寄生能力，病毒传染合法的程序和系统后，一般不立即发作，而是悄悄隐藏起来，然后在用户没有察觉的情况下进行传染。病毒的潜伏性越好，那么它在系统中存在的时间也就越长，病毒传染的范围也越广，其危害性也越大。

⑤隐蔽性。计算机病毒是一种具有很高编程技巧、短小精悍的可执行程序。它通常粘附在正常程序之中或磁盘引导扇区中，或者磁盘上标记为坏簇的扇区中。病毒想方设法隐

藏自身,就是为了防止用户察觉。

⑥破坏性。无论何种病毒程序,一旦侵入系统都会对操作系统的运行造成不同程度的影响。即使不直接产生破坏作用的病毒程序也要占用系统资源,如占用内存空间,占用磁盘存储空间以及系统运行时间等。而绝大多数病毒程序要显示一些文字或图像,影响系统的正常运行,还有一些病毒程序删除文件、加密磁盘中的数据,甚至摧毁整个系统和数据,使之无法恢复,造成无可挽回的损失。因此,病毒程序的副作用轻者降低系统工作效率,重者导致系统崩溃、数据丢失。病毒程序的表现性或破坏性体现了病毒设计者的真正意图。

⑦传染性。传染性是计算机病毒最重要的特征,是判断一段程序代码是否为计算机病毒的依据。病毒程序一旦侵入计算机系统就开始搜索可以传染的程序或者磁介质,然后通过自我复制迅速传播。由于目前计算机网络日益发达,计算机病毒可以在极短的时间内,通过像 Internet 这样的网络传遍世界。

4. 常见的计算机病毒

计算机病毒本身各具特性,病毒形式多种多样。常见的计算机病毒有以下几种形式:

①系统病毒。系统病毒常见的前缀为"Win32"、"PE"、"Win95"、"W32"、"W95"等,这些病毒可以感染 Windows 操作系统的". exe"和". dll"文件等,并通过这些文件进行传播,如"CIH"病毒。

②蠕虫病毒。其前缀为"Worm"。这种病毒通过网络或系统漏洞进行传播,大部分蠕虫病毒都有向外发送带毒邮件、阻塞网络的特性,如"冲击波"(阻塞网络)、"小邮差"(发带毒邮件)等。

③木马病毒、黑客病毒。木马病毒的前缀为"Trojan",黑客病毒的前缀一般为 Hack。木马病毒通过网络或系统漏洞进入用户系统并隐藏,然后向外界泄露用户的信息。黑客病毒则有一个可视的界面,能对用户的计算机进行远程控制。木马、黑客病毒往往成对出现,即木马病毒负责入侵用户的计算机,而黑客病毒则通过该木马病毒进行控制。例如,QQ 消息尾巴木马 Trojan. QQ3344、针对网络游戏的木马病毒 Trojan. LMir. PSW. 60 等。

④脚本病毒。其前缀为"Script"。脚本病毒使用脚本语言编写,通过网页进行传播,如"红色代码"(Script. Redlof)。

⑤后门病毒。其前缀是"Backdoor"。该类病毒通过网络传播,给系统开后门,方便入侵者进入,给用户计算机带来安全隐患。例如,IRC 后门 Backdoor. IRCBot。

⑥病毒种植程序病毒。其前缀是"Dropper"。这类病毒运行时会释放出一个或几个新的病毒到系统目录下,由释放出来的新病毒产生破坏作用。例如,"冰河播种者"(Dropper. BingHe2. 2C)、"MSN 射手"(Dropper. Worm. Smibag)等。

⑦破坏性程序病毒。破坏性程序病毒的前缀是"Harm"。这类病毒利用好看的图标来诱惑用户单击,当用户单击这类病毒时,病毒便会直接对用户计算机产生破坏。例如,"格式化 C 盘"(Harm. formatC. F)、"杀手命令"(Harm. Command. Killer)等病毒。

⑧玩笑病毒。其前缀是"Joke",也称为恶作剧病毒。这类病毒利用好看的图标诱惑用户单击,而当用户单击时,病毒会做出各种破坏操作来吓唬用户,但不会对用户计算机进行任何破坏。例如,"女鬼"(Joke. Girlghost)病毒。

⑨捆绑机病毒。其前缀是"Binder"。这类病毒使用特定的捆绑程序将病毒与一些应用

程序(如QQ、IE)捆绑起来,当用户运行这些捆绑病毒时,表面上是运行这些应用程序,实际上是隐藏运行捆绑在一起的病毒,从而给用户造成危害。例如,“捆绑QQ”(Binder.QQPass.QQBin)、“系统杀手”(Binder.killsys)等病毒。

⑩手机病毒。随着手机上网的普及和智能手机的流行,计算机病毒又找到了新的“寄主”——手机。例如,“卡比尔”(Cabir)是一种网络蠕虫病毒,它可以感染运行Symbian操作系统的手机。手机中毒后,使用蓝牙无线功能对邻近的其他手机进行扫描,在发现漏洞手机后,病毒就会复制自己并发送到该手机上。

5.IT史上出现的重大病毒

①“Elk Cloner”病毒:出现在1982年,它被看作攻击个人计算机的第一款全球病毒,也是所有令人头痛的安全问题先驱者。它通过苹果Apple II软盘进行传播。这个病毒被放在一个游戏磁盘上,可以被使用49次。在第50次使用的时候,它并不运行游戏,取而代之的是打开一个空白屏幕,并显示一首短诗。

②“Brain”病毒:出现在1986年,是第一款攻击微软操作系统DOS的病毒,可以感染360KB软盘的病毒,该病毒会填充满软盘上未用的空间,而导致它不能再被使用。

③“Morris”病毒:出现在1988年,该病毒程序利用了系统存在的弱点进行入侵,Morris设计的最初目的并不是搞破坏,而是用来测量网络的大小。但是,由于程序的循环没有处理好,计算机会不停地执行、复制Morris,最终导致死机。

④“CIH”病毒:出现在1998年,是迄今为止破坏性最严重的病毒,也是世界上首例破坏硬件的病毒。它发作时不仅破坏硬盘的引导区和分区表,而且破坏计算机系统BIOS,导致主板损坏。

⑤“Melissa”病毒:出现在1999年,是最早通过电子邮件传播的病毒之一,当用户打开一封电子邮件的附件,病毒会自动发送到用户通讯簿中的前50个地址,因此这个病毒在数小时之内传遍全球。

⑥“Love bug”病毒:出现在2000年,也通过电子邮件附件传播,它利用了人类的本性,把自己伪装成一封求爱信来欺骗收件人打开。这个病毒以其传播速度和范围让安全专家吃惊。在数小时之内,这个小小的计算机程序征服了全世界范围之内的计算机系统。

⑦“红色代码”病毒:出现在2001年7月,被认为是史上最昂贵的计算机病毒之一,这个自我复制的恶意代码“红色代码”利用了微软IIS服务器中的一个漏洞。该蠕虫病毒具有一个更恶毒的版本,被称作“红色代码Ⅱ”。这两个病毒除了都可以对网站进行修改外,被感染的系统性能还会严重下降。在“红色代码”首次爆发的短短9个小时内,这一小小蠕虫以迅雷不及掩耳之势迅速感染了25万台服务器。

⑧“Nimda”病毒:出现在2001年,尼姆达是在9·11恐怖袭击后整整一个星期后出现的。它是历史上传播速度最快的病毒之一,比“红色代码”病毒更快、更具有摧毁力,半个小时内就传遍了全球。随后在全球各地侵袭了830万台计算机,总共造成将近10亿美元的经济损失。

⑨“冲击波”病毒:出现在2003年8月,运行时会不停地利用IP扫描技术寻找网络上系统为Windows 2000或XP的计算机,找到后就利用DCOM RPC缓冲区漏洞攻击该系统。一旦攻击成功,病毒体将会被传送到对方计算机中,使系统操作异常、不停重启甚至导致系统

崩溃。受“冲击波”感染的主机数量超过40万台。

⑩“震荡波”病毒：出现在2004年，是又一个利用Windows缺陷的蠕虫病毒，“震荡波”导致计算机崩溃并不停地重启。

⑪“熊猫烧香”病毒：出现在2007年，它会使所有程序图标变成熊猫烧香，并使它们不能应用。如图6-44所示。

⑫“扫荡波”病毒：出现在2008年，同“冲击波”和“震荡波”一样，也是个利用漏洞从网络入侵的程序。而且正好在“黑屏事件”，大批用户关闭自动更新以后，这更加剧了这个病毒的蔓延。这个病毒可以导致被攻击者的机器被完全控制。

图6-44 “熊猫烧香”病毒

⑬“Conficker”病毒：出现在2008年，Conficker. C病毒原来要在2009年3月进行大量传播，然后在4月1日实施全球性攻击，引起全球性灾难。不过，这种病毒实际上没有造成什么破坏。

⑭“木马下载器”病毒：出现在2009年，中毒后会产生1000～2000不等的木马病毒，导致系统崩溃，短短3天变成360安全卫士首杀榜前3名。

⑮“鬼影”病毒：出现在2010年，该病毒成功运行后，在进程中、系统启动加载项里找不到任何异常，同时即使格式化重装系统，也无法彻底清除该病毒。犹如“鬼影”一般“阴魂不散”，所以称为“鬼影”病毒。

6. 计算机病毒的检测与防治

（1）计算机病毒的检测

当一台计算机感染上病毒后，通常会有许多明显的特征。例如，系统的运行速度变慢、系统时间被修改、经常死机等。如果用户的计算机上出现了以下一些现象，那么很有可能这台计算机已经感染病毒了。

①系统运行速度变慢：病毒占用了内存和CPU资源，在后台运行了大量非法操作。

②系统启动速度比平时慢或无法启动：病毒修改了硬盘的引导信息或删除了某些启动文件。

③系统时间被更改，一般更改系统时间后可使杀毒软件过期。

④文件打不开，病毒修改了文件格式、病毒修改了文件链接位置。

⑤键盘或鼠标无端地锁死，病毒作怪，特别要留意“木马”。

⑥某些文件的长度和创建时间发生变化。

⑦内存中发现不明程序运行。

⑧系统内自动生成了一些不明文件。

⑨系统内出现文件莫名的丢失。

⑩系统自动关机或不停地重启。

⑪系统经常出现死机，由于病毒打开了许多文件或占用了大量内存。

⑫系统经常提示虚拟内存不足：病毒非法占用了大量内存。

⑬上网速度异常的慢等。

（2）计算机病毒的预防

通过采取技术上和管理上的措施，计算机病毒是完全可以防范的。虽然新出现的病毒可采用更隐蔽的手段,利用现有操作系统安全防护机制的漏洞,以及反病毒防御技术上尚存在缺陷,使病毒能够暂时在某一计算机上存活并进行某种破坏,但是只要在思想上有反病毒的警惕性,依靠使用反病毒技术和管理措施,新病毒就无法逾越计算机安全保护屏障,从而不能广泛传播。在日常的计算机应用中,应当注意如下事项:

①建立良好的安全习惯。对一些来历不明的邮件及附件不要打开,不要上一些不太了解的网站、不要执行从 Internet 下载后未经杀毒处理的软件等,这些必要的习惯会使用户的计算机更安全。

②关闭或删除系统中不需要的服务。默认情况下,许多操作系统会安装一些辅助服务,如 FTP 客户端、Telnet 和 Web 服务器。这些服务为攻击者提供了方便,而又对用户没有太大用处,如果删除它们,就能大大减少被攻击的可能性。

③经常升级安全补丁。据统计,有 80% 的网络病毒是通过系统安全漏洞进行传播的,像蠕虫王、冲击波、震荡波等,所以定期到微软网站去下载最新的安全补丁,防患于未然。

④使用复杂的密码并经常更换。有许多网络病毒就是通过猜测简单密码的方式攻击系统的,因此使用复杂的密码并经常更换,将会大大提高计算机的安全系数。

⑤迅速隔离受感染的计算机。当计算机发现病毒或异常时应立刻断网,以防止计算计受到更多的感染,或者成为传播源再次感染其他计算机。

⑥适当了解一些病毒知识。这样就可以及时发现新病毒并采取相应措施,在关键时刻使计算机免受病毒破坏。如果能了解一些注册表知识,就可以定期看一看注册表的自启动项是否有可疑键值;如果了解一些内存知识,就可以经常看看内存中是否有可疑程序。

⑦安装专业的杀毒软件进行全面监控。使用杀毒软件进行防毒,是越来越经济的选择,不过用户在安装了反病毒软件之后,应该经常进行升级,将一些主要监控经常打开,如邮件监控、内存监控等,遇到问题要上报,这样才能真正保障计算机的安全。

⑧安装个人防火墙软件进行防黑。由于网络的发展,用户计算机面临的黑客攻击问题也越来越严重,许多网络病毒都采用了黑客的方法来攻击用户计算机,因此,用户还应该安装个人防火墙软件,将安全级别设为中、高,这样才能有效地防止网络上的黑客攻击。

(3)计算机病毒的清除

清除病毒的方法如下:

①引导型病毒:清除这种病毒可以用格式化硬盘的方法,也可以通过重写 MBR、硬盘分区表、活动分区的引导记录,在不用格式化的情况下杀毒。

②宏病毒:对于宏病毒可以关闭 Word 窗口后,选择【工具】→【模板】→【管理器】→【宏】选项,删除左右两个列表框中所有的宏。一般病毒宏为“AutoOpen”、“AutoNew”或“AutoClose”。

③文件型病毒:用杀毒程序文件进行杀毒。一旦病毒从文件中清除,文件便恢复到原先的状态,原先保存病毒的扇区被覆盖,从而消除了病毒被重新使用的可能性。

7.计算机病毒防治软件

(1)计算机病毒防治软件的类型

①病毒扫描型软件。采用特征扫描法,根据病毒特征扫描可能的感染对象来发现病毒。如比较新的 AVG 9.0 病毒扫描软件,AVG 网络安全对在 Windows XP 上已知的病毒、蠕虫、

木马有 96.64% 的基于特征的检测。该软件会对 94% 的广告和间谍软件发出警告。

②完整性检查型软件。采用比较法和校验和法，监视观察对象（包括引导扇区和计算机文件等）的属性（包括大小、时间、日期和校验码）和内容是否发生改变，如果检测出变化，则观察对象极有可能已遭病毒感染。如 Sentinel，它是一款免费的 Windows 文件完整性检查工具，通过 CRC32、MD4、MD5 等算法来对比文件的状态和系统保存的状态，从而可以发现文件的异常变动。

③行为封锁型软件。采用驻留内存在后台工作的方式，监视可能因病毒引起的异常行为，如果发现异常行为便及时警告用户，由用户决定该行为是否继续。这类软件试图阻止任何病毒的异常行为，因此可以防止新的未知病毒的传播和破坏。当然，有的“可疑行为”是正常的，所以出现“误诊”总是难免的。如行为封锁软件 Behavior-blocking software，用来探测和防止可疑行为在一个系统中被执行。

（2）杀毒软件的选购

选购病毒防治软件时，需要注意的指标包括检测速度、识别率、清除效果、可管理性、操作界面友好性、升级难易度、技术支持水平等诸多方面。

（3）市场上主流杀毒软件产品介绍

①瑞星杀毒软件。瑞星“云安全”系统将全球 8 千万瑞星用户的计算机和瑞星“云安全”平台实时联系，组成覆盖互联网的木马、恶意网址监测网络，能够在最短时间内发现、截获、处理海量的最新木马病毒和恶意网址。

②卡巴斯基杀毒软件。卡巴斯基全功能安全软件 2010 是新一代的信息安全解决方案，更强的反病毒数据库引擎和更快的扫描速度可以保护用户的计算机免受病毒、蠕虫、木马和其他恶意程序的危害，实时监控文件、网页、邮件、ICQ/MSN 协议中的恶意对象；扫描操作系统和已安装程序的漏洞，应用程序将过滤计算每个程序的安全值以分配不同的安全级别，独特设计的安全免疫区可以让用户在安全免疫区运行可疑程序和不安全网站。增强的双向防火墙将阻止所有不安全的网络活动，各种实用工具，如浏览器系统优化、应急磁盘、活动痕迹清理工具以及 Windows 设置修复等更有效保护用户安全。

③诺顿杀毒软件。Norton Antivirus 是一套强而有力的防毒软件，能侦测上万种已知和未知的病毒，每次开机时，自动防护便会常驻在 System Tray，当从磁盘、网络、E-mail 文件夹中开启档案时便会自动侦测档案的安全性，若档案内含病毒，便会立即警告，并做适当的处理。另外它还附有 Live Update 的功能，可自动连上 Symantec 的 FTP Server 下载最新的病毒码，下载完后自动完成安装更新的动作。

④360 杀毒软件：采用目前国际排名第一的 Bit Defender 引擎，拥有完善的病毒防护体系，且真正做到彻底免费、无须激活码。360 杀毒轻巧、快速、不占资源，并且病毒查杀的能力较强。360 杀毒采用领先的病毒查杀引擎及云安全技术，不但能查杀数百万种已知病毒，还能有效防御最新病毒的入侵。360 杀毒病毒库每小时升级，有优化的系统设计，对系统运行速度的影响极小，360 杀毒和 360 安全卫士配合使用，是安全上网的“黄金组合”。

8. 特洛伊木马

（1）木马程序的定义

“特洛伊木马”（Trojan horse）简称“木马”。“特洛伊木马”原指古希腊士兵藏在木马内进入敌方城市,从而占领敌方城市的故事。正像历史上的“木马”一样,被称作“木马”的程序也是一种掩藏在美丽外表下打入计算机内部的计算机病毒。

完整的木马程序一般由两个部分组成:一个是服务端(被控制端),一个是客户端(控制端),“中了木马”就是指安装了木马的服务端程序。若某计算机被安装了服务端程序,则拥有相应客户端的人就可以通过网络控制该计算机,这时该计算机上的各种文件、程序,以及在计算机上使用的账号、密码无安全可言了。“木马”程序与一般的病毒不同,它不会自我繁殖,也并不“刻意”去感染其他文件,而是通过伪装自身吸引用户下载执行,向施种木马者提供打开被种者计算机的门户,使施种者可以任意毁坏、窃取被种者的文件,甚至远程操控被种者的计算机。“木马”与远程控制软件有些相似,但由于远程控制软件是“善意”的控制,通常不具有隐蔽性,而“木马”则是有“偷窃”目的的远程控制,因此需要很好地隐藏自己。

(2)常见木马的类型

①破坏型。破坏并且删除文件,可以自动删除计算机上的“DLL”、“INI”、“EXE”文件。

②密码发送型。可以找到隐藏密码并把它们发送到指定的信箱。有人喜欢把自己的各种密码以文件的形式存放在计算机中,认为这样方便;还有人喜欢用 Windows 提供的密码记忆功能,这样就可以不必每次都输入密码了。许多黑客软件可以寻找到这些文件,并把它们送到黑客手中。

③远程访问型。最广泛的是特洛伊木马,只需有人运行了服务端程序,如果客户知道了服务端的 IP 地址,就可以实现远程控制。

④键盘记录木马。这种特洛伊木马是非常简单的。它们只做一件事情,就是记录受害者的键盘敲击并且在 LOG 文件里查找密码,然后采用邮件发送方式送到指定的邮箱。

⑤代理木马。黑客在入侵的同时掩盖自己的足迹,谨防别人发现自己的身份是非常重要的,因此,给被控制的计算机种上代理木马,让其变成攻击者发动攻击的跳板就是代理木马最重要的任务。通过代理木马,攻击者可以在匿名的情况下使用 Telnet、ICQ、IRC 等程序,从而隐蔽自己的踪迹。

⑥FTP 木马。这种木马的唯一功能就是打开 21 端口,等待用户连接。现在新 FTP 木马还加上了密码功能,这样只有攻击者本人才知道正确的密码,从而进入对方计算机。

⑦程序杀手木马。程序杀手木马的功能就是关闭对方机器上运行的程序,让木马更好地发挥作用。

(3)常见的木马程序

①网银大盗(Trojan/ PSW. VShell. a)。又名网银窃贼,该病毒能够记录用户键盘输入,盗取个人网上银行的账号密码,通过网页脚本把获得的非法信息提交给病毒作者。

②灰鸽子。“灰鸽子”是一款集多种控制方法于一体、隐蔽性极强的木马病毒。一旦用户计算机感染了灰鸽子,黑客或不法分子便可以监控用户的一举一动,从而轻而易举地窃取用户的账号、网银、文件等。该病毒的文件名可由攻击者任意定制,病毒还可以隐藏自己,Windows 的任务管理器看不到病毒存在,需要借助第三方工具软件才能查看。

③QQ 大盗(Trojan/PSW. QQpass. br)。该病毒是利用 IE 浏览器的漏洞而编写的恶意网页代码,它会自动下载一个网上的 CHM 文件,然后把病毒内嵌其中并开始自动运行。“QQ 大盗”的变种 czv 采用 HOOK 技术,在被感染计算机系统的后台盗取用户的 QQ 账号、QQ 密

码、QQ 币数量、计算机名称等信息,并在后台将窃取到的账号信息发送到黑客指定站点上或邮箱里,给用户带来不同程度的损失。

(4)木马的防御

木马的防御就是预先采取一定的措施来预防木马进入系统,一般地讲主要有 3 种途径防止木马的植入。

①防止电子邮件方式植入木马。电子邮件目前已非常普及,电子邮件有正文和附件,正文中一般无法隐藏木马,大量的木马使用电子邮件的附件来植入用户计算机。

②防止在下载文件时植入木马。计算机网络最大的作用就是资源共享,包括数据和软件。目前,很多用户习惯从网络上下载各种软件。很多木马通过软件的下载植入用户计算机中,一般建议从网上下载的软件、资料等都先用木马查杀软件进行检查。

③防止在浏览网页时植入木马。由于浏览器本身存在着缺陷而使得很多木马在用户浏览网页时植入计算机。一般建议使用最新版本的浏览器,并且及时安装补丁等。

9. 黑客

(1)黑客的定义

"黑客"一词是由英语 Hacker 音译过来的,原来是指专门研究、发现计算机和网络漏洞的计算机爱好者。他们伴随着计算机和网络的发展而成长。黑客对计算机有着狂热的兴趣和执着的追求,他们不断地研究计算机和网络知识,发现计算机和网络中存在的漏洞,喜欢挑战高难度的网络系统并从中找到漏洞,然后向管理员提出解决和修补漏洞的方法。而现在黑客则被认为是计算机系统的非法入侵者,比较准确的说法应当是 intruder(入侵者)或 cracker(破坏者)。在网络世界中,仰仗着自己的技术能力,恣意非法进出他人系统,视法律与社会规范于不顾的角色,就是黑客。

(2)黑客的攻击手段

黑客的攻击手段包括:

①获取口令。有 3 种方法可以获取:

a. 默认的登录界面攻击法。在被攻击主机上启动一个可执行程序,该程序显示一个伪造的登录界面。当用户在这个界面上输入登录信息(比如用户名、密码等)后,程序将用户输入的信息传送到攻击者主机,然后关闭界面,提示"系统故障"信息,要求用户重新登录。此后,才会出现真正的登录界面。

b. 通过网络监听,非法得到用户口令。监听者一般能获得其所在网段的所有用户账号和口令,对局域网的安全威胁巨大。

c. 在知道用户的账号(如电子邮件"@"前面的部分)后,利用一些专门的软件强行破解用户口令。该方法不受网段限制,对那些口令安全系数极低的用户,只要短短的一两分钟甚至几十秒就可以破解口令。

②放置特洛伊木马程序。特洛伊木马程序可以直接侵入用户计算机并进行破坏,它常被伪装成工具程序或者游戏等,诱使用户打开带有木马程序的邮件附件或从网上直接下载。一旦用户打开这些邮件的附件或执行这些程序后,它们就会留在用户计算机中,并在计算机系统中隐藏一个可以在 Windows 启动时悄悄执行的程序。当用户连接到 Internet 时,这个程序通知黑客,报告用户的 IP 地址以及预先设定的端口。黑客收到这些信息后,再利用这个

潜伏的程序,恣意修改用户计算机的参数设定、复制文件、窥视整个硬盘中的内容等,从而达到控制用户计算机的目的。

③诱入法。黑客编写一些表面"合法"的程序,上传到一些 FTP 站点或提供给某些个人主页,诱导用户下载。当用户下载软件时,黑客的软件便一起下载到用户的机器上。该软件会跟踪用户计算机操作,记录用户输入的每个口令,然后把它们发送给黑客指定的 Internet 信箱。

④电子邮件攻击。该方法一般采用电子邮件轰炸和电子邮件"滚雪球"的手段,即所谓的邮件炸弹,用伪造的 IP 地址和电子邮件地址向同一信箱发送数以千万计内容相同的垃圾邮件。由于每个人的信箱容量是有限的,当数量庞大的垃圾邮件到达信箱时,就会挤满信箱,使正常的邮件丢失。同时,因为它占用了大量的网络资源,常常导致网络塞车,使用户不能正常工作,严重者还可能给电子邮件服务器系统带来危险甚至造成其瘫痪。

⑤寻找系统漏洞。许多系统都有安全漏洞(bug),其中,某些漏洞是操作系统或应用软件本身具有的,如 Sendmail 漏洞、Windows 98 中的共享目录密码验证漏洞和 IE5 漏洞等,这些漏洞在补丁未被开发出来之前,一般很难防御黑客的破坏,除非将网线拔掉。此外,还有一些漏洞是程序员在设计功能复杂的程序时引入的,设计功能复杂的程序一般采用模块化程序设计思想,将整个项目分割为多个功能模块,然后分别进行设计、调试,这时的后门就是一个模块的秘密入口。在程序开发阶段,后门便于测试、更改和增强模块功能。正常情况下,完成设计后要去掉各个模块的后门,如果由于疏忽或者其他原因没有去掉后门,一些别有用心的人就会利用专门的扫描工具发现并利用这些后门,然后进入系统并发动攻击。

(3)应对黑客攻击的策略

应对黑客攻击的策略包括:

①经常更换管理密码,并增加密码的复杂度。管理员要通过本地安全策略来清理历史口令,在设置口令时,不要用姓名、生日、电话号码等作为口令,应尽量使用小写字母、大写字母以及数字、标点符号的组合。

②提高防范意识,不要随意运行别人发来的软件,不要访问未知网站,对于经常访问的站点要记清楚域名。对可疑文件夹,要先查看其属性类型,如果是应用程序千万不要尝试打开。

③安装木马查杀软件,及时更新木马特征库,养成经常杀毒的习惯。

④设置信箱的反垃圾邮件功能。

⑤及时安装漏洞补丁。

⑥经常更新系统。

6.3.3 访问控制技术

1. 什么是访问控制

访问是使信息在不同设备之间流动的一种交互方式。在安全领域,通常把用户称为主体,而把它们所拥有的东西称为对象,如文件。访问对象意味着对其所含信息的访问。对象通常包括记录、块、页、段、文件、目录、目录树、程序、处理器、显示器、键盘、时钟、打印机和网络节点等。访问控制决定了谁能够访问系统、能访问系统的何种资源以及如何使用这些资源。适当的访问控制能够阻止未经允许的用户有意或无意地获取数据。

访问控制的手段包括用户识别代码、口令(图6-45)、登录控制、资源授权(例如,用户配置文件、资源配置文件和控制列表等)、授权核查、日志和审计等。实现访问控制的方法,除了使用用户标识与口令之外,还可以采用较为复杂的物理识别设备,如访问卡(图6-46)、钥匙或令牌。生物统计学系统是一种颇为复杂而又昂贵的访问控制方法,它基于某种特殊的物理特征对人进行唯一性识别,如指纹(图6-47)和虹膜(图6-48)等。

图6-45　Windows 7 中的口令登录方式

图6-46　访问卡

图6-47　指纹门禁系统

图6-48　虹膜识别门禁系统

2. 常见访问控制的形式

访问控制是网络安全防范和保护的主要策略,其主要任务是保证网络资源不被非法使用和访问,是保证网络安全最重要的核心策略之一。访问控制涉及的技术也比较广,包括入网访问控制、网络权限控制、目录级安全控制、属性安全控制和服务器安全控制等多种手段。

①入网访问控制。入网访问控制为网络访问提供了第一层访问控制。它控制哪些用户能够登录到服务器并获取网络资源,控制准许用户入网的时间和准许他们在哪台工作站入网。用户的入网访问控制可分为三个步骤:用户名的识别与验证、用户口令的识别与验证、用户账号的默认限制检查。三道关卡中只要任何一关未过,该用户便不能进入该网络。

②权限控制。网络的权限控制是针对网络非法操作所提出的一种安全保护措施,用户和用户组被赋予一定的权限。网络控制用户和用户组可以访问哪些目录、子目录、文件和其他资源,可以指定用户对这些文件、目录、设备能够执行哪些操作。例如,可以根据访问权限将用户进行分类:特殊用户(即系统管理员)、一般用户(系统管理员根据实际需要为他们分配操作权限)、审计用户(负责网络的安全控制与资源使用情况的审计)等;对不同的用户分

配不同的资源访问权限。

③目录级安全控制。网络应允许合法用户对目录、文件、设备的访问。用户在目录一级指定的权限对所有文件和子目录有效,用户还可进一步指定对目录下的子目录和文件的权限。对目录和文件的访问权限一般有8种:系统管理员权限、读权限、写权限、创建权限、删除权限、修改权限、文件查找权限、访问控制权限。网络管理员应当为用户指定适当的访问权限,这些访问权限控制着用户的访问与操作,8种访问权限的有效组合可以让用户有效地完成工作,同时又能有效地控制用户对服务器资源的访问,从而加强网络和服务器的安全性。

④属性安全控制。当使用文件、目录和网络设备等资源时,系统管理员应给文件、目录等指定访问属性。属性安全是在权限安全的基础上提供进一步的安全性。网络上的资源都应预先标出一组安全属性,用户对网络资源的访问权限对应一张访问控制表,用以表明用户对网络资源的访问能力。属性往往能控制以下几个方面的权限:向某个文件写数据、拷贝一个文件、删除目录或文件、查看目录和文件、执行文件、隐含文件、共享等。

⑤服务器安全控制。网络允许在服务器控制台上执行一系列操作。用户使用控制台可以装载和卸载模块,可以安装和删除软件等。网络服务器的安全控制包括可以设置口令锁定服务器控制台,以防止非法用户修改、删除重要信息或破坏数据;可以设定服务器登录时间限制、非法访问者检测和关闭的时间间隔。

6.3.4 防火墙技术

1. 防火墙的基本概念

防火墙是一种形象的说法,其实它是一种由软件和计算机硬件设备组合而成的一个或一组系统,用于增强内部网络和外部网络之间、专用网与公共网之间的访问控制。防火墙系统决定了哪些内部服务可以被外界访问、外界的那些人可以访问内部的哪些可访问的服务、内部人员可以访问哪些外部服务等。设立防火墙后,所有来自和去向外界的信息都必须经过防火墙,接受防火墙的检查。因此,防火墙是网络之间的一种特殊的访问控制,是一种保护屏障,从而保护内部网免受非法用户的侵入。如图6-49所示为防火墙在网络中的位置。

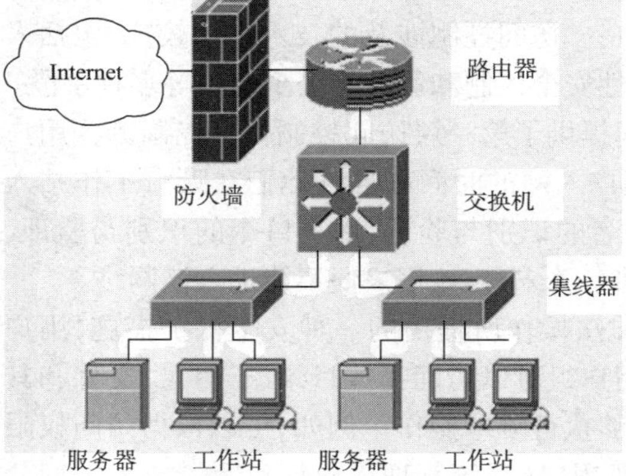

图6-49 防火墙在网络中位置

(1)防火墙的功能

从网际角度,防火墙可以看成是安装在两个网络之间的一道栅栏,根据安全计划和安全策略中的定义来保护其后面的网络。由软件和硬件组成的防火墙应该具有以下功能。

①保护那些易受攻击的服务。防火墙只允许那些被允许的服务通过,禁止那些在安全上比较脆弱的服务进出网络。这样就降低了受到非法攻击的风险,大大提高了网络的安全性。

②控制对站点的访问。防火墙能控制对站点的访问。在网络中有些主机不需要被外

部网络访问,需要被防火墙保护起来,防止不必要的访问。

③集中化的安全管理。当不使用防火墙时,内部网络的每个节点都是暴露的,系统的安全性由系统内每一台主机的安全性决定。使用了防火墙后就可以将所有修改过的软件和附加的安全都放在防火墙上,以减轻内部网络其他主机的负担。

④对网络的存取访问进行记录、统计,监视网络的安全性,并产生报警。所有对内部网络的访问和流向外部网络的信息都经过防火墙,防火墙记录下这些访问并能提供网络用户和网络使用情况的统计数据。当发生可疑动作时,防火墙能进行适当的告警,并提供网络是否受到监测和攻击的详细信息。

当然,防火墙的运行需要额外的软件和硬件设备,并使系统性能下降。防火墙的防卫重点是网络传输,不保证高层协议的安全,也不具备防病毒的能力。

(2)防火墙的基本准则

防火墙作为可信赖网络和不可信赖网络之间的节点,在安全功能上主要遵循以下两个准则。

①所有未被允许的都是禁止的。禁止所有未被允许的通信通过防火墙。也就是说防火墙封锁所有的信息流,然后对希望提供的服务逐项开放。这一准则的安全性比较高,但是用户所能使用的服务范围受到限制。

②所有未被禁止的都是允许的。防火墙允许所有的用户和站点对内部网络的访问,网络管理员按照 IP 地址等相关参数对未授权的用户以及不信任的站点进行屏蔽。目前许多国产防火墙都使用这一准则。

2. 防火墙技术

防火墙技术包括分组过滤技术、代理服务器技术和状态检测技术。

①分组过滤技术是最早的防火墙技术,它根据数据分组头的信息来确定是否允许该分组通过,为此要求用户制定过滤规则。这种技术基于网络层和传输层,是一种简单的安全性措施,但不能过滤应用层的攻击行为。目前的防火墙主要是根据分组的 IP 源地址、IP 目标地址、源端口号、目标端口号以及协议类型进行过滤。

②代理服务器技术是应用层的技术,它用代理服务器来代替内部网用户接收外部的数据,取出应用层的信息并经过检查后,再建立一条新的会话连接将数据转交给内部网用户机主。由于内部主机与外部主机不进行直接的通信连接,而是通过防火墙的应用层进行转交,所以可以较好地保证安全性。但是它要求应用层数据中不包含加密、压缩的数据,否则应用层的代理就很难实现安全检测。

③状态检测技术是基于会话层的技术,它对外部的连接和通信行为进行状态检测,阻止可能具有攻击性的行为,从而抵御网络攻击。新型防火墙产品中还增加了计算机病毒检测和防护技术、垃圾邮件过滤技术、Web 过滤技术等。随着网络上攻击行为的变化,用户对防火墙也不断提出新的要求。

6.3.5 数据加密技术

1. 数据加密技术概述

许多计算机系统采用口令机制来控制对系统资源的访问,当用户想要访问受保护的资源时,就会被要求输入口令。在传统的计算机系统中,简单的口令机制就能取得很好的效果,因为系统本身不会把口令泄漏出去。而在网络系统中,这样的口令就很容易被窃听。比如,某用户从网络登录到一台远程计算机上,如果数据是以明码的形式传输的,就很容易在网络传输线路上被窃取,这种技术称为在线窃听。在线窃听在局域网上更容易实现,因为大多数局域网都是总线结构,从理论上讲任何一台计算机都可以截取网上所有的数据帧。因此,为了保证数据的保密性,必须对数据进行加密。

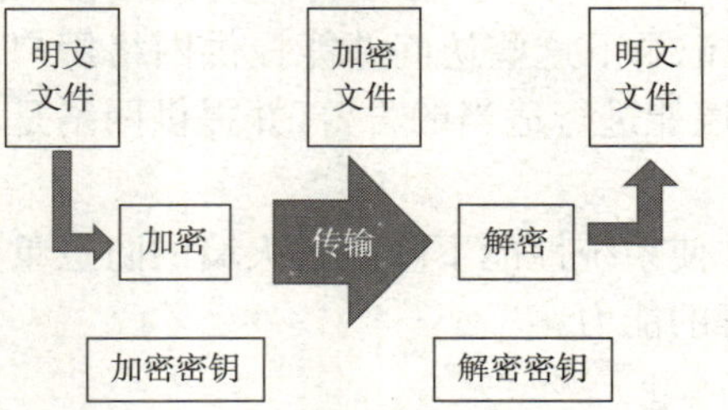

图 6-50　数据加密技术举例

所谓数据加密(data encryption)技术是指将一个明文经过加密钥匙(encryption key)及加密函数转换,变成无意义的密文(cipher text),而接收方则将此密文经过解密函数、解密钥匙(decryption key)还原成明文,如图 6-50 所示,数据加密通常由加密和解密两个过程组成。加密技术是网络安全技术的基石,数据加密和解密的基本过程如图 6-51 所示。

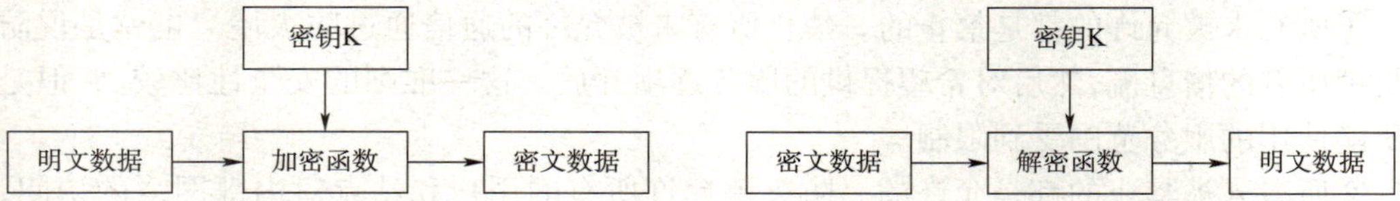

a)加密过程　　b)解密过程

图 6-51　数据加密和解密的过程

数据加密技术涉及的基本术语如下:

①明文:待加密的报文或数据。

②密文:加密后的报文或数据。

③密钥:用于加密和解密的钥匙,通常是一个字符串。

④加密算法:加密所采用的变换方法。

⑤加密:把明文转换为密文的过程。

⑥解密:对密文实施与加密相逆的变换,从而获得明文的过程。

2. 对称加密算法

对称加密算法是应用较早的加密算法,技术成熟。在对称加密算法中,数据发送方将明文和加密密钥一起经过特殊加密算法处理后,使其变成复杂的加密密文发送出去。接收方收到密文后,若想解读原文,则需要使用加密用过的密钥及相同算法的逆算法对密文进行解密,才能使其恢复成可读明文。在对称加密算法中,使用的密钥只有一个,收发双方都使用这个密钥对数据进行加密和解密,这就要求解密方事先必须知道加密密钥。

对称加密算法的特点是算法公开、计算量小、加密速度快、加密效率高。不足之处是,交易双方都使用同样钥匙,安全性得不到保证。此外,每对用户每次使用对称加密算法时,都需要使用其他人不知道的唯一钥匙,这会使得收发双方所拥有的钥匙数量成几何级数增长,密钥管理成为用户的负担。对称加密算法在分布式网络系统上使用较为困难,主要是因为密钥管理困难,使用成本较高。在计算机专网系统中广泛使用的对称加密算法有 DES、IDEA 和 AES。

3. 非对称加密算法

非对称加密算法又称公钥加密算法。非对称加密算法使用两把完全不同但又是完全匹配的钥匙——公钥和私钥。在使用不对称加密算法加密文件时,只有使用匹配的一对公钥和私钥,才能完成对明文的加密和解密过程。在加密明文时采用公钥加密,解密密文时使用私钥解密,而且发送方(加密者)需要知道接收方的公钥,而接收方(解密者)才是唯一知道自己私钥的人。非对称加密算法的基本原理是,如果发送方想发送只有接收方才能解读的加密信息,发送方必须首先知道接收方的公钥,然后利用接收方的公钥来加密原文;接收方收到加密密文后,使用自己的私钥才能解密密文。显然,采用非对称加密算法,收发双方在通信之前,接收方必须将自己早已随机生成的公钥送给发送方,而自己保留私钥。由于非对称算法拥有两个密钥,因而特别适用于分布式系统中的数据加密。广泛应用的非对称加密算法有 RSA 算法和美国国家标准局提出的 DSA,以非对称加密算法为基础的加密技术应用非常广泛。

4. 数字签名

数字签名(digital signature)不是指将签名扫描成数字图像,或者用触摸板获取的签名,更不是落款。在计算机通信中,当接收者接收到一个消息时,往往需要验证消息在传输过程中有没有被篡改;有时接收者需要确认消息发送者的身份。所有这些都可以通过数字签名来实现。数字签名是公开密钥加密技术的一种应用。

简单地说,所谓数字签名就是附加在数据单元上的一些数据,或是对数据单元所做的密码变换。这种数据或变换允许数据单元的接收者用以确认数据单元的来源和数据单元的完整性并保护数据,防止被人(例如接收者)进行伪造。它是对电子形式的消息进行签名的一种方法,一个签名消息能在一个通信网络中传输。基于公钥密码体制和私钥密码体制都可以获得数字签名,目前主要是基于公钥密码体制的数字签名。

数字签名技术是不对称加密算法的典型应用。数字签名的应用过程是,数据源发送方使用自己的私钥对数据校验和或其他与数据内容有关的变量进行加密处理,完成对数据的合法"签名",数据接收方则利用对方的公钥来解读收到的"数字签名",并将解读结果用于对数据完整性的检验,以确认签名的合法性。数字签名技术是在网络系统虚拟环境中确认身份的重要技术,完全可以代替现实过程中的"亲笔签字",在技术和法律上有保证。在公钥与私钥管理方面,数字签名应用与加密邮件 PGP 技术正好相反。在数字签名应用中,发送者的公钥可以很方便地得到,但他的私钥则需要严格保密。

数字签名主要的功能是:保证信息传输的完整性、发送者的身份认证以及防止交易中的抵赖发生。

数字签名可以用来证明消息确实是由发送者签发的,数字签名应满足以下条件:

①签名是可以被确认的,即接收方可以确认或证实确实是由发送方签名的。

②签名是不可伪造的,即接收方和第三方都不能伪造签名。

③签名不可重用,即签名是消息(文件)的一部分,不能把签名移到其他消息(文件)上。

④签名是不可抵赖的,即发送方不能否认他所签发的消息。

⑤第三方可以确认收发双方之间的消息传送但不能篡改消息。

下面举例说明数字签名的应用。

若 A 向 B 发送消息,其创建数字签名的过程如图 6-52a)所示。

①利用散列函数计算原消息的摘要。

②用自己的私钥加密摘要,并将摘要附在原消息的后面。

B 接收到消息,对数字签名进行验证的过程如图 6-52b)所示。

①将消息中的原消息及其加密后的摘要分离出来。

②使用 A 的公钥将加密后的摘要解密。

③利用散列函数重新计算原消息的摘要。

④将解密后的摘要和自己用相同散列算法生成的摘要进行比较,若两者相等,说明消息在传递过程中没有被篡改,否则消息不可信。

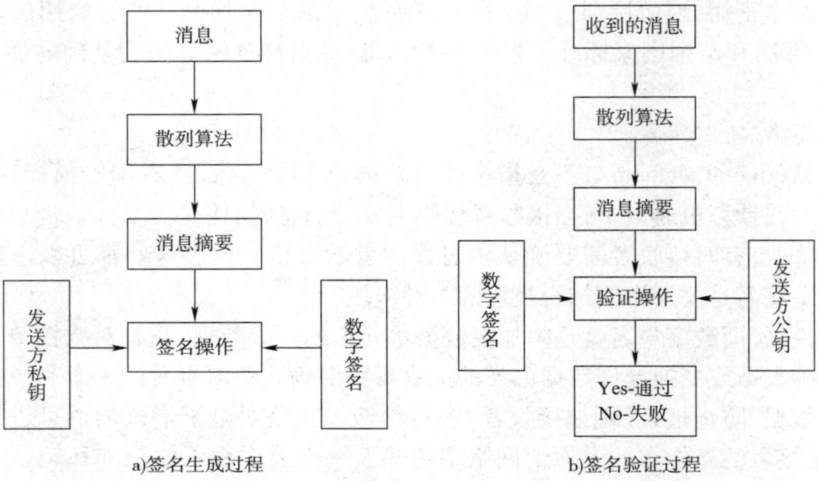

图 6-52　数字签名的过程

了解数字签名及其验证的过程后,可以发现,这一技术带来了以下三方面的安全性:

①信息的完整性:由散列函数的特性可知,如果信息在传输过程中遭到篡改,B 重新计算出的摘要必然不同于用 A 的公钥解密出的摘要,因此 B 就确信信息不可信。

②信源确认:因为公钥和私钥之间存在对应关系,既然 B 能用 A 的公钥解开加密的摘要,并且其值与 B 重新计算出的摘要一致,那么该消息必然是 A 发出的。

③不可抵赖性:因为只有 A 持有自己的私钥,其他人不可能冒充他的身份,所以 A 无法否认他发过这一则消息。

6.3.6　入侵检测系统

入侵检测系统(Intrusion Detection System,IDS)可以被定义为对计算机和网络资源的恶意使用行为(包括系统外部的入侵和内部用户的非授权行为)进行识别和相应处理的系统。入侵检测系统是为保证计算机系统的安全而设计与配置的一种能够及时发现并报告系统中未授权或异常现象的技术,是一种用于检测计算机网络中违反安全策略行为的技术。入侵检测系统被认为是防火墙之后的第二道安全闸门,在不影响网络性能的情况下能对网络进行监测,从而提供对内部攻击、外部攻击和误操作的实时保护。

6.4 本章小结

本章主要介绍了计算机网络的产生与发展，计算机网络的组成、接入和使用等。并针对人们在使用网络时受到的威胁，介绍了相应的安全措施，包括杀毒软件、防火墙技术、访问控制技术、加密技术、数字签名和入侵检测技术等。

6.5 本章练习

一、选择题

1. 计算机网络最突出的优点是(　　)。

A. 精度高　　B. 内存容量大　　C. 运算速度快　　D. 共享资源

2. 制定各种传输控制规程(协议)OSI/RM 的国际标准化组织是(　　)。

A. IBM　　B. ANSI　　C. ARPA　　D. ISO

3. 用于连接两个相同类型局域网的连接设备称为(　　)。

A. 网卡　　B. 网关　　C. 网桥　　D. 中继器

4. 如果两个网络的体系结构不同，为了要将它们互联，则须配置(　　)。

A. 网卡　　B. 网关　　C. 网桥　　D. 中继器

5. 属于集中控制方式的网络拓扑结构是(　　)。

A. 星型结构　　B. 环型结构　　C. 总线型结构　　D. 树型结构

6. 中继器的主要作用是(　　)。

A. 连接两个 LAN　　B. 方便网络配置

C. 延长通信距离　　D. 实现信息交换

7. 在局域网中，运行网络操作系统的设备是(　　)。

A. 网络工作站　　B. 网络服务器　　C. 网卡　　D. 网桥

8. 网络安全的核心是(　　)。

A. 数据安全　　B. 硬件安全　　C. 软件安全　　D. 服务器安全

9. 以下不属于网络安全基本特征的是(　　)。

A. 保密性　　B. 完整性　　C. 重要性　　D. 可用性

10. 以下关于计算机病毒说法中错误的是(　　)。

A. 计算机病毒是一种程序　　B. 计算机病毒具有自我复制功能

C. 计算机病毒是一段可执行码　　D. 计算机病毒跟生物病毒一样

11. 在 Windows XP 中，设置文件夹的网络共享属性，这属于网络安全技术中的(　　)范畴。

A. 数据加密　　B. 访问控制　　C. 病毒防治　　D. 入侵检测

12. (　　)是采用综合的网络技术设置在被保护网络和外部网络之间的一道屏障，用以分隔被保护网络与外部网络系统，防止发生不可预测的、潜在破坏性的侵入，它是不同网络或网络安全域之间信息的唯一出入口。

A. 防火墙技术　　B. 密码技术

C. 访问控制技术　　D. 虚拟专用网

13. 在计算机密码技术中，通信双方使用一对密钥，即一个私有密钥和一个公开密钥，密钥对中的一个必须保持秘密状态，而另一个则被广泛发布，这种密码技术是(　　)。

A. 对称算法　　B. 保密密钥算法

C. 公开密钥算法　　D. 数字签名

14. 在一个数据加密系统中，其核心保护对象是(　　)。

A. 密钥　　B. 加密算法　　C. 明文　　D. 密文

15. 数字签名和手写签名的区别是(　　)。

A. 前者因消息而异，后者因签名者而异

B. 前者因签名者而异，后者因消息而异

C. 前者是 0 和 1 的数字串，后者是模拟图形

D. 前者是模拟图形，后者是 0 和 1 的数字串

二、填空题

1. IP 地址由两部分组成：主机地址和________。

2. 数字签名的作用是________。

3. 防火墙技术主要有分组过滤技术、________和代理服务器技术三种。

4. ________是指保证机密信息不被窃听，或窃听者不能了解信息的真实含义。

5. 计算机网络系统由资源子网和________组成。

6. 数据链路层传输数据的基本单位是________。

7. 路由器工作在 OSI/RM 参考模型中的________。

8. 计算机病毒按其危害程度可分为破坏性病毒和________。

9. 网络软件主要分三类：网络操作系统、________和网络应用软件。

10. LAN、MAN 和 WAN 分别代表的是局域网、城域网和________。

三、简答题

1. 试阐述网络安全、信息安全和计算机安全之间的区别。

2. 信息系统主要面临的安全威胁来自哪些方面？

3. 网络安全机制有哪些？试举例说明。

4. 简述数据加密的工作原理，并画出加密过程的示意图。

5. 请解释加密技术和数字签名之间的关联。

6. 计算机病毒的主要感染途径是什么？有哪些预防方法？

第7章
使用技巧的简单介绍

7.1 Word 使用技巧简单介绍

1. 固定最近打开的文档

Word 提供了“最近使用的文档”列表，可以非常方便地打开最近曾访问过的文档，但假如打开过的文档太多，就会不太容易找到以前常用的文档，这一现象无论是在 Word 2007 或是 Word 2003 都是存在的。我们现在可以将常用的 Word 文档固定在“最近使用的文档”列表中，单击 Office 图标，单击需要固定的文档文件名称后面的图钉按钮就可以了，以后即使打开的文档数量超过了默认的限制，这个文档也会继续固定在“最近使用的文档”列表中。需要指出的是，显示“最近使用的文档”数量可以在“Word 选项”→“高级”的“显示”小节中重新进行设置，当然建议还是请根据显示器大小的大小进行调整。

2. 一次性更新文档中的域

在以前的版本中，我们需要逐个执行【更新域】的命令才能完成文档中多个域的更新工作，而在 Word 2007 中则变得相当简单。现在，我们可以一次性完成文档中的域更新，方法是首先切换到【开始】选项卡，然后在【编辑】功能组中选择【全选】，然后在文本编辑区域中单击鼠标右键，从快捷菜单中选择【更新域】就可以了。

3. 快速设置段落缩进

大多数文档都会要求段落首行缩进 2 个字符，如果文档的页码不多，那么手工设置就可以了，但如果是一篇页码数很多的文档，手工设置显然不是什么好办法。我们可以通过修改正文样式来实现这样的要求，首先请打开【段落】对话框，切换到【缩进和间距】选项，在【特殊格式】的下拉列表框中选择“首和行缩进”，【磅值】选择“2 字符”。

4. 找回以前的命令

毕竟是全新的界面和操作方式，很多朋友对于 Word 2007 还是有些不太适应。其实，我们可以通过帮助了解一下以前版本的菜单和工具栏命令在新软件中的位置，按下【F1】键打开帮助，选择【新增内容】，再选择【参考：Word 2003 命令在 Word 2007 中的位置】，在【常用命令的新位置】中，单击【Word 功能区映射工作簿】，该工作簿第一个选项卡【介绍】主要是提供了关于自定义、查找和打印数据的提示，在这里我们可以找到 Word 2003 的菜单和工具栏的相关命令在 Word 2007 中的对应位置。

5. 利用全新的实时预览功能试用标题样式

在先前版本的 Word 中，如果不确定要为标题指定何种样式的字体，经常需要反复地应用多种样式来查看效果，一个不满意再撤销重换下一个样式。但在 Word 2007 中，全新的实时预览功能可以让用户在应用某个样式之前轻松而快速地查看其应用后的效果，只需鼠标指向某个样式即可立即查看，省事又省时，极大地方便了用户。操作方法如下：

①将光标定位在标题文本中的任意位置

②在默认显示于最前端的【开始】选项卡中，找到【样式】组，然后在其中单击【样式库】右下方的【其他】按钮。

③在打开的【样式库】中，只需在给出的各种样式之间轻松滑动鼠标，标题文本就会自动呈现出当前样式应用后的视觉效果。

6. 即时翻译文档中的英文单词

Microsoft Office Word 2007 内置了强大的翻译功能，与你所熟悉的桌面词典软件一样即指即翻，使用方便。操作步骤如下：

①在 Word 2007 的【功能区】中，切换到【审阅】选项卡。

②在【校对】组中，单击的【翻译屏幕提示】按钮，然后在下拉菜单中执行【中文（中国）】命令，以此来启用屏幕取词翻译的功能。

③将鼠标指针停留在任意一个英文单词上，相应的翻译结果就会以屏幕提示的方式显示出来。

④如果你还没有决定哪种样式符合心意，只需将鼠标移开，标题文本就会恢复到原来的样子；一旦找到了满意的样式，单击它，该样式就会被应用。

7. 快速到达某章、某节

①在 Word 2007 窗口中单击【开始】选项卡，在【样式】组中把文档中每一章的标题设为【标题 1】，每一节的标题设为【标题 2】，如果节下面还有更小的单元设为【标题 3】……如果对设置的标题 1、标题 2……样式不满意，可以再选中标题，然后对字体、字形、字号、颜色、字间距和对齐方式等进行二次重设。

②单击【视图】选项卡，在【显示/隐藏】组中把【文档结构图】项勾选上，这时窗口左侧会根据你设的章节标题显示出文档结构图。

③在左侧文档结构图中，单击你要查看、修改的内容所在的章或节的标题，就能快速到达你所需的章节了。

8. 轻松插入数学公式

在先前的 Word 版本中，向文档中插入数学公式是一件非常麻烦的事情。现在可以将这项工作进行彻底地简化。在内置的【公式库】中可以找到很多常用的数学公式，或者轻松构造自己的公式，而且智能化的【功能区】会在你插入公式后，自动切换到公式的设计状态，相关的设计工具也会自动呈现在你面前。操作方法如下：

①将光标定位在要插入公式的位置。

②切换到【插入】选项卡，并在【符号】组中单击【公式】按钮，打开【公式库】。

③浏览【公式库】中的内置公式，并选择一个要将其插入到文档中的公式。

④当插入该公式后，公式的【设计】选项卡就会显示在【功能区】的最前端，这时候可以利用该选项卡中的工具对当前公式进行随意编辑。

9. 给文档加水印说明

水印实际上是嵌入到文档页面背景中的一幅图片或一些文字，它们将随文档一起打印输出到纸张上。有时候需要向文档中添加水印，以醒目的水印来告知他人这份文档的重要程度或特殊用途。Word 2007 内置的【水印库】已经为用户准备好了若干个现成的水印。当然，你也可以利用水印来装裱文档，使之更加美观。操作方法如下：

①切换到【页面布局】选项卡，并在【页面背景】组中单击【水印】按钮，打开【水印库】。

②【水印库】以图示的方式罗列了内置的水印效果，用户只需单击其中一个符合要求的水印，它就会立刻被应用到当前文档的所有页面之中。

10. 快速创建与格式化表格

表格是一种用于整理数据的有效方式，但普通的数据表格阅读起来却又是一件非常枯燥的事情。如果能用最快的速度和最少的工作量来让自己的表格变得与众不同、精美别致,那一定会让阅读者更乐于浏览。实现这一招其实也不难,操作如下:

①在 Word 中插入表格,首先切换到【插入】选项卡,在【表格】组中,单击【表格】按钮,并在下拉菜单的【插入表格】区域中以滑动鼠标的方式指定表格的行列数目,确定后单击即可将指定行列数目的表格插入到文档中。

②完成自己的表格填充工作。

③确保光标仍处于表格范围之内,并在表格的【设计】选项卡的【表样式】组中,通过实时预览方式为表格指定内置的样式,表格迅速变得美观很多。

11. 保存常用的表格到【快速表格库】

虽然上面提到 Word 2007 为快速制作美观而专业的表格提供了良好的支持,但相信任何用户也不愿意总是进行重复劳动,反复制作某一个常用的表格。Word 中其实提供了一种更加快速创建常用表格的方法——【快速表格库】功能,该表格库现已包含了若干个创建好的表格模板,另外也可以将自己制作好的常用表格加入到该表格库中,以便随时快速调用。操作方法如下:

①在包含常用表格的文档中,单击该表格左上角来选中整个表格。

②切换到【插入】选项卡,在【表格】组中,单击【表格】按钮,并从下拉菜单中执行【快速表格】→【将所选内容保存到快速表格库】命令。

③在打开的【新建构建基块】对话框中,为该表格设置【名称】属性,并单击【确定】按钮,表格就迅速被添加到【快速表格库】中了。

④每当需要插入该表格时,只需打开【快速表格库】并从中单击它即可。

12. 在 Word 2007 模板中修改样式

①打开 Word 2007 文档窗口,在【开始】功能区的【样式】分组中单击显示样式窗口按钮,如图 7-1 所示。

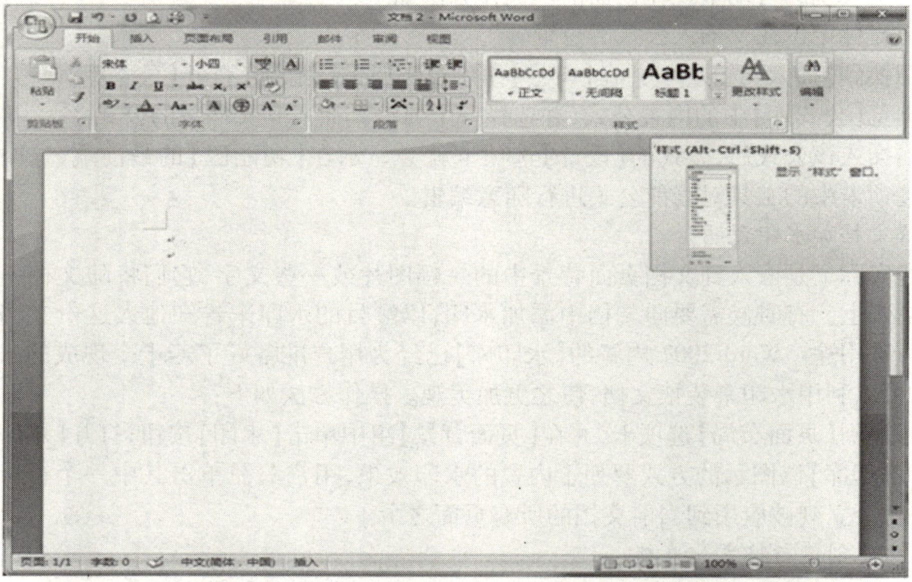

图 7-1　Word 2007 文档窗口【样式】

②在打开的【样式】窗格中右键单击需要修改的样式，并在打开的快捷菜单中选择【修改】命令，如图 7-2 所示。

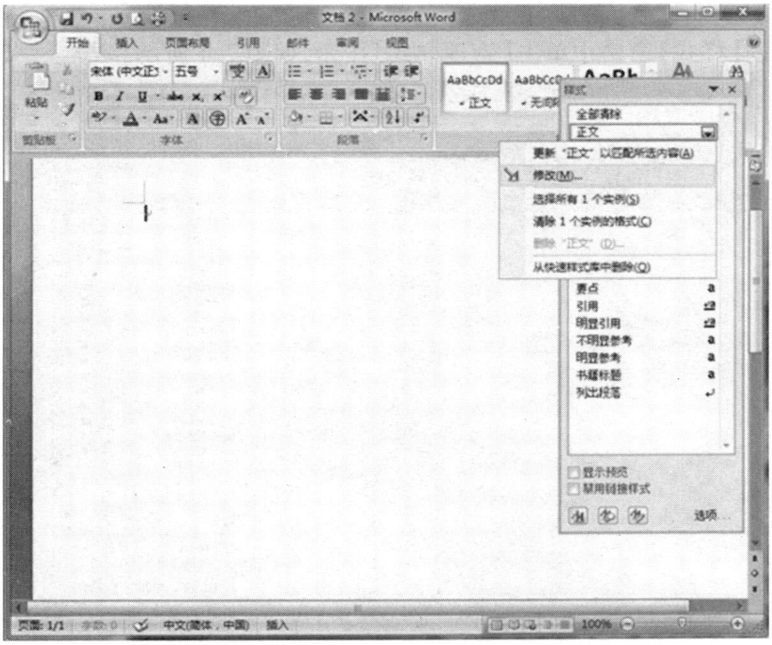

图 7-2 【样式】对话框

③打开【修改样式】对话框，根据实际需要对该样式的名称、格式等项目进行修改，然后选中【基于该模板的新文档】单选框，并单击【确定】按钮，如图 7-3 所示。

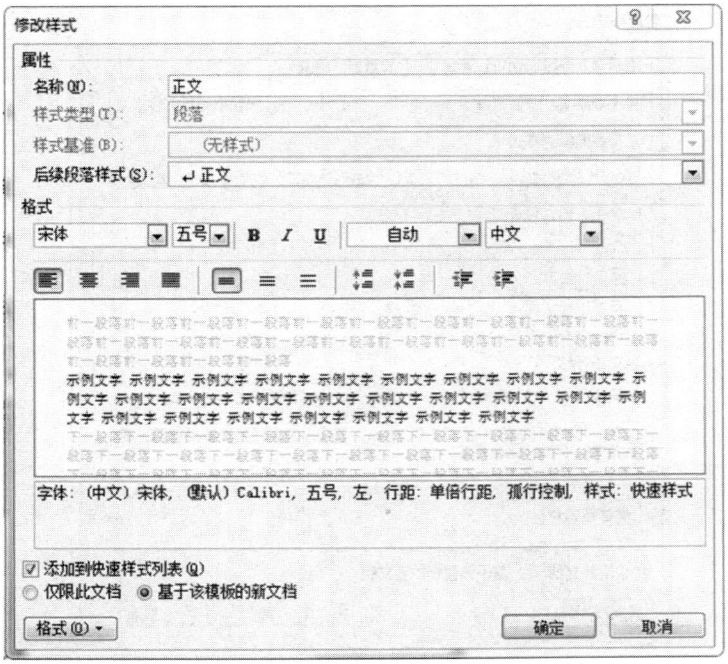

图 7-3 【修改样式】对话框

13. 在 Word 2007【管理样式】对话框中修改样式

①打开 Word 2007 文档窗口，在【开始】功能区的【样式】分组中单击显示样式窗口按钮，如图 7-1 所示。

②在打开的【样式】窗格中单击【管理样式】按钮，如图 7-4 所示。

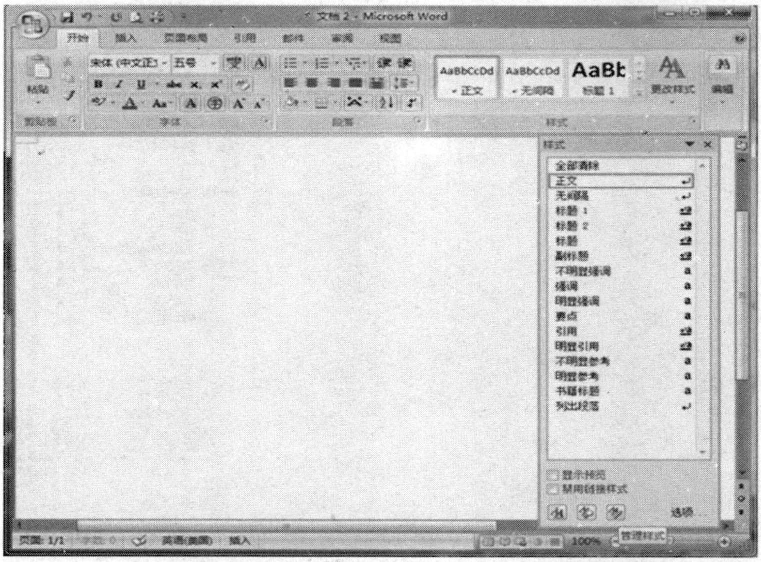

图 7-4 【管理样式】对话框

③打开【管理样式】对话框，切换到【编辑】选项卡。在【选择要编辑的样式】列表中选择需要修改的样式，然后单击【修改】按钮，如图 7-5 所示。

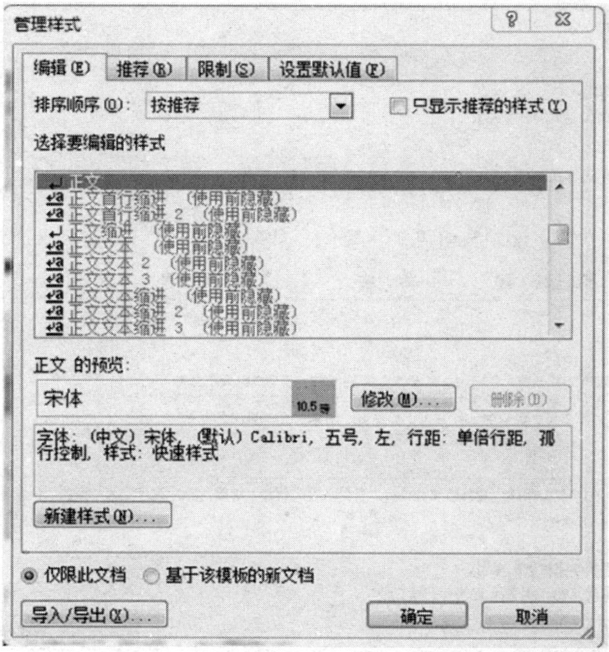

图 7-5 【管理样式】选择卡

④在打开的【修改样式】对话框中根据实际需要重新设置该样式的格式，并单击【确定】按钮，如图 7-6 所示。

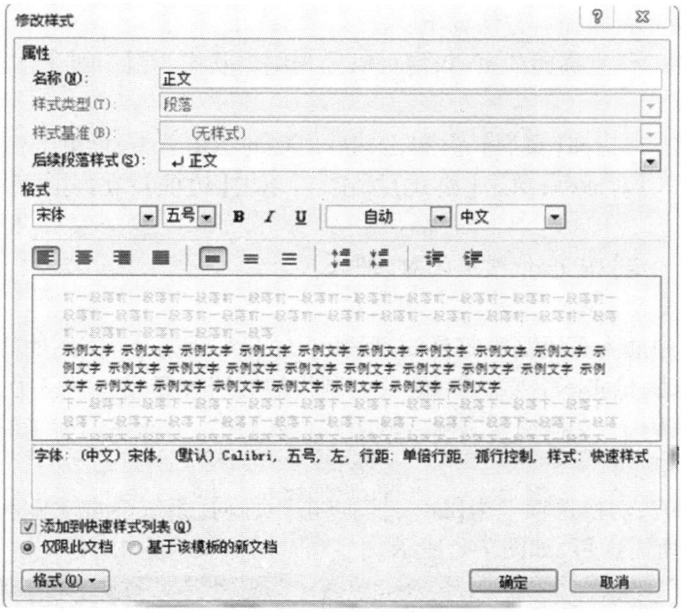

图 7-6 【修改样式】对话框

⑤返回【管理样式】对话框，选中【基于该模板的新文档】单选框，并单击【确定】按钮，如图 7-7 所示。

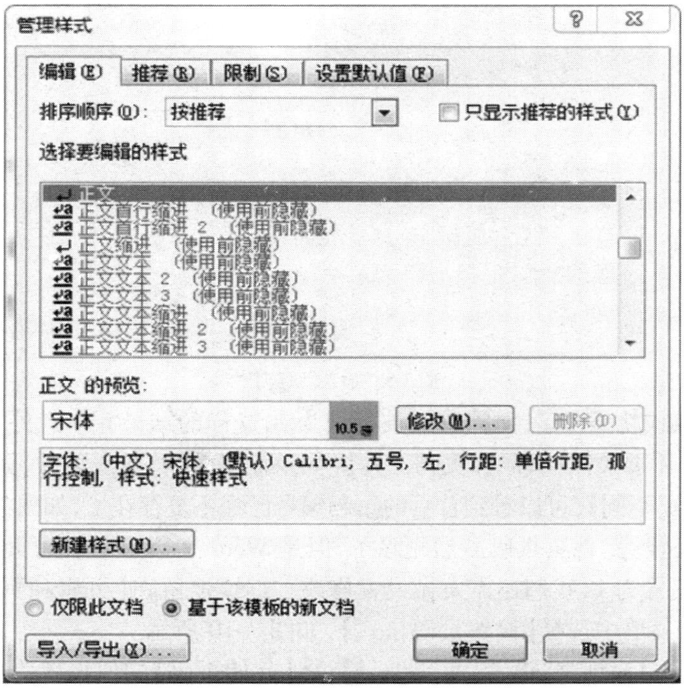

图 7-7 【管理样式】对话框

14. 巧妙去除 Word 2007 页眉中碍眼的横线

使用 Word 2007 编辑文档时，如果给文档加上页眉又去掉后，页眉中的那条横线却仍然存在着。该如何将其去掉呢？方法如下：

①双击文档中的任意页面的页眉，使页眉处于编辑状态；在【开始】选项卡，单击【样式】组的对话框启动器。

②在【样式】窗口，指向【页眉】，并单击其后出现的三角箭头，再单击【修改】。

③在【修改样式】对话框，单击【格式】按钮，再单击【边框】；在【边框】选项卡的【设置】标题下，单击【无】。

④两次单击【确定】按钮，依次关闭对话框。

15. 轻松删除首页页码

在 Word 文档中插入页码是很容易的事情，不过在实际办公应用中情况多变，我们需要有针对性地设置来满足实际需要。例如：我们制作的文档首页（第一页）为封面，那我们自然不希望首页上有页码了，文档编号实际上从第二页开始的，下面我们就来看看 Word 2007 中是如何解决这一问题的。

打开 Word 2007，切换选项卡为【插入】。点击【页脚】，系统会自动显示内置的【页脚】模版预览，任意选择所需即可，如图 7-8 所示。

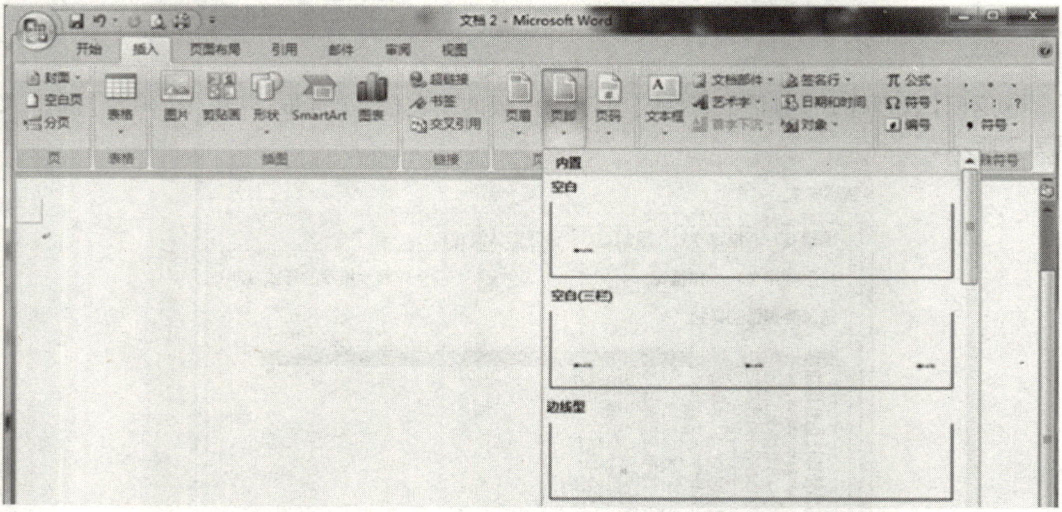

图 7-8　插入【页脚】

现在【页码】就成功插入了，文档首页被标记为 1，这样的结果并不意外，接下来我们就来去除首页的页码。不要关闭【页眉和页脚工具】（如果已经关闭，双击页眉、页脚即可打开），在【选项】中勾选【首页不同】，可以看到首页的页码编号已经不复存在了，如图 7-9 所示。

设置到这里还没完，首页页码虽然删除了，但是 Word 文档第二页的页码依然标记为 2，而我们需要它的编号为 1，我们还需要做设置修改。继续停留在【页眉和页脚工具】，鼠标点击【页码】，在下列菜单中选择【设置页码格式】，如图 7-10 所示。

进入【页码格式】对话框，设置【页码编号】，将【起始页码】的值设置为“0”，点击【确定】完成，如图 7-11 所示。

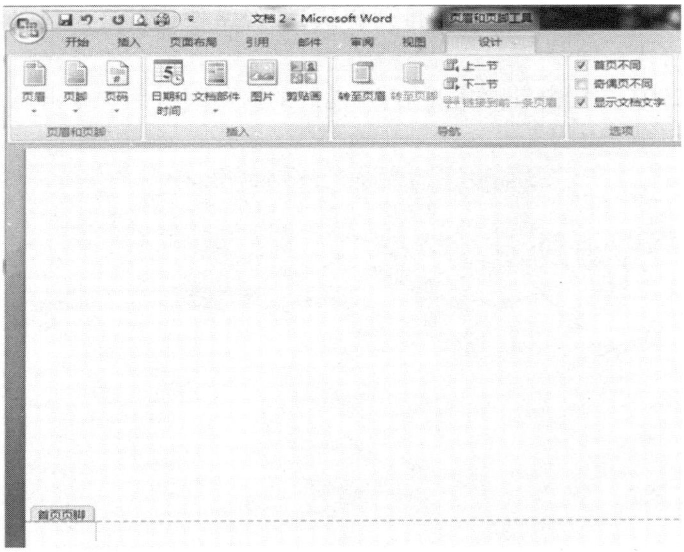

图 7-9　首页页脚

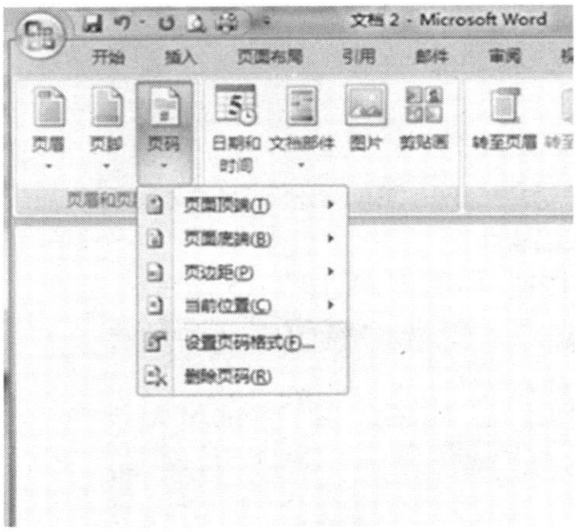

图 7-10 【页码】选项卡

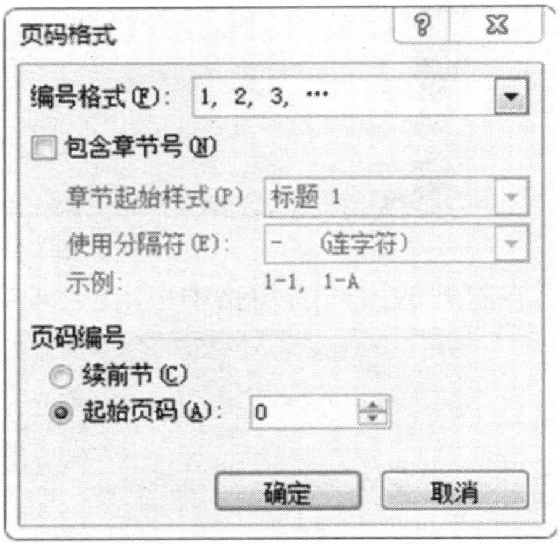

图 7-11 【页码格式】选项卡

16. 显示标尺

如果你在进行表格处理的工作，那么如果有标尺可用的话，也许会对工作更有帮助。在默认情况下，你是无法在屏幕的顶部和边上看到标尺的。查看标尺的一个方法就是，将你的鼠标移到页面顶部的右边，并等待几秒钟，标尺就会显现出来。但如果你的鼠标位置放置不正确，这样做就是无效的。

另一个方法则能够让标尺始终显示，那就是点击滚动条上方的一个小的标尺图标如图 7-13。它看起来也许不那么起眼，但只要你点击它之后，标尺就会显现。如果再一次点击，标尺则会消失，如图 7-12 所示。

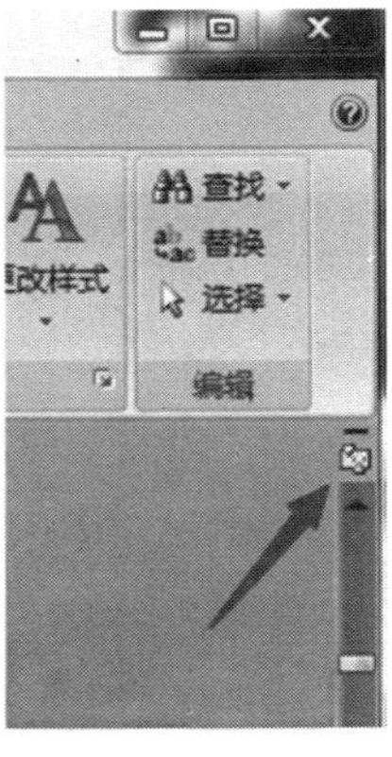

图 7-12　标尺图标

17. 在 Word 2007 样式列表中排列样式顺序

通常情况下，Word 2007 中的样式会按照样式名称首字母的顺序进行排列，用户可以根据实际需要按推荐排列样式，使经常使用的样式排列在样式列表的前面，操作步骤如下所述：

①打开 Word 2007 文档窗口，在【开始】功能区的【样式】分组中单击显示样式窗口按钮，如图 7-13 所示。

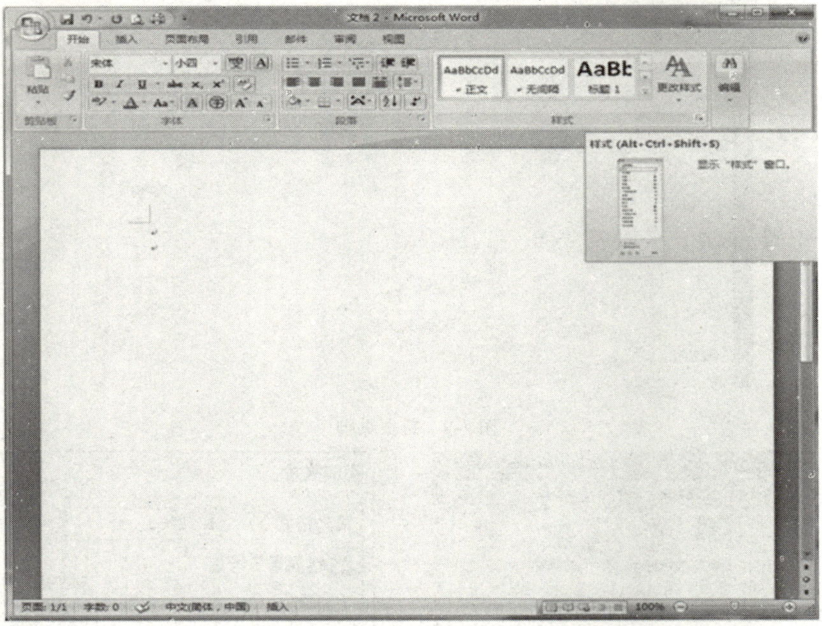

图 7-13 【样式】窗口

②在打开的【样式】窗格中单击【管理样式】按钮，如图 7-14，图 7-15 所示。

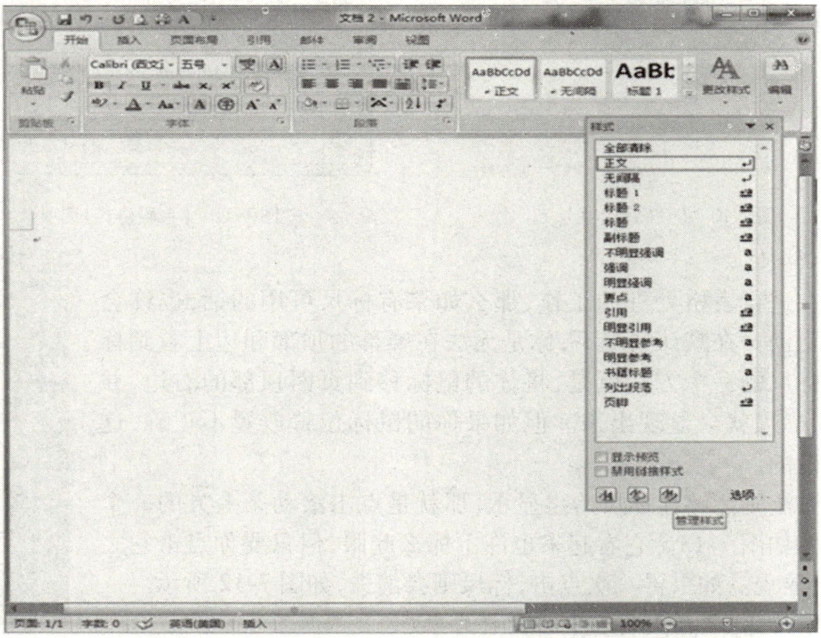

图 7-14 【样式】选项卡

③打开【管理样式】对话框，切换到【推荐】选项卡。在样式列表中可以看到每种样式左侧都有一种推荐等级。选中需要改变推荐等级（即改变排列顺序）的样式，然后单击【上移】、【下移】、【置于最后】或【指定值】按钮改变推荐等级。设置完毕单击【确定】按钮，如图 7-18 所示。

④返回【样式】窗格，单击【选项】按钮，如图 7-16 所示。

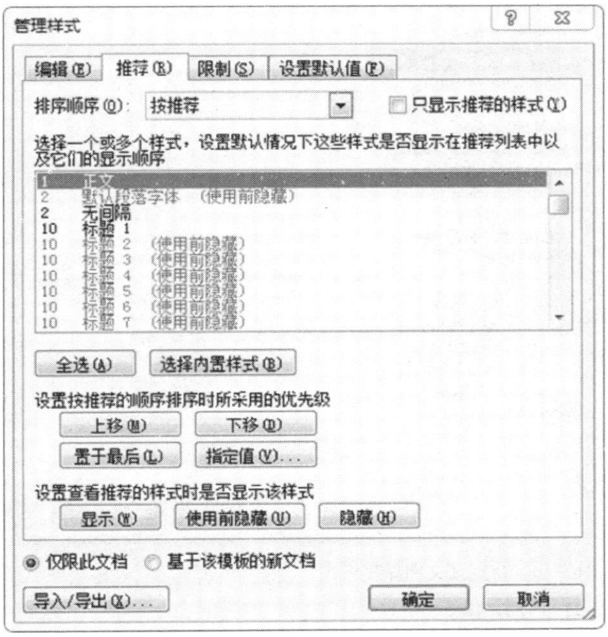

图 7-15 【管理样式】对话框

图 7-16 【样式】选项卡

⑤在打开的【样式窗格选项】对话框中单击【选择列表的排序方式】下拉三角按钮，在打开的排序方式列表中选择【按推荐】选项，并单击【确定】按钮即可改变样式排列顺序，如图 7-17 所示。

18. 更改 Microsoft Office Word 2007 默认保存格式为“. doc”文档

Microsoft Office Word 2007 默认保存格式为“. docx”文档，虽然比起旧的“. doc”格式文档有体积小等优点。不过低版本的 Word（比如 Word 2003）却必须通过安装兼容补丁（Microsoft Office Compatibility Pack for Word, Excel, and PowerPoint 2007 File Formats）后才能识别，因此许多人还是希望能将其默认保存格式更改为“. doc”文档。通过以下步骤可以实现：

打开 Word 2007，新建一空白文档，不要输入任何内容，依次点击左上角的【Microsoft Office 2007】徽标→【Word 选项】，切换到【保存】标签页，在【将文件保存为此格式】的下拉菜单中选择【Word 97 – 2003 文档

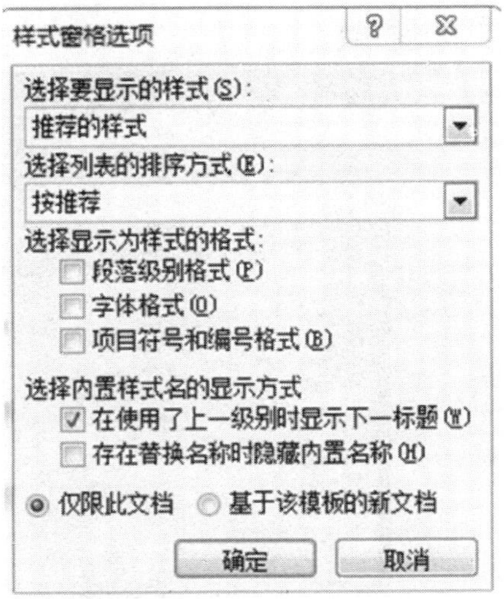

图 7-17 【样式窗格选择】对话框

(＊.doc)】,如图7-18所示,单击【确定】,再关闭该空白文档,以后所有新建文档默认保存格式即更改为“.doc”文档。此法同样适用于Microsoft Office 2007的其他组件。

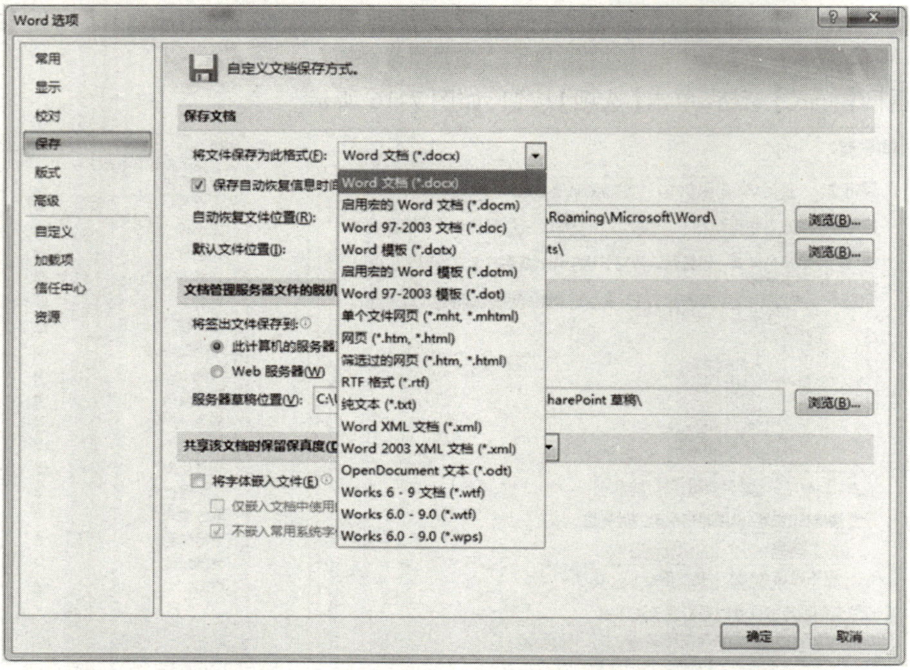

图7-18　自定义文档保存格式

19. 在Word 2007中添加【快速打印】按钮

与Microsoft Office Word 2007 Beta 2相比,正式版的Microsoft Office Word 2007快速访问工具栏少了个【快速打印】按钮,这给初次使用Microsoft Office Word 2007的新手带来小小的不便,因为往往要费些功夫才能找到有关打印的选项。其实可以通过自定义的方法在快速访问工具栏中添加【快速打印】按钮,如图7-19所示,当然还可以根据需要添加“打印预览”等其他按钮。

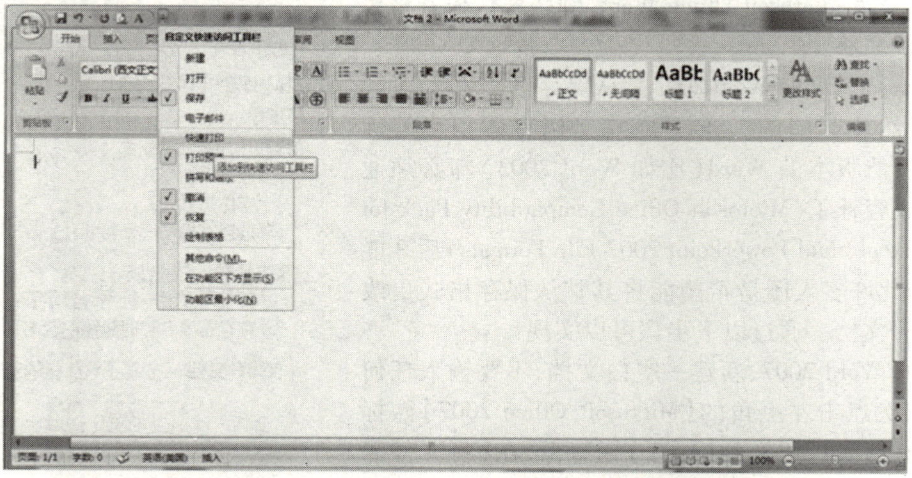

图　7-19

20. 在 Word 2007 中使用“重复”功能

“重复”功能可以在 Word 2007 中重复执行最后的编辑操作,例如重复输入文本、设置格式或重复插入图片、符号等。用户可以单击“快速访问工具栏”中的“重复”按钮,也可以按下 Ctrl + Y 组合键执行“重复”操作,如图 7-20 所示。

图 7-20

小提示:“重复”按钮和“恢复”按钮位于“快速访问工具栏”的相同位置,会根据用户的操作自动转换。其中“恢复”按钮是一个向下指向的弧形箭头,“重复”按钮是一个向上指向的弧形箭头。“重复”和“恢复”功能的快捷键都是 Ctrl + Y,两者不可同时使用。

21. 在 Word 2007 中拖动文本进行移动或复制

跟 Word 以前的版本一样,在 Word 2007 中同样可以通过拖动的方式移动或复制文本,操作步骤如下所述:

①打开 Word 2007 文档,选中想要移动或复制的文本,如图 7-21 所示。

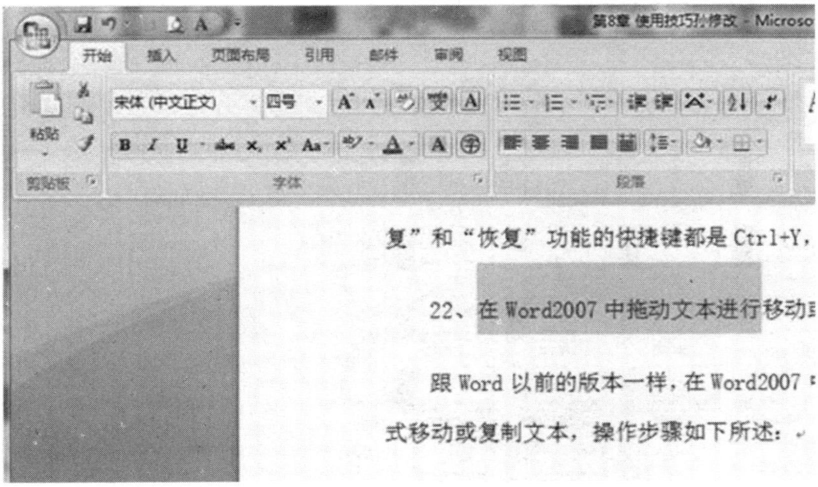

图 7-21

②将鼠标指针指向被选中的文本区域,按住左键拖动文本到目标位置,如图所示。

小提示:如果想要复制被选中的文本,则需要在按住 Ctrl 键的同时拖动文本。

③将被选中的文本移动或复制到目标位置后松开鼠标左键即可(如果在拖动文本的同时按住 Ctrl 键,则需要同事释放 Ctrl 键)。

22. 在 Word 2007 文档中使用主题

通过使用主题,用户可以快速的改变 Word 2007 文档的整体外观,主要包括字体、字体颜色和图形对象的效果。如果在 Word 2007 中打开 Word 97 文档或 Word 2003 文档,则无法使用主题,而必须将其另存为 Word 2007 文档才可以使用主题。在 Word 2007 文档中使用主题的步骤如下所述:

①打开 Word 2007 文档窗口,切换到【页面布局】功能区,并在【主题】分组中单击【主题】下拉三角按钮,如图 7-21 所示。

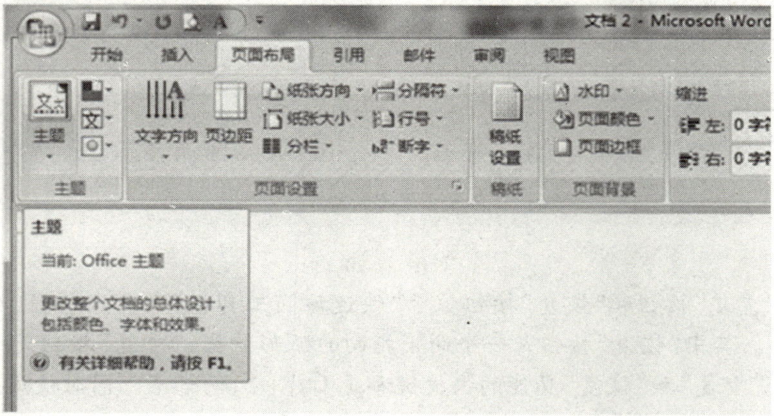

图 7-21 【主题】选项卡

②在打开的【主题】下拉列表中选择合适的主题。当鼠标指向某一种主题时,会在 Word 文档中显示应用该主题后预览效果,如图 7-22 所示。

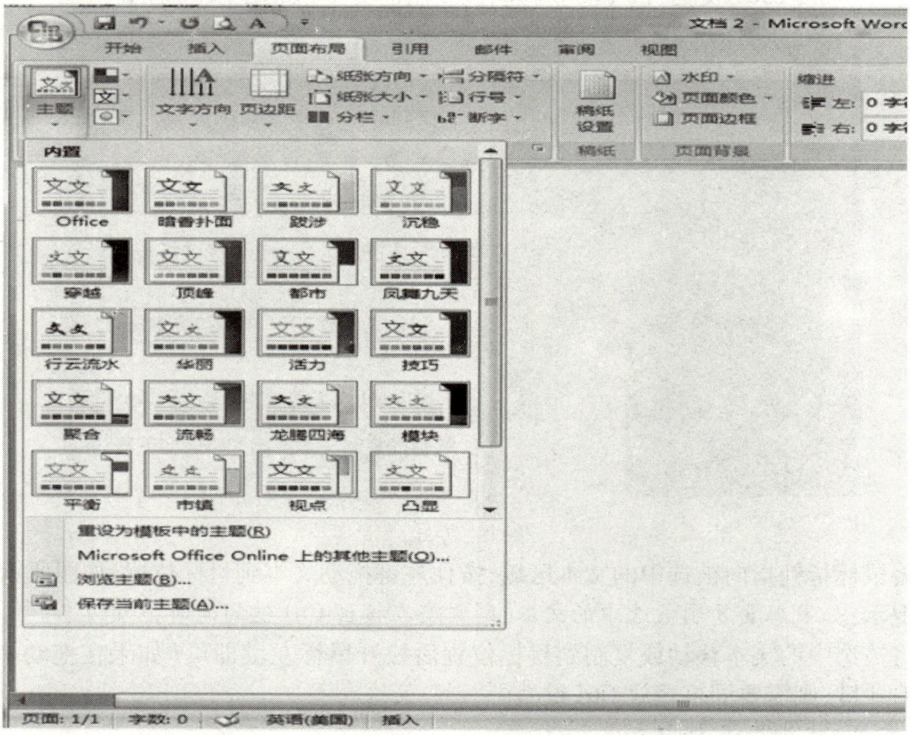

图 7-22 【主题】选择卡内置主题

小提示：如果希望将主题恢复到 Word 模板默认的主题，可以在【主题】下拉列表中单击【重设为模板中的主题】按钮，如图 7-23 所示。

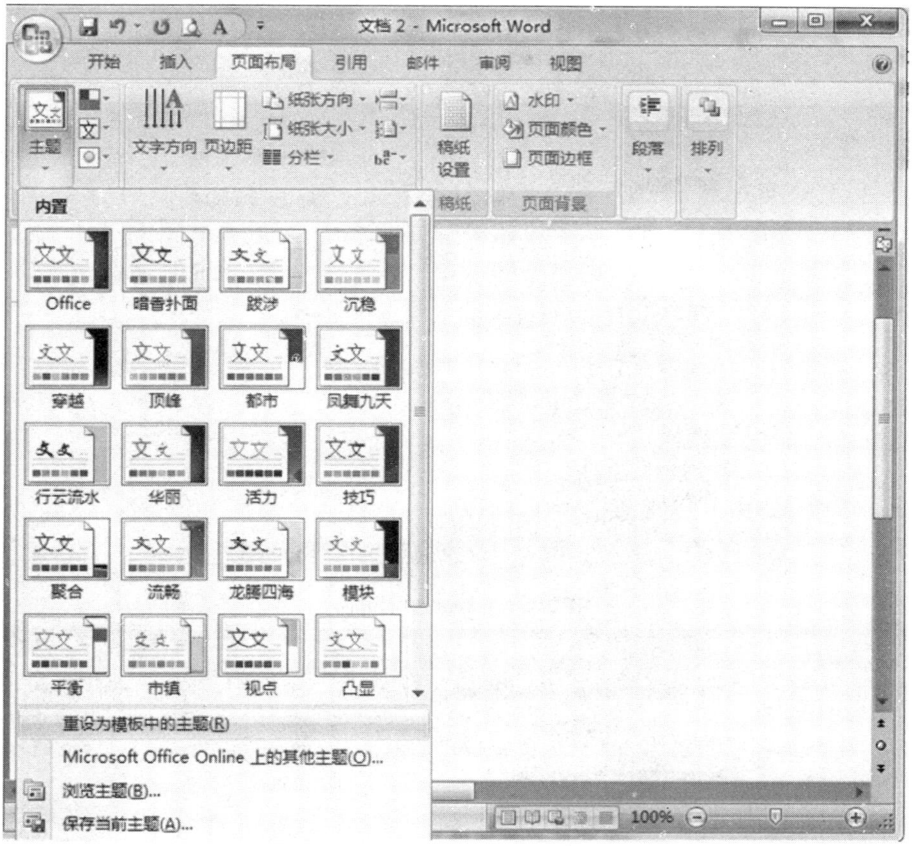

图 7-23 重设主题

23. 在 Word 2007 文档中显示或隐藏段落标记

默认情况下，Word 2007 文档中始终显示段落标记。用户需要进行必要的设置才能在显示和隐藏段落标记两种状态间切换，操作步骤如下所述：

①打开 Word 2007 文档窗口，依次单击【Office 按钮】→【Word 选项】按钮，如图 7-24 所示。

②在打开的【Word 选项】对话框中切换到【显示】选项卡，在【始终在屏幕上显示这些格式标记】区域取消【段落标记】复选框，并单击【确定】按钮，如图 7-25 所示。

③返回 Word 2007 文档窗口，在【开始】功能区的【段落】分组中单击【显示/隐藏编辑标记】按钮，从而在显示和隐藏段落标记两种状态间进行切换，如图 7-26 所示。

24. 为不同章节分别设置页眉

如图 7-22 所示的这个四的文档，三章的页面都不相同。

这里我们要用到分隔符，为了方便说明，我们需要先设置一下，让 Word 2007 的【格式标记】显示出来。

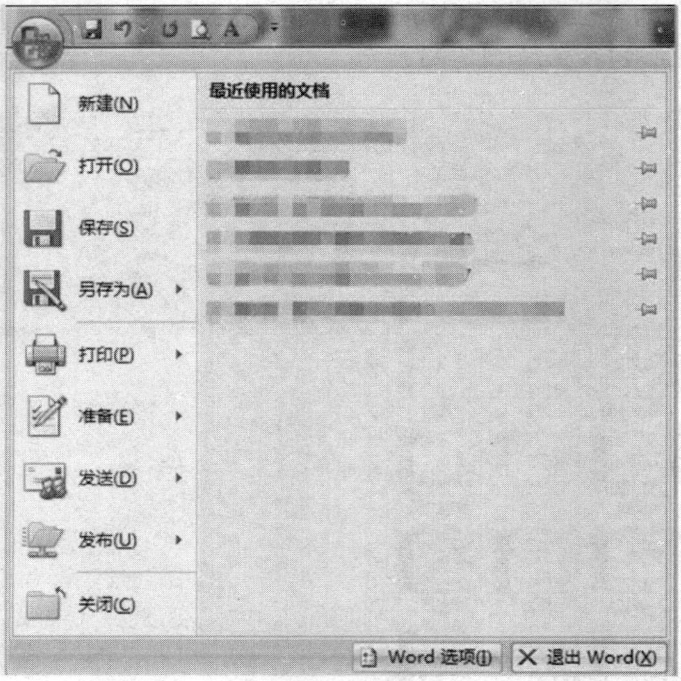

图 7-24 【Word 选项】界面

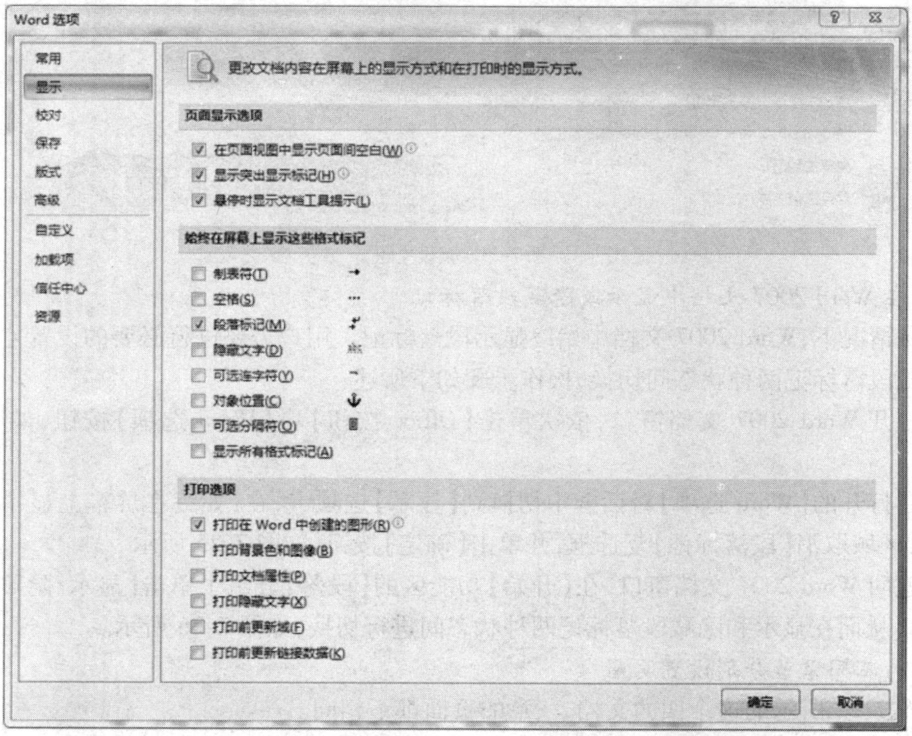

图 7-25 【段落标记】设置

点击左上角的【Office 2007 按钮】,选择底端的【Word 选项】,如图 7-28 所示。勾选【显示所有标记】。

现在我们在第一章(这里就是第一页)的结束部分点击【页面布局】→【分隔符】→【分节符下一页】,如图 7-29 所示。

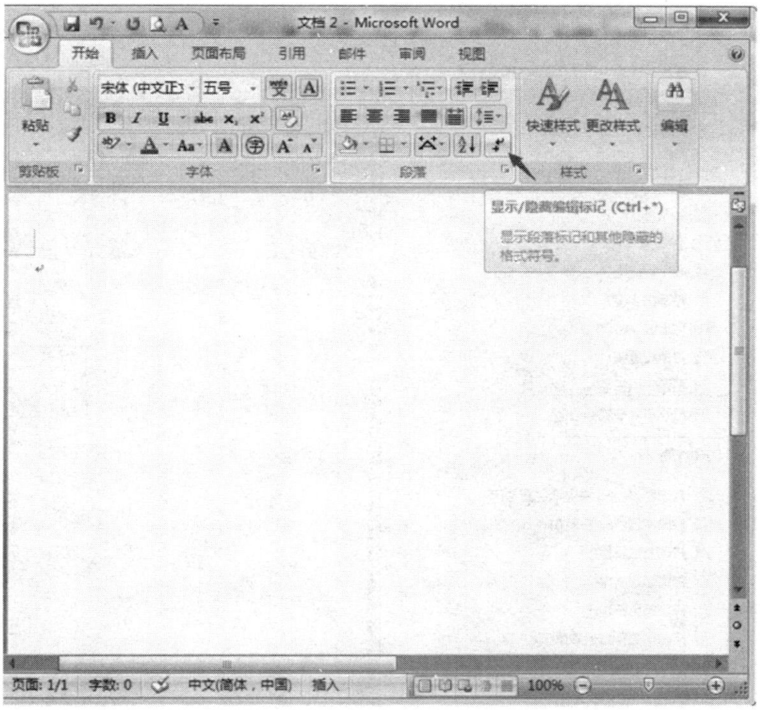

图 7-26 【显示/隐藏编辑标记】界面

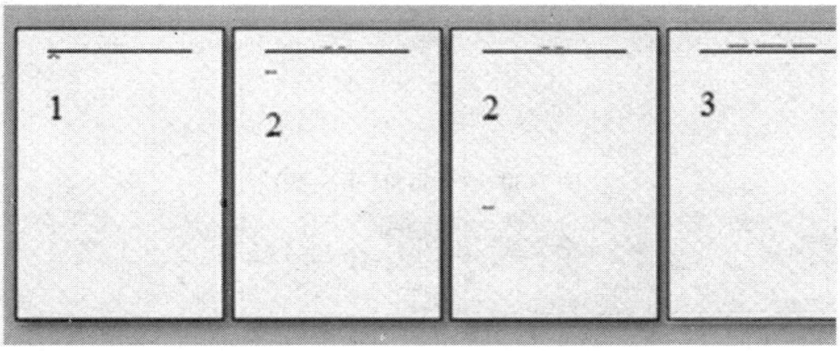

图 7-27 文档页眉

注意: Word 2007 将插入分隔符放在了【页面布局】选项卡中,而不是【插入】选项卡中。要注意区别,【插入】选项卡中只有一个插入分页符。

因为刚才我们设置了所有标识可见,现在我们可以在页面上看到“分页符(下一页)”的标识,如图 7-30 所示。

现在我们来插入页眉。在【插入】选项卡中选择【页眉】,选择自己喜欢的页眉样式如图所示。我们将页眉写成“第一章”。如图 7-31 所示现在所有的页眉都是“第一章”。然后双击第二章(在本例中就是第二页)的页眉,进入【页眉和页脚工具】。点击【链接到前一条页眉】,修改第二页的页眉即可。

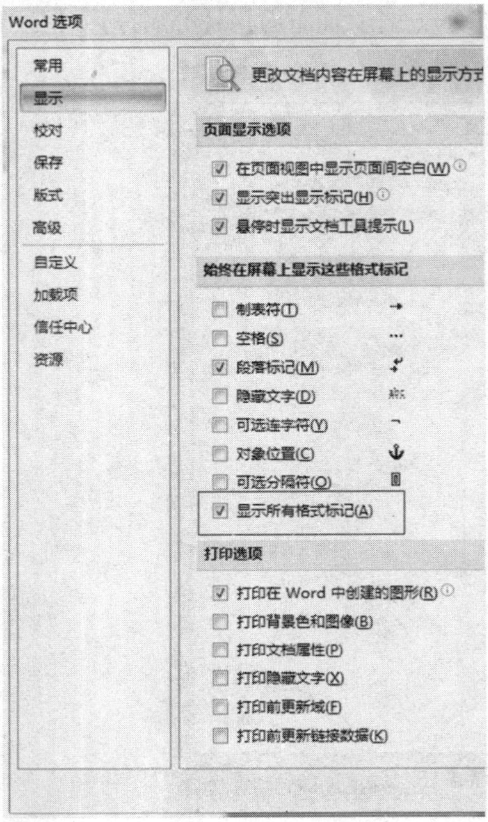

图 7-28 【显示所有格式标记】设置

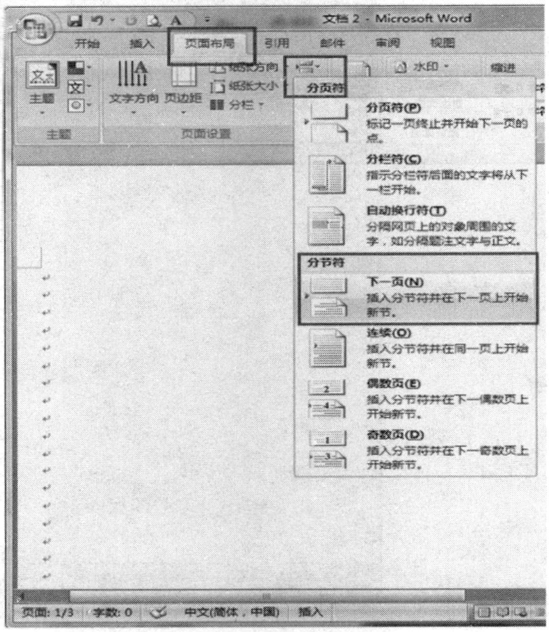

图 7-29 【分页符】界面

图 7-30 “分页符(下一页)”

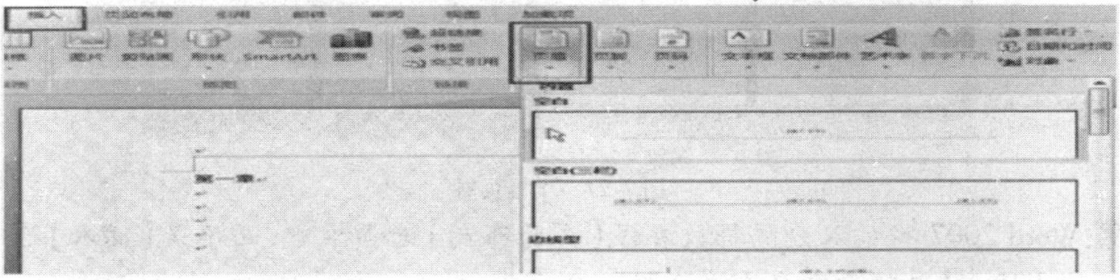

图 7-31 插入【页眉】界面

25. 快速添加单元格编号

有时我们需要为表格中的某一部分单元格添加编号。逐个添加显然很麻烦。比较好的办法是:选中要添加编号的各单元格(如果单元格不连续,可以按下【Ctrl】键进行选取),然后点击功能区【开始】选项卡【段落】功能组【编号】按钮右侧的小三角形按钮，在弹出的列表中选择一种编号格式就可以为选中的单元格添加编号了，如图 7-32 所示。

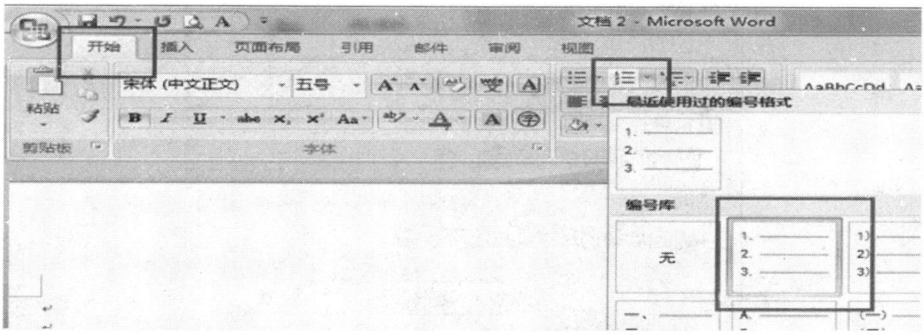

图 7-32　添加单元格编号

新添加的编号即使我们点击【居中】按钮后也很难在单元格中水平居中。选中这些单元格，点击【段落】功能组右下角的对话框启动器，打开【段落】对话框。单击对话框左下角【制表位】按钮，在打开的【制表位】对话框中点击【全部清除】按钮，再将右上角【默认制表位】的数字调整为最小，确定后就可以轻松地将编号水平居中了，如图 7-33 所示。

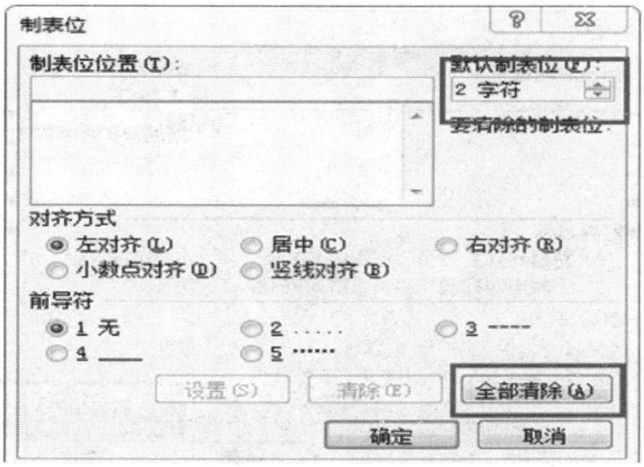

图 7-33　【制表位】对话框

26. 调整单元格内字符与边框距离

单元格内的字符与边框在默认情况下有一定的距离，这会增加表格的美感。但有时它会妨碍我们在单元格内放下更多的文字，尤其是单元格的高度和宽度均被固定的情况下。要想调整字符与边框的距离，选中要调整的单元格，点击右键，在弹出菜单中选择【表格属性】命令，在打开的【表格属性】对话框中点击【单元格】选项卡，然后点击右下方的【选项】按钮，打开【单元格选项】对话框。

取消选择【与整张表格相同】复选项，然后用【上】、【下】、【左】、【右】四个微调按钮调整相应的数值，确定后就可以了，如图 7-34 所示。

如果我们要整张表格都调小这个距离，先将鼠标定位于任一单元格，然后点击功能区【表格工具】下的【布局】选项卡【对齐方式】功能组中【单元格边距】按钮，在打开的对话框中调整相应数值就可以了。

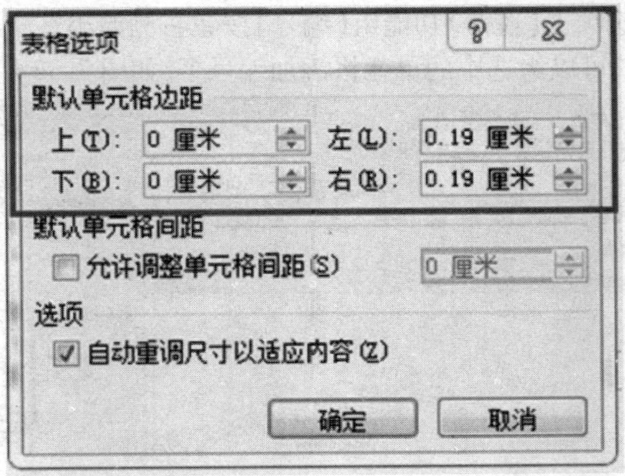

图 7-34 【表格选项】对话框

新添加的编号即使我们点击"居中"按钮后也很难在单元格中水平居中。选中这些单元格,点击【段落】功能组右下角的对话框启动器,打开【段落】对话框。单击对话框左下角【制表位】按钮,在打开的【制表位】对话框中点击【全部清除】按钮,再将右上角【默认制表位】的数字调整为最小,确定后就可以轻松地将编号水平居中了,如图 7-35 所示。

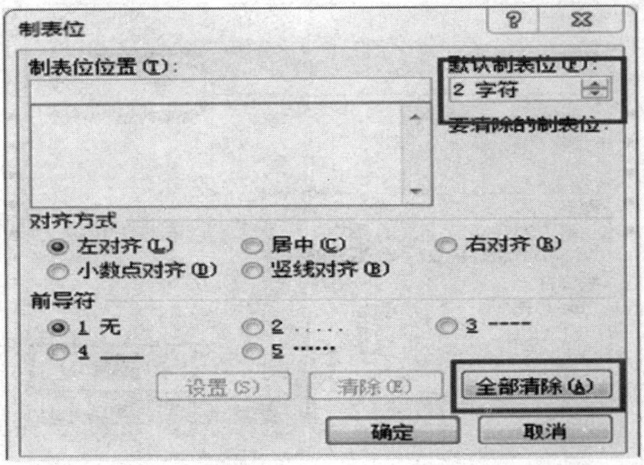

图 7-35 【制表位】对话框

27. 调整单元格内字符与边框距离

单元格内的字符与边框在默认情况下有一定的距离,这会增加表格的美感。但有时它会妨碍我们在单元格内放下更多的文字,尤其是单元格的高度和宽度均被固定的情况下。要想调整字符与边框的距离,操作步骤如下所示:

①选中要调整的单元格,点击右键,在弹出菜单中选择【表格属性】命令,在打开的【表格属性】对话框中点击【单元格】选项卡,然后点击右下方的【选项】按钮,打开【单元格选项】对话框。

②先取消选择【与整张表格相同】复选项,然后用【上】、【下】、【左】、【右】四个微调按钮调整相应的数值,确定后就可以了。

28. 删除表格后空白页

如果表格占去了页面的最后一行,那么 Word 会自动在表格后添加一个空白页。如果感觉这个空白页碍眼的话,那么我们可以选中空白页上的段落标记,然后点击功能区【开始】选项卡【段落】功能组的对话框启动器,打开【段落】对话框。点击【缩进和间距】选项卡,在【行距】下拉列表中选择【固定值】,并设置其后的数值为"1 磅",如图 7-36 所示。

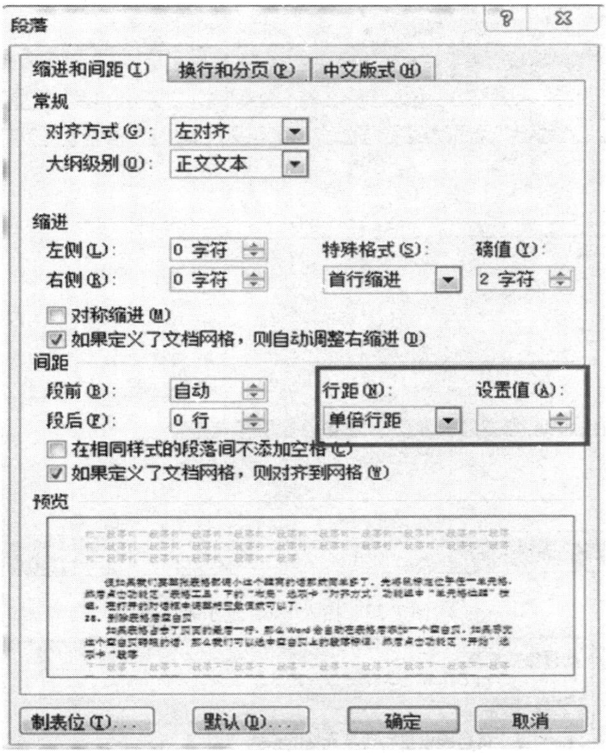

图 7-36 【段落】对话框

注意:此时表格的最下边线和页面正文的下边线之间的距离要大于 1 磅。

29. Word 2007 表格奇偶行交错着色轻松实现

①插入 Excel 电子表格。用 Word 2007 打开或新建将要插入表格的文档,依次点击菜单栏【插入】→【表格】→【Excel 电子表格】,就可以插入一个与普通 Excel 文档并无二致的表格,通过鼠标拖拽的方法来可以增加表格的可视行或列,图 7-37 所示。双击选中它,就可以在其中进行 Excel 表格的编辑操作(比如可以增加多个工作簿,不过当它保存为 Word 文档时,显示的只有当前打开的工作簿内容,但双击该表格又可以在其中看到所有的工作簿内容)。

②给表格的偶数行着色。切换到 Word 2007 的【开始】选项卡,选中工作簿,单击【条件格式】→【管理规则】,在随后出现的【条件格式规则管理器】窗口中,点击【新建规则】,选择【使用公式确定要设置格式的单元格】规则类型,在【为符合此公式的值设置格式】中输入" = MOD(ROW( ),2) = 0",如图 7-38 所示,并点击【格式】按钮,设置【填充】颜色及【边框】颜色。

③给表格的奇数行着色,仿照步骤②,输入公式" = MOD(ROW( ),2) = 0",并设置不同

的【填充】颜色及相同的【边框】颜色。

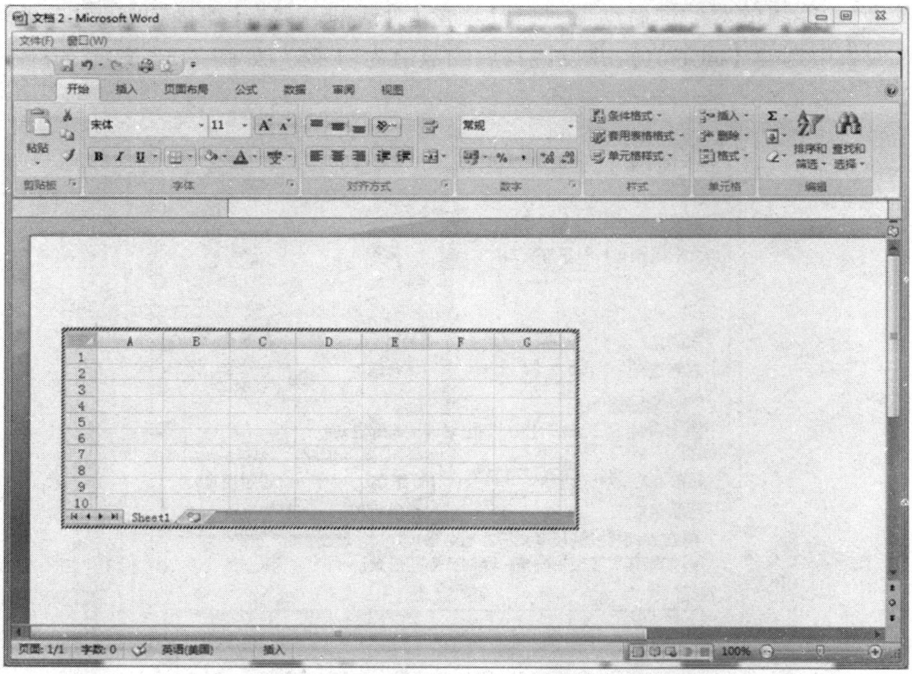

图 7-37　插入 Excel 电子表格

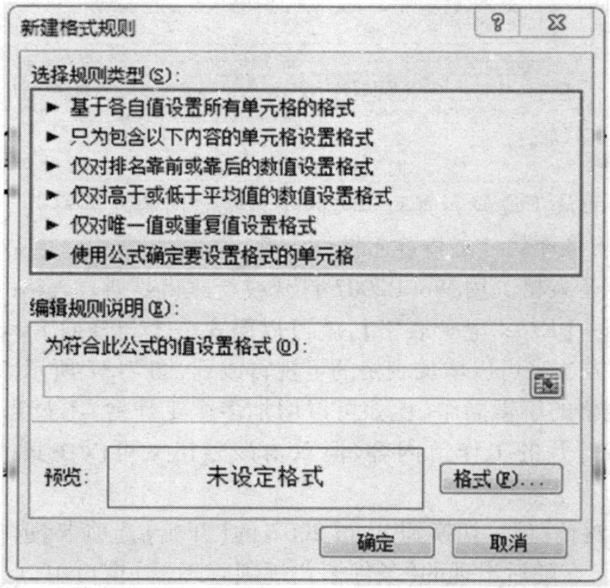

图 7-38　【新建格式规则】对话框

30. Word 2007 中批量快速插入图片技巧

我们知道，对于某些特定的字符，可以通过【自动更正】的方法实现快速替换，其实图片也是可以自动更正的，这在需要经常调用某些图片时相当实用，这样就不需要每次逐个手工插入了。这里以 Word 2007 为例进行说明,让你在输入“1”、“2”这些数字时,能够自动替换为相关的图片(例如频繁出现的公司 LOGO 图片等)。首先将相关的图片插入到 Word 文档的窗口中,然后按下【Ctrl】+【C】组合键将它们复制到剪贴板中备用。这一步至关重要,否则下面的操作将无法正常完成。

接着单击 Office 按钮打开【Word 选项】对话框,然后切换到【校对】选项卡,在这里你会发现一个【自动更正选项】的按钮,单击后即可打开如图 7-39 所示的对话框,在【替换】后面的文本框中输入图片名称“1”。此时我们会发现原来右下角的【添加】按钮已经可以正常使用,接下来直接单击【添加】按钮,添加图片就可以了。

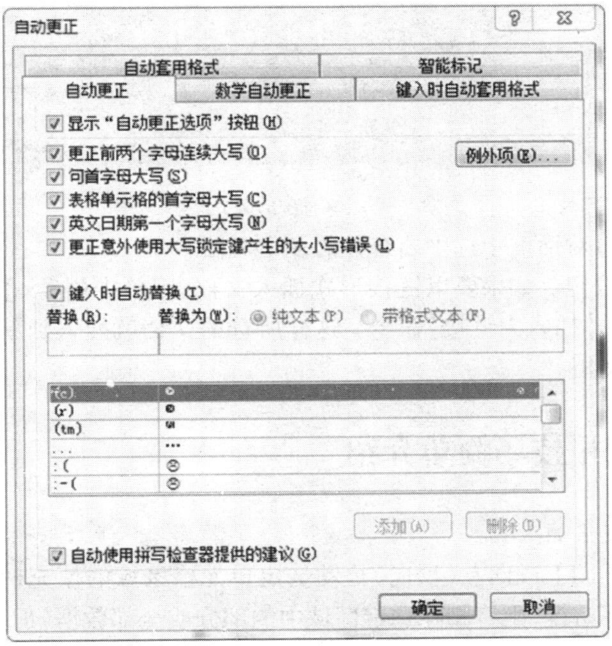

图 7-39 【自动更正】对话框

需要提醒的是,如果前面的步骤没有进行的话,那么即使在【替换】下面的文本框中输入了相关的字符,也会看到【添加】按钮仍然呈现不可用的灰色状态。

按照类似的步骤,你可以继续添加常用的图片到其他自动更正的项目,以后插入相关图片时就方便多了(虽然【替换为】文本框中没有任何反应,而且确认后【替换为】一列也只是显示为“ * ”号,但这只是显示的问题)。

以后,当我们在 Word 文档中输入“1、2……”这样的数字时,按下【Enter】键后,相关的图片就会自动出现在 Word 文档中,大大提高了工作效率。

31. 快速访问工具栏

大家都知道,在 office 的界面的左上角有一个 Office 的圆形按钮,点击它,就可以看到以前 Office 中的文件菜单项。在它的右边有一排小按钮,这个小工具栏叫作【快速访问工具栏】,您点击右边的下拉箭头,就可以看到一些命令项,通过勾选项目,您就可以将自己喜欢的命令添加到工具栏上,从而让 Office 的操作得心应手。例如打印预览。但有的朋友说,快速访问工具栏太高了,我在操作的时候,很少将目光投到哪里,不要紧,您只需在工具栏上点击右键,然后取消勾选【在功能区上方显示快速访问工具栏】,现在快速访问工具栏就到 Ribbon 的下面来了,更方便了吧。

32. Word 2007 快速将多个文档合而为一

①新建一个文档,并使其页面设置等与要合并的多个文档一致。也可以打开其中一个要合并的文档,然后另存为一个新的文档,并将其中内容全部删除。

②单击功能区中的【插入】选项卡,然后单击【对象】按钮右侧箭头,并单击弹出菜单中的【文件中的文字】命令,如图 7-40 所示。

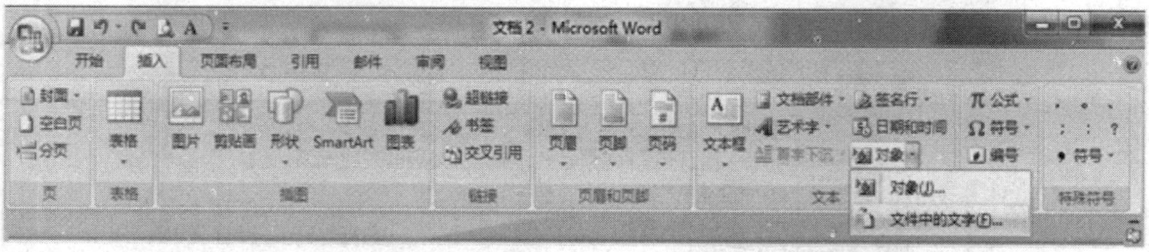

图 7-40 【文件中的文字】选项

③在【插入文件】对话框中选中要合并的多个文档。

④单击【插入】按钮。如果要以链接形式插入文档,则单击【插入】按钮右侧的箭头,然后单击弹出菜单中的【插入为链接】命令。这样所选的文档就插入到新的文档中了,从而轻松实现了合并多个文档。

7.2 Excel 使用技巧简单介绍

1. 快速删除选定区域数据

如果用鼠标右键向上或向左(反向)拖动选定单元格区域的填充柄时,没有将其拖出选定区域即释放了鼠标右键,则将删除选定区域中的部分或全部数据(即拖动过程中变成灰色模糊的单元格区域,在释放了鼠标右键后其内容将被删除)。

2. 在 Excel 中选择整个单元格范围

在 Excel 中,如果想要快速选择正在处理的整个单元格范围,按下【Ctrl】+【Shift】+【*】。注意:该命令将选择整个列和列标题,而不是该列表周围的空白单元格,你将得到所需的单元格。这一技巧不同于全选命令,全选命令将选择工作表中的全部单元格,包括那些你不打算使用的单元格。

3. 快速移动/复制单元格

先选定单元格,然后移动鼠标指针到单元格边框上,按下鼠标左键并拖动到新位置,然后释放按键即可移动。若要复制单元格,则在释放鼠标之前按下【Ctrl】即可。

4. 快速修改单元格次序

在拖放选定的一个或多个单元格至新位置的同时,按住【Shift】键可以快速修改单元格内容的次序。方法为:选定单元格,按下【Shift】键,移动鼠标指针至单元格边缘,直至出现拖放指针箭头,然后进行拖放操作。上下拖拉时鼠标在单元格间边界处会变成一个水平"工"状标志,左右拖拉时会变成垂直"工"状标志,释放鼠标按钮完成操作后,单元格间的次序即发生了变化。

5. 为工作表命名

为了便于记忆和查找，可以将 Excel 的“sheet1”、“sheet2”、“sheet3”工作命名为容易记忆的名字，有两种方法：①选择要改名的工作表，单击【开始】→【格式】→【工作表】→【重命名】命令，这时工作表的标签上名字将被反白显示，然后在标签上输入新的表名即可。②双击当前工作表下部的名称，如“Sheet1”，再输入新的名称。

6. 选定超级链接文本

如果需要在 Excel 中选定超级链接文本而不跳转到目标处，可在指向该单元格时，单击并按住可选定单元格。

7. 快速查找

在执行查找操作之前，可以将查找区域确定在某个单元格区域、整个工作表(可选定此工作表内的任意一个单元格)或者工作簿里的多个工作表范围内。在输入查找内容时，可以使用问号“?”和星号“*”作为通配符，以方便查找操作。问号“?”代表一个字符，星号“*”代表一个或多个字符。需要注意的问题是，既然问号“?”和星号“*”作为通配符使用，那么如何查找问号“?”和星号“*”呢? 只要在这两个字符前加上波浪号“~”就可以了。

8. 在多个 Excel 工作簿间快速切换

按下【Ctrl】+【Tab】可在打开的工作簿间切换。

9. 双击单元格某边移动选定单元格

在工作表内移动选定单元格有一种快捷方法：将鼠标指针放置于选定单元格的一边，注意要选择与移动方向相关的一边，即要向下移动，就将鼠标指针放置于单元格的底部；如果要向右移动，就将鼠标指针放置于单元格的右边，依此类推。这时鼠标指针变为白色箭头的形状，双击选择单元格的某边，鼠标指针将沿选定的方向移动到特定的单元格中。如果此方向相邻单元格为空白单元格，则将移动到连续最远的空白单元格中；如果此方向相邻单元格为非空白单元格，则将移动到连续最远的非空白单元格中。

10. 双击单元格某边选取单元格区域

与上一技巧类似，如果在双击单元格边框的同时按下【Shift】键，根据此方向相邻单元格为空白单元格或非空白单元格选取从这个单元格到最远空白单元格或非空白单元格的区域。

11. 快速选定不连续单元格

按下组合键【Shift】+【F8】，激活【添加选定】模式，此时工作簿下方的状态栏中会显示出【添加】字样，以后分别单击不连续的单元格或单元格区域即可选定，而不必按住【Ctrl】键不放。

12. 根据条件选择单元格

单击【编辑】→【定位】命令，在打开的【定位】对话框中单击【定位条件】按钮，根据你要选中区域的类型，在【定位条件】对话框中选择需要选中的单元格类型，例如【常量】、【公式】等，此时还可以复选【数字】、【文本】等项目，单击【确定】按钮后符合条件的所有单元格将被选中。

13. 快速删除空行

有时为了删除 Excel 工作簿中的空行，你可能会将空行一一找出然后删除，这样做非常不方便。你可以利用自动筛选功能来实现,方法是:先在表中插入新的一行(全空),然后选择表中所有的行,单击【数据】→【筛选】→【自动筛选】命令,在每一列的顶部,从下拉列表中选择【空白】。在所有数据都被选中的情况下,单击【编辑】→【删除行】,然后按【确定】,所有的空行将被删去。注意:插入一个空行是为了避免删除第一行数据。

14.【Enter】键的粘贴功能

【Enter】键也有粘贴功能,当复制的区域还有闪动的复制边框标记时(虚线框),按下【Enter】键可以实现粘贴功能。注意:不要在有闪动的复制边框标记时使用【Enter】键在选定区域内的单元格间进行切换,此时你应该使用【Tab】键或【方向键】进行单元格切换。

15. 对多个工作表快速编辑

如果想一次操作多张相同的工作表,省略以后的复制、粘贴操作,可采用以下方法。按住【Shift】键或【Ctrl】键并配以鼠标操作,在工作簿底部选择多个彼此相邻或不相邻的工作表标签,就可以实行多方面的批量处理。一般情况下,进行的操作主要有如下几种:①页面设置,可快速对选中工作表设置相同的页面。②输入相同的数据,可快速在多个工作表中输入相同的数据。③快速操作,在多个工作表中进行一系列相同操作,如设置字号、字体、颜色,进行单元格的合并撤销等。④输入公式,快速输入相同的公式,进行公式计算。

16. 快速选择单元格

在选择单元格(行,列)时,同时按住【Shift】键可以选中连续的单元格(行、列)。在选择单元格(行、列)时,同时按住【Ctrl】键可以选中不连续的单元格(行、列)。

17. 快速选定 Excel 区域

在 Excel 中,要想在工作簿中快速选定某块区域,只需单击想选定的区域的左上角单元格,同时按住【Shift】键不放,再单击想选定的区域的右下角单元格即可。另外,按住【Ctrl】键再用鼠标可任意选定多个不相邻的区域。事实上选定区域和顺序无关,只需首先选定矩形区域的一个角的单元格,在按下【Shift】的同时单击对角单元格。

18. 绘制斜线表头

一般情况下在 Excel 中制作表头,都把表格的第一行作为表头,然后输入文字。不过,这样的表头比较简单,更谈不上斜线表头了。能不能在 Excel 中可以实现斜线表头,下面就是具体的方法:由于作为斜线表头的单元格都要比其他单元格大,所以首先将表格中第一个单元大小调整好。然后单击选中单元格,单击【格式】→【单元格】命令,弹出【单元格格式】窗口,选择【对齐】标签,将垂直对齐的方式选择为【靠上】,将【文本控制】下面的【自动换行】复选框选中,再选择【边框】标签,按下【外边框】按钮,使表头外框有线,接着再按下面的【斜线】按钮,为此单元格添加一格对角线,设置好后,单击【确定】按钮,这时 Excel 的第一个单元格中将多出一条对角线。现在双击第一单元格,进入编辑状态,并输入文字,如【项目】、【月份】,接着将光标放在【项】字前面,连续按空格键,使这 4 个字向后移动(因为我们在单元格属性中已经将文本控制设置为【自动换行】,所以当【月份】两字超过单元格时,将自动换到下一行)。现在单击表格中任何一处,退出第一单元格看看,一个漂亮的斜线表头就完成了。

19. 绘制斜线单元格

利用 Excel【边框】选项卡的两个斜线按钮,可以在单元格中画左、右斜线。如果想在单元格中画多条斜线，就必须利用【绘图】工具，方法是：打开 Excel 的【绘图】工具，单击【直线】按钮，待光标变成小十字后拖动光标，即可画出需要的多条斜线。只要画法正确，斜线可随单元格自动伸长或缩短。至于斜线单元格的其他表格线，仍然按上面介绍的方法添加。当然，斜线单元格的数据输入要麻烦一些，通常的做法是让数据在单元格内换行（按【Alt】+【Enter】），再添加空格即可将数据放到合适位置。

20. 每次选定同一单元格

有时，为了测试某个公式，需要在某个单元格内反复输入多个测试值。但每次输入一个值后按下【Enter】键查看结果，活动单元格就会默认移到下一个单元格上，必须用鼠标或上移箭头重新选定原单元格，极不方便。如果你按【Ctrl】+【Enter】组合键，则问题会立刻迎刃而解，既能查看结果，当前单元格也仍为活动单元格。

21. 禁止复制隐藏行或列中的数据

如果你复制了包含隐藏列（或行）的一个数据区域，然后把它粘贴到一个新的工作表，那么 Excel 把隐藏列也粘贴过来了。要想避免这种情况，可以选取你要复制的数据区域，然后选择【编辑】→【定位】命令，单击【定位条件】按钮，出现【定位条件】对话框，选中【可见单元格】选项，再复制和粘贴这个选定区域就会得到你所希望的结果。

22. 制作个性单元格

如果你的表格需要菱形、三角形之类的特殊单元格，可用以下方法实现：先在单元格内输入数据，然后打开【绘图】工具栏，在【自选图形】→【基本形状】子菜单中找到需要的图形。单击后光标变成一个小十字，由单元格左上角向右下角拖动，即可画出所需形状的单元格。如果单元格的内容被覆盖，可用鼠标右击刚刚画出的单元格，选择快捷菜单中【设置自选图形格式】命令。将【设置自选图形格式】和【颜色与线条】选项卡打开，选中【颜色】→【填充】下拉列表下【无填充颜色】，【确定】后单元格内的原有内容即会显示出来。如果你将【属性】选项卡中的【大小、位置均随单元格而变】选项选中，它还会随单元格自动改变大小。

23. 在一个单元格内输入多个值

我们有时需要在某个单元格内连续输入多个数值，以查看引用此单元格的其他单元格的效果。但每次输入一个值后按回车键，活动单元格均默认下移一个单元格，非常不便。其实可以采用以下方法：单击鼠标选定单元格，然后按住【Ctrl】键再次单击鼠标选定此单元格，此时，单元格周围将出现实线框，再输入数据，敲【Enter】键就不会移动了。

24. 增加工作簿的页数

单击【插入】→【工作表】命令，即可在底部看到一个新名称的工作表。一个工作簿最多可以有 255 张工作表。

25. 奇特的【F4】键

Excel 中有一个快捷键的作用极其突出，那就是【F4】键。作为【重复】键，【F4】键可以重复前一次操作，在很多情况下起作用，比如在工作表内加入或删除一行，然后移动插入点并按下【F4】键以加入或删除另一行，根本不需要使用菜单。

26. 将格式化文本导入 Excel

①在 Windows“记事本”中输入格式化文本，每个数据项之间会被空格隔开，当然你也可以用“,”、“;”、【Tab】键作为分隔符。输入完成后，保存此文本文件并退出；②在 Excel 中打

开刚才保存的文本文件,出现【文本导入向导】对话框,选择【分隔符号】,单击【下一步】;③在【文本导入向导】对话框中选择文本数据项分隔符号,Excel 提供了【Tab】键、“;”、“,”以及空格等供你选择。注意,这里的几个分隔符号选项应该单选。在【预览分列效果】中可以看到竖线分隔的效果。单击【下一步】;④在【文本导入向导】对话框中,你可以设置数据的类型,一般不需改动,Excel 自动设置为【常规】格式。【常规】数据格式将数值转换为数字格式,日期值转换为日期格式,其余数据转换为文本格式。单击【完成】按钮即可。

27. 快速换行

我们在使用 Excel 制作表格时经常会遇到需要在一个单元格输入一行或几行文字的情况,如果输入一行后敲回车键就会移到下一单元格,而不是换行,有一个简便实用的操作方法可以实现换行,方法如下:在选定单元格输入第一行内容后,在换行处按【Alt】+【Enter】键,即可输入第二行内容,再按【Alt】+【Enter】键输入第三行以此类推。

28. 巧变文本为数字

在工作中,发现一些通过文本文件或其他财务软件的数据导入 Excel 中后居然是以文本形式存在的(数字默认是右对齐,而文本是左对齐的),即使是重新设置单元格格式为数字也无济于事。有一个办法可以快速地将这些文件转变回数字,方法如下:在空白的单元格中填入数字“1”,然后选中这个单元格,执行【复制】命令,然后再选中所要转换的范围,选择【选择性粘贴】中的【乘】,你就会发现它们都变为数字了。

29. 快速进行单元格之间的切换

在 Excel 中,可以用以下方法实现在一个区域内的快速输入而不用鼠标来进行单元格之间的切换。方法如下:用鼠标圈定一定区域后,按【Tab】键可使目标单元格向后移,按【Shift】+【Tab】可向前移。这样就可以在键盘上连续输入一组数据而不需用鼠标,从而提高输入速度。提示:采用此方法最大的好处是,在一行的最后一个单元格,继续按【Tab】键,则可以转到下一行开始的单元格;在选定区域最后一行的最后一个单元格继续按【Tab】键则会回到选定区域第一行第一个单元格。同样用【Enter】键可以按列输入数据。

30. 在同一单元格内连续输入多个测试值

一般情况下,当我们在单元格内输入内容后按【Enter】键,鼠标就会自动移到下一单元格,如果我们需要在某个单元格内连续输入多个测试值以查看引用此单元格的其他单元格的动态效果时,就需要进行以下操作:单击【工具】→【选项】→【编辑】,取消选中【按 Enter 键后移动】选项,从而实现在同一单元格内输入多个测试值。

31. 输入数字、文字、日期或时间

单击需要输入数据的单元格,键入数据并按【Enter】键或【Tab】键即可。如果是时间,用斜杠或减号分隔日期的年、月、日部分,例如,可以键入“9/5/96”或“Jun - 96”。如果按 12 小时制输入时间,请在时间数字后空一格,并键入字母 “a”(上午) 或“p”(下午),例如,“9:00 p”。否则,如果只输入时间数字,Excel 将按“AM”(上午)处理。

32. 将单元格区域从公式转换成数值

有时,你可能需要将某个单元格区域中的公式转换成数值,常规方法是使用【选择性粘贴】中的【数值】选项来转换数据。其实,有更简便的方法如下:首先选取包含公式的单元格区域,按住鼠标右键将此区域沿任何方向拖动一小段距离(不松开鼠标),然后再把它拖回去,在原来单元格区域的位置松开鼠标(此时,单元格区域边框变花了),从出现的快捷菜单中选择【仅复制数值】。

33. 快速输入有序文本

如果你经常需要输入一些有规律的序列文本,如数字“1、2……”、日期“1 日、2 日……”,可以利用下面的方法来实现其快速输入:先在需要输入序列文本的第 1、第 2 两个单元格中输入该文本的前两个元素,如“甲、乙”。同时选中上述两个单元格,将鼠标移至第 2 个单元格的右下角成细十字线状时(通常称其为“填充柄”),按住鼠标左键向后(或向下)拖拉至需要填入该序列的最后一个单元格后,松开左键,则该序列的后续元素如“丙、丁、戊……”依序自动填入相应的单元格中。

34. 输入有规律数字

有时需要输入一些不是成自然递增的数值,如等比序列“2、4、8……”,我们可以用右键拖拉的方法来完成,方法如下:先在第 1、第 2 两个单元格中输入该序列的前两个数值如“2、4”。同时选中上述两个单元格,将鼠标移至第 2 个单元格的右下角成细十字线状时,按住右键向后(或向下)拖拉至该序列的最后一个单元格,松开右键,此时会弹出一个菜单,选【等比序列】选项,则该序列“2、4、8、16……”及其【单元格格式】分别输入相应的单元格中,如果选【等差序列】,则输入“2、4、6、8……”。

35. 巧妙输入常用数据

有时我们需要输入一些数据,如单位职工名单,有的职工姓名中生僻的字输入极为困难,如果我们一次性定义好“职工姓名序列”,以后输入就快多了。具体方法如下:将职工姓名输入连续的单元格中,并选中它们,单击【工具】→【选项】命令,打开【选项】对话框,选【自定义序列】标签,先后按【导入】、【确定】按钮。以后在任一单元格中输入某一职工姓名(不一定非得是第一位职工的姓名),用“填充柄”即可将该职工后面的职工姓名快速填入后续的单元格中。

36. 快速输入特殊符号

有时候我们在一张工作表中要多次输入同一个文本,特别是要多次输入一些特殊符号,如“※”,非常麻烦,对录入速度有较大的影响。这时我们可以用一次性替换的方法来克服这一缺陷。先在需要输入这些符号的单元格中输入一个代替的字母,如“X”,注意不能是表格中需要的字母),等表格制作完成后,单击【编辑】→【替换】命令,打开【替换】对话框,在【查找内容】下面的方框中输入代替的字母“X”,在【替换为】下面的方框中输入“※”,将【单元格匹配】前面的钩去掉,否则会无法替换,然后按【替换】按钮一个一个替换,也可以按【全部替换】按钮,一次性全部替换完毕。

37. 快速输入相同文本

有时后面需要输入的文本前面已经输入过了,可以采取快速复制(不是通常的【Ctrl】+【C】、【Ctrl】+【X】、【Ctrl】+【V】)的方法来完成输入,方法如下:①如果需要在一些连续的单元格中输入同一文本,如“有限公司”,我们先在第一个单元格中输入该文本,然后用“填充柄”将其复制到后续的单元格中。②如果需要输入的文本在同一列中前面已经输入过,当你输入该文本前面几个字符时,系统会提示你,你只要直接按下【Enter】键就可以把后续文本输入。③如果需要输入的文本和上一个单元格的文本相同,直接按下【Ctrl】+【D】(或

【R】)键就可以完成输入,其中【Ctrl】+【D】是向下填充,【Ctrl】+【R】是向右填充。④如果多个单元格需要输入同样的文本,我们可以在按住【Ctrl】键的同时,用鼠标点击需要输入同样文本的所有单元格,然后输入该文本,再按下【Ctrl】+【Enter】键即可。

38. 快速给数字加上单位

有时我们需要给输入的数值加上单位,如"立方米",少量的我们可以直接输入,而大量的如果一个一个地输入就显得太慢了。我们用下面的方法来实现单位的自动输入:先将数值输入相应的单元格中(注意:仅限于数值),然后在按住【Ctrl】键的同时,选取需要加同一单位的单元格,单击【格式】→【单元格】命令,打开【单元格格式】对话框,在【数字】标签中,选中【分类】下面的【自定义】选项,再在【类型】下面的方框中输入"#""立""方""米",按下【确定】键后,单位"立方米"即一次性加到相应数值的后面。

39. 巧妙输入位数较多的数字

大家知道,如果向 Excel 中输入位数比较多的数值(如身份证号码),则系统会将其转为科学计数的格式,与我们的输入原意不相符,解决的方法是将该单元格中的数值设置成【文本】格式。如果用命令的方法直接去设置,也可以实现,但操作很慢。其实我们在输入这些数值时,只要在数值的前面加上一个小",",就可以了(注意:","必须是在英文状态下输入)。

40. 将 WPS/Word 表格转换为 Excel 工作表

有时需要将 WPS/Word 编辑过的表格转换成 Excel 工作表,可利用 Excel 的数据库操作、宏操作等功能进行分析、处理,转换方法非常简单,方法如下:①启动 WPS/Word,打开 WPS/Word 文档,拖动鼠标,选择整个表格,再在【编辑】菜单中选择【复制】命令;②启动 Excel,打开 Excel 工作表,单击目标表格位置的左上角单元格,再在【编辑】菜单中选择【粘贴】命令。注:若需将老版本的 WPS 表格转换为 Excel 工作表,应先将其用 WPS97/WPS2000/WPS Office 或 Word 打开,再进行转换。

41. 取消单元格链接

将链接单元格格式更改为数值格式就可以取消单元格链接,方法如下:选择包含链接的单元格,然后单击【复制】按钮,保持该格处于选中状态,单击鼠标右键选择【选择性粘贴】命令选择【数值】后单击【确定】,单元格内容就被单元格实际数值替代,与其他源文件的链接就删除了。

42. 插入"√"

首先选择要插入"√"的单元格,在字体下拉列表中选择【Marlett】字体,输入"a"或"b",即在单元格中插入了"√"。

43. 按小数点对齐

有以下两种方法使数字按小数点对齐:①选中位数少的单元格,根据需要单击格式工具栏上的【增加小数位数】按钮多次,将不足位数补以"0"。②选中位数少的单元格,右键单击选择【设置单元格格式】命令,在弹出的窗口中单击【数字】标签,选中【数值】,在右面的【小数位数】中输入需要的位数,程序就会自动以"0"补足位数。同样,对于位数多的单元格,如果设置了较少的小数位数,程序会自动去掉后面的数字。

44. 在 Excel 中快速插入 Word 表格

①打开 Word 表格所在的文件。②打开要处理 Word 表格的 Excel 文件,并调整好两窗

口的位置,以便看见表格和要插入表格的区域。③选中 Word 中的表格。④按住鼠标左键,将表格拖到 Excel 窗口中,松开鼠标左键将表格放在需要的位置即可。

45. 设置单元格字体

选定要格式化的全部单元格或单个单元格中的指定文本,单击【格式】→【单元格】命令,在【字体】框中,单击所需字体,在【字号】框中,单击所需的字体大小即可。另外,如果某一单元格中的少量数据不可见,那么可减小这些数据字体的大小,而不用调整列的宽度,以显示单元格中所有数据。

46. 将网页上的数据引入到 Excel 表格

网页上表格形式的信息可以直接从浏览器上复制到 Excel 中,而且效果极佳。你可以选中信息并复制它,然后将信息粘贴到 Excel 中,或者可以选中信息并将其拖放到 Excel 中。使用这种“拖放”方法传输和处理任何基于网络的表格数据会显得非常简单并且异常快捷。在 Excel 2007 中,你可以像使用 Excel 工作表那样打开 Html 文件,并获得同样的功能、格式及编辑状态。

47. 编辑单元格内容

双击要键入数据的单元格,直接输入数据或对其中内容进行修改,完成后若要确认所做的改动,按【Enter】键即可;若取消所做的改动,按【Esc】键。另外,你还可以单击单元格,再单击工作表上边的编辑栏,你就可以在编辑栏中编辑单元格中的数据了。

48. 设置单元格文本对齐方式

选择要设置文本对齐的单元格,单击【格式】→【单元格】命令,单击【对齐】标签,然后根据需要设置文本对齐方式即可。

49. 输入公式

单击将要在其中输入公式的单元格,然后键入“ = ”,若单击【编辑公式】按钮或【粘贴函数】按钮,Excel 将插入一个等号,接着输入公式内容,按【Enter】键。

50. 输入人名时使用【分散对齐】

在 Excel 表格中输入人名时为了美观,我们一般要在两个字的人名中间空出一个字的间距。按【空格键】是一个办法,但是我们这里有更好的方法。我们以一列为例,将名单输入后,选中该列,点击【格式】→【单元格】→【对齐】,在【水平对齐】中选择【分散对齐】,最后将列宽调整到最合适的宽度,整齐美观的名单就做好了。

51. 隐藏单元格中的所有值

有时候,我们需要将单元格中所有值隐藏起来,这时你可以选择包含要隐藏值的单元格。单击【格式】→【单元格】命令,选择【数字】选项卡,在【分类】列表中选择【自定义】,然后将【类型】框中已有的代码删除,键入“;;;”(3 个分号)即可。提示:你也许奇怪为什么会这样,其实单元格数字的自定义格式是由正数、负数、零和文本 4 个部分组成。这 4 个部分用 3 个分号分隔,哪个部分空,相应的内容就不会在单元格中显示。现在都空了,当然就都不显示了。

52. 快速隐藏/显示选中单元格所在行和列

在 Excel 中隐藏行或列, 通常可以通过格式菜单中的行或列选项中的隐藏来实现, 或者是选中行号或列标后通过鼠标右键的快捷菜单来完成, 对于分散的单元格区域, 可以这样快速隐藏:①快速隐藏选中单元格所在行:【Ctrl】+【9】。②快速隐藏选中单元格所在列:【Ctrl】+【0】。③取消行隐藏:【Ctrl】+【Shift】+【9】。④取消列隐藏:【Ctrl】+【Shift】+【0】。

53. 彻底隐藏单元格

在很多时候我们会将一些行或列的内容隐藏起来不让别人查看,但是如果用户复制包含隐藏行或列的区域,这样隐藏的内容就会在粘贴的新的工作表中出现,降低了隐藏效果。如果要想避免这种情况,我们可以先选中要复制的区域,然后单击【编辑】→【定位】命令,在打开的对话框中点击【定位条件】按钮,在定位条件对话框中选中【可见单元格】选项,这样就可以避免上面所发生的情况了。

54. 用下拉列表快速输入数据

如果某些单元格区域中要输入的数据很有规律,如学历(小学、初中、高中、中专、大专、本科、硕士、博士)、职称(技术员、助理工程师、工程师、高级工程师)等,你希望减少手工录入的工作量,这时我们就可以设置下拉列表实现选择输入。具体方法为:选取需要设置下拉列表的单元格区域,单击【数据】→【有效性】命令,从【数据有效性】对话框中选择【设置】选项卡,在【允许】下拉列表中选择【序列】,在【来源】框中输入我们设置下拉列表所需的数据序列,如"技术员、助理工程师、工程师、高级工程师",并确保复选框【提供下拉箭头】被选中,单击【确定】按钮即可。这样在输入数据的时候,就可以单击单元格右侧的下拉箭头选择输入数据,从而加快了输入速度。

55. 快速输入自定义短语

使用该功能可以把经常使用的文字定义为一条短语,当输入该条短语时,"自动更正"便会将它更换成所定义的文字。定义"自动更正"项目的方法如下:单击【工具】→【自动更正选项】命令,在弹出的【自动更正】对话框中的【替换】框中键入短语,如"电脑报",在【替换为】框中键入要替换的内容,如"电脑报编辑部",单击【添加】按钮,将该项目添加到项目列表中,单击【确定】退出。以后只要输入"电脑报",则"电脑报编辑部"这个短语就会输到表格中。

56. 快速在多个单元格中输入相同公式

先选定一个区域,再键入公式,然后按【Ctrl】+【Enter】组合键,可以在区域内的所有单元格中输入同一公式。

57. 同时在多个单元格中输入相同内容

选定需要输入数据的单元格,单元格可以是相邻的,也可以是不相邻的,然后键入相应数据,按【Ctrl】+【Enter】键即可。

58. 快速输入日期和时间

当前日期选取一个单元格,并按【Ctrl】+【;】当前时间选取一个单元格,并按【Ctrl】+【Shift】+【;】当前日期和时间选取一个单元格,并按【Ctrl】+【;】,然后按【空格键】,最后按【Ctrl】+【Shift】+【;】。注意:当你使用这个技巧插入日期和时间时,所插入的信息是静态的。要想自动更新信息,你必须使用"TODAY"和"NOW"函数。

59. 将复制的单元格安全地插入到现有单元格之间

如果你想要将一块复制的单元格插入到其他行或列之间,而不是覆盖这些行或列,可以通过下面这个简单的操作来完成:选择你将要复制的单元格,单击编辑菜单上的复制,在工作表上选择将要放置被复制单元格的区域，然后按下【Ctrl】+【Shift】+【+】，在插入对话框中单击周围单元格的转换方向，然后单击【确定】。现在，复制的单元格将插入到合适的位置，而你无须担心它们覆盖原有的信息。

60. 查看与日期等效的序列数的值

Excel 将所有的日期都作为序列数对待，要查看与日期等效的序列数的值，通常需要将包含日期的单元格格式更改为【常规】格式。现在有一种快捷方法：选择包含日期的单元格，然后单击【格式】工具栏上的【千位分隔样式】按钮（即逗号形状的按钮），Excel 将会对选择的单元格应用千位分隔样式显示序列数。

61. 快速复制单元格内容

选中下面的单元格，按【Ctrl】+【,】（为英文状态下的单引号）组合键，即可将上一单元格的内容快速复制下来。

62. 使用自定义序列排序

在 Excel 排序对话框中选择主要关键字后单击选项，可以选择自定义序列作为排序次序，使排序方便快捷且更易于控制。顺便说一下，排序可以选择按列或按行，如果以前排行的顺序都是选择性粘贴转置，排完序后再转置。自定义排序只应用于【主要关键字】框中的特定列。在【次要关键字】框中无法使用自定义排序。若要用自定义排序对多个数据列排序，则可以逐列进行。例如，要根据列 A 或列 B 进行排序，可先根据列 B 排序，然后通过【排序选项】对话框确定自定义排序次序，下一步就是根据列 A 排序。

63. 快速格式化 Excel 单元格

如果想要快速访问 Excel 中的单元格格式对话框，以更改诸如字样、对齐方式或边框等，请先选择需要格式化的单元格然后按下【Ctrl】+【1】组合键，就可以打开【单元格格式对话框】。

64. 使用自动填充快速复制公式和格式

想用一种无须输入数字的简单方法在 Excel 中填充数字吗？利用自动填充命令，你可以快速向相邻的单元格复制数据、公式或格式。以下将说明具体的操作方法：选择希望复制的单元格，将光标移到选中单元格的右下角，光标将变成一个黑色的"+"号，点击并按住鼠标右键不放，将光标拖过将要填充的单元格，松开鼠标右键，鼠标右击，在出现的快捷菜单中单击【以序列方式填充】，这一技巧可以在创建电子表格时节省大量时间。

65. 在 Excel 中快速计算一个人的年龄

Excel 中的"DATEDIF( )"函数可以计算两单元格之间的年、月或日数。因此，这个函数使得计算一个人的年龄变得容易了。在一个空白工作表中的"A1"单元里输入生日，用斜线分隔年、月和日，在"A2"单元中输入"type =DATEDIF(A1,TODAY( ),"y")"，然后按【Enter】键，这个人的年龄（以年表示）将被显示在"A2"单元中。

66. 快速修改单元格次序

在实际操作的过程中，我们有时需要快速修改单元格内容的次序，具体操作方法为：首先用鼠标选定单元格，同时按下键盘上的【Shift】键，接着移动鼠标指针到单元格边缘，直至出现拖放指针箭头，然后进行拖放操作。上下拖拉时鼠标在单元格间边界处会变成一个水平"工"状标志，左右拖拉时会变成垂直"工"状标志，释放鼠标按钮完成操作后，单元格间的次序即发生了变化。

67. 在网上发布 Excel 生成的图形

Excel 的重要功能之一就是能快速方便地将工作表数据生成柱状、圆饼、折线等分析图形。要想在 Web 发布这类以及用于报表装饰示意类图形，首先单击【工具】→【选项】命令，在【常规】中选择【Web 选项】，选择是否采用便携网络图形格式（PNG）存储文件，以加快下载速度和减少磁盘储空间，但要注意这一格式图形文件将要求浏览器支持，并非对所有浏览器都合适。如果未选择 PNG 图形格式，Excel 会自动选择并转换为 GIF、JPG 格式文件，并创建名为“文件名 files”的子文件夹来保存转换过的图形。例如，如果文件名为“dog. htm”，则 Excel 将创建名为“dog/files”的子文件夹。Excel 也会支持文件指定文件名，例如“image01. jpg”和“image02. jpg”等。若在 Web 发布时选中图表的“选择交互”选项框，则生成的 Web 页面将保留 Excel 的图形与表格数据互动的功能，即页面中显示数据表格和对应分析图形，用户如果改变表格中的数据，则对应图形随之发生改变。但要注意的是，这一交互并不能刷新存放在服务器端的数据表数据，如果你需要刷新或修改服务器端的数据，则须利用 VB 等编制脚本程序。

68. 创建图表连接符

当你绘制了一些基本图表以后，经常需要用直线、虚线和箭头来连接它们，并说明图表中的关系。Excel 2002 提供了真正的图表连接符，这些线条在基本形状的预设位置保持连接，当你移动基本形状时，连接符与它们一起移动，而不需要你手工绘制它们。要创建连接符，可按以下步骤进行：首先绘制需要连接的基本性状。在【绘图】工具栏上单击【自选图形】按钮，选择【连接符】，并选中需要使用的连接符类型。鼠标指针将变成带有 4 条放射线的方形，当鼠标停留在某个形状上，形状上预先定义的连接点将变成边界上彩色的点，单击希望连接符连接的点。然后在另一形状的连接点上重复这个过程。

69. 将 Excel 单元格转换成图片形式插入到 Word 中

假如要把 Excel 中某些单元格区域转换成图片形式，可先选中要进行转换的单元格区域，然后按住【Shift】键，单击【编辑】→【复制图片】命令，在弹出的【复制图片】对话框中，可选择【如屏幕所示】和【如打印效果】两种显示方式，如果选择【如屏幕所示】，还可以进一步选择【图片】和【位图】两种格式。在这里选择【如屏幕所示】和【图片】单选按钮，单击【确定】按钮。然后进入 Word 中，单击【编辑】→【粘贴】命令，即可将选中的 Excel 单元格区域以图片形式粘贴过来。如果用户没用添加表格框线，那么选择【如打印效果】后，在进行【粘贴图片】操作后图片中没有边框；如果选择【如屏幕所示】选项，【粘贴图片】操作后，图片会有和屏幕显示一样的边框。

70. 将 Word 内容以图片形式插入到 Excel 表格中

如果要把 Word 中的某一段内容以图片形式插入到 Excel 表格中，可按照如下步骤进行：首先在 Word 中选中要复制的内容，然后单击【编辑】→【复制】命令，进入 Excel 中，按住【Shift】键，单击【编辑】→【粘贴图片】命令，即可将刚才复制的内容以图片格式插入到 Excel 表格中，而且在该图片上双击，还可进行文字修改。利用这种方法也可以把“记事本”等其他程序中的内容以图片格式粘贴到 Excel 中。

71. 将 Word 中的内容作为图片链接插入 Excel 表格中

首先在 Word 中选中要复制的内容，然后单击【编辑】→【复制】命令，进入 Excel 中，按住

【Shift】键，单击【编辑】→【粘贴链接图片】命令可将选中内容作为一个图片链接插入Excel中。

72. 在独立的窗口中处理内嵌式图表

在某些情况下，你可能希望在独立的窗口中处理内嵌式图表，例如，一个图表比工作表窗口要大的话，那么在它自己的窗口中处理它将更容易、更灵活。要在一个窗口中处理图表，可在图表区单击鼠标右键，并从快捷菜单中选择【图表窗口】。

73. 在图表中显示隐藏数据

通常，Excel不对隐藏单元格的数据制图。但是，你也许不希望隐藏的数据从图表中消失，可以这样操作：首先激活图表，单击【工具】→【选项】→【图表】，在【图表】标签中取消选择【只绘制可见单元格数据】复选框。要注意的是，【只绘制可见单元格数据】只适用于激活的图表，因此，你在进行这个操作之前，必须激活图表，否则【只绘制可见单元格数据】选项是不可选的。

74. 在图表中增加文本框

只要你愿意，你可以在图表中的任何地方增加能够移动的文本内容（不限于标题）。方法为：选定图表除标题或数据系列外的任何部分，然后在编辑栏中键入文本内容，接着按【Enter】键，这样，图表中就自动生成包含键入内容的文本框，你可以把它移到任何地方并根据自己的喜好进行格式化。

75. 给图表增加新数据系列

有时我们需要对已创建好的图表增加新的数据系列，虽然你可以重新创建包含新数据系列的图表，但对已经存在的图表增加新数据系列显得更为简单、方便。方法一：使用【数据源】对话框激活图表，单击【图表】→【源数据】→【系列】，单击【添加】按钮，在【名称】栏中指定数据系列的名称，在【值】栏中指定新的数据系列，单击【确定】按钮即可。方法二：使用【选择性粘贴】对话框选择要增加的数据系列并将其复制到剪贴板上，然后激活图表，单击【编辑】菜单中的【选择性粘贴】命令，出现【选择性粘贴】对话框，选择添加单元格为【新系列】，并选择合适的数值轴，然后单击【确定】按钮即可。方法三：拖动鼠标法选择要增加为新数据系列的单元格区域，鼠标指针指向区域的边框，把它拖到图表中。当你松开鼠标按钮的时候，图表中就增加了新的数据系列。注意：这一方法仅对内嵌式图表起作用。方法四：使用【添加数据】对话框激活图表，单击【图表】→【添加数据】命令，然后选择要增加为新数据系列的单元格区域，单击【确定】按钮即可。

76. 快速修改图表元素的格式

通常，我们通过使用【格式】菜单或者选定图表元素后单击鼠标右键，从快捷菜单中选择【格式】命令来对图表元素进行格式化。其实还有快速的方法：双击图表元素，将会调出此图表元素的格式对话框。根据选择的图表元素不同，此对话框会有所不同。

77. 创建复合图表

复合图表指的是由不同图表类型的系列组成的图表，比如，你可以让一个图表同时显示折线图和柱形图。创建一个复合图表只需简单地将一个或一个以上的数据系列转变成其他的图表类型。方法是：选择某个数据系列，单击【图表】→【图表类型】命令，然后选择你所要应用到数据系列上的图表类型，单击【确定】按钮即可。

78. 对度量不同的数据系列使用不同坐标轴

有时,你需要绘制度量完全不同的数据系列,如果你使用同样的坐标轴,那么很可能某个系列几乎是不可见的。为了使得每个系列都清晰可见,你可以使用辅助坐标轴。要为某个数据系列指定一个辅助坐标轴,首先要选定图表中的这个数据系列,按右键弹出快捷菜单,单击【数据系列格式】→【坐标轴】命令,选择【次坐标轴】选项。

79. 将自己满意的图表设置为自定义图表类型

Excel 中提供了一些自定义图表类型。其实,你可以将自己创建的图表设置为自定义图表类型,以便以后使用。具体方法为:创建要设置为自定义图表类型的图表,直到你满意为止。激活此图表,单击【图表】→【图表类型】→【自定义类型】,选择【自定义】选项,将会显示所有用户自定义图表类型的一个列表。单击【添加】按钮,将会出现【添加自定义图表类型】对话框,为你的图表类型输入一个名称和简短的说明,然后单击【确定】,这样你定制的自定义图表类型就被加入到列表中了。

80. 旋转三维图表

你可以非常灵活地旋转调节三维图表的视觉角度,以获得不同的视觉效果。方法一:使用【设置三维视图格式】对话框激活三维图表,单击【图表】→【设置三维视图格式】命令,选择合适的控制命令或数据来旋转和进行透视改变。方法二:使用鼠标实时拖动"角点"旋转图表点击图表,图表边角出现黑色的控制点(称为"角点")。你可以拖动一个角点,旋转图表的三维框直到满意为止。如果一旦你的图表被完全搞乱了,不要紧,你可以单击【图表】→【设置三维视图格式】命令,单击【默认值】按钮,恢复原来的标准三维视图。当你旋转三维图表时,如果在拖动的同时按下【Ctrl】键,则可以看到全图的外廓,这样使你看得更清楚,不至于把图表搞得奇形怪状的。

81. 拖动图表数据点改变工作表中的数值

选择图表数据系列中的一个数据点,然后按照数值增大或减少的方向拖动数据点,你会发现工作表中的相应数值随着图中数据点的新位置改变而改变。如果你知道一个图的外形以及你要确定能生成该图的数值,这种技巧就显得非常有用。但要注意的是,这种方法在大多数情况下是危险的,因为你可能在不经意间更改了不应该更改的数值。

82. 把图片合并进你的图表

Excel 能很容易地把一个图案、图形文件作为组成元素合并到图表中。方法一:使用【图案】对话框双击某个数据系列,选择【图案】标签,单击【填充效果】按钮,在【填充效果】对话框中选择【图片】标签,单击【选择图片】按钮,选择一个要使用的图形文件即可。方法二:使用剪贴板将图像复制到剪贴板上,激活图表,选择数据系列或数据系列中的一个数据点,再单击【编辑】→【粘贴】命令。这种方法适用于需要调用的图像不在文件中的时候,只要图像可以复制到剪贴板上,则这种方法就可行。方法三:使用链接图片我们知道,图表中可以使用数据表。如果你觉得图表中的数据表不是很灵活的话,你可以粘贴链接图片到图表代替数据表。下面是具体的操作方法:创建好图表,并将数据表使用的单元格区域按你的需要进行格式化。选定需要的单元格区域,按住【Shift】键,单击【编辑】→【复制图片】命令,出现一个【复制图片】对话框,单击【确定】接受默认选项。这样,选定的单元格区域就作为一个图片复制到剪贴板中了。激活图表,将剪贴板中的内容粘贴到图表。此时所粘贴的是一幅图,还不是链接的表,还需要你选择粘贴的图片。在编辑栏输入链接的单元格区域(或直接用鼠标选择)。这样,粘贴的图片就变成与工作表数据区域链接的图片,对于工作表单元格区域中的任何改变,都会直接反映在图表链接的图片中。

83. 用图形美化工作表

我们在制作 Excel 工作表时,呆板的横竖显示的工作表可能没有多大的说服力。如果需要使用让人印象深刻的图形来吸引人们的注意,首先在【绘图】工具栏上按下【自选图形】按钮,然后选择【其他自选图形】,从中选择一个你需要的图案。插入此图形后,在工作表中选中它,单击【编辑栏】,输入你想要突出显示的链接单元格,然后回车。这样,链接单元格的内容将会出现在所选定的图案上。如果链接单元格的内容变动时,图案上的数据也会跟着反映出变动情形。另外,如果想要让自选图形更加醒目的话,你可以用鼠标双击图形,打开【设置自选图形格式】对话框。在这个对话框中,你可以改变目前所使用的格式,例如调整文字水平或垂直的位置、改变字体和字形、增加文字色彩等。

84. 让文本框与工作表网格线合二为一

在【绘图】工具栏中单击【文本框】按钮,然后按住【Alt】键插入一文本框,就能保证文本框的边界与工作表网格线重合。

85. 快速创建默认图表

我们知道,创建图表一般使用【图表向导】分 4 个步骤来完成,在每个步骤中你可以根据需要调整各个选项的设置。其实,如果你想使用默认的图表类型、图表选项和格式而不加修改直接生成图表的话,有快速的方法:打开包含用来制作图表数据的工作表,选取用来制作图表的数据区域,然后按【F11】键即可快速创建图表,图表存放在新工作表图表中,它是一个二维柱形图。

86. 改变默认图表类型

Excel 的默认图表类型是二维柱形图连同一个浅灰色区域、一个在右边的图例以及水平网格线。如果你不喜欢这种默认图表类型,可以通过以下方法来改变它:单击【图表】→【图表类型】命令,选择一个你想作为默认值的图表类型(它可以是标准类型或自定义类型中的一种),然后单击【设置为默认图表】按钮,确认即可。如果你需要创建很多个同一类型的图表,你就可以通过这种改变默认图表类型的方法来提高你的效率。

87. 快速转换内嵌式图表与新工作表图表

你可以轻易转换内嵌式图表与新工作表图表,方法是:选择你已创建的图表,可以看到 Excel 的"数据"菜单变为"图表"菜单,单击【图表】→【位置】命令,出现【图表位置】对话框,你可以在【作为新工作表插入】和【作为其中的对象插入】两者之间做出选择,同时选择一个工作表。这样,Excel 将删除原来的图表,以你选择的方式移动图表到指定的工作表中。

88. 利用图表工具栏快速设置图表

通常,我们使用【图表】菜单中的命令来对图表进行适当的设置。其实,我们可以用鼠标右键单击工具栏中的任意位置,在出现的快捷菜单中选择【图表】。这样就激活了图表工具栏,我们看到其中包含了【图表对象】、【图表区格式】、【图表类型】、【图例】、【数据表】、【按行】、【按列】、【顺时针斜排】和【逆时针斜排】等按钮,当然你还可以通过自定义的方法将【默认图表】等其他一些制作图表的工具按钮拖到图表工具栏中。使用图表工具栏比使用

【图表】菜单更方便,而且速度更快。

89. 快速选取图表元素

图表创建好以后,我们还需要对某些图表元素进行编辑和格式化。图表区包括整个图表和它的全部元素,当你选取图表区后,你就可以看到8个黑色小方块。要想调整单个的图表对象,首先必须选取该对象,然后更改其属性。通过把鼠标指向某一特定图表对象来选取该对象,可能会很困难,特别是在一个带有许多元素很拥挤的小图表中。在这种情况下,我们一般可以使用位于【图表】工具栏上左侧的【图表对象】下拉列表,从该下拉列表中选取的任何项目,也就等于在当前图表中选取了那个项目。其实,还有一种选取图表元素方法,即在选取图表的任何一部分以后,你可以通过使用箭头键快速、连续地移向同一图表中的其他部分。使用向上或向下的箭头键可以选取主要的图表元素;使用向左或向右的箭头键可以连续地选取图表每一个可以选取的元素,包括每一个数据系列中的单个数据点,以及图例中的彩色图例符号和文本条目。

90. 通过一次按键创建一个 Excel 图表

这是一个非常老套的 Excel 窍门。要想使用键盘快速创建一个图表,选择你需要绘制的数据并按下【F11】键。Excel 将自动为你创建图表。另外,在选好单元格后按下【Alt】+【F1】组合键,你将得到相同的结果。

91. 绘制平直直线

在 Excel 绘制直线时是不是很难?其实,在应用直线绘制工具时,只要按下【Shift】键,则绘制出来的直线就是平直的。另外,按下【Shift】键绘制矩形即变为正方形、绘制椭圆形即变为圆形。

92. 巧用 IF 函数清除 Excel 工作表中的“0”

有时引用的单元格区域内没有数据,Excel 仍然会计算出一个结果“0”,这样使得报表非常不美观,看起来也很别扭。怎样才能去掉这些无意义的“0”呢?利用 IF 函数可以有效地解决这个问题。IF 函数是使用比较广泛的一个函数,它可以对数值的公式进行条件检测,对真假值进行判断,根据逻辑测试的真假返回不同的结果。它的表达式为“IF(logical_test,value_if_true,value_if_false)”,“logical_test”表示计算结果为“TRUE”或“FALSE”的任意值或表达式。例如“A1 > =100”就是一个逻辑表达式,如果“A1”单元格中的值大于等于“100”时,表达式结果即为“TRUE”,否则结果为“FALSE”;“value_if_true”表示当“logical_test”为真时返回的值,也可是公式;“value_if_false”表示当“logical_test”为假时返回的值或其他公式。所以形如公式“ =IF(SUM(B1:C1),SUM(B1:C1),“”)”所表示的含义为:如果单元格“B1”到“C1”内有数值,且求和为真时,区域“B1”到“C1”中的数值将被进行求和运算。反之,单元格“B1”到“C1”内没有任何数值,求和为假,那么存放计算结果的单元格显示为一个空白单元格。

93. 批量求和

对数字求和是经常遇到的操作,除传统的输入求和公式并复制外,对于连续区域求和可以采取如下方法:假定求和的连续区域为 m×n 的矩阵型,并且此区域的右边一列和下面一行为空白,用鼠标将此区域选中并包含其右边一列或下面一行,也可以两者同时选中,单击【常用】工具条上的【Σ】图标,则在选中区域的右边一列或下面一行自动生成求和公式,并且系统能自动识别选中区域中的非数值型单元格,求和公式不会产生错误。

94. 对相邻单元格的数据求和

如果要将单元格“B2”至“B5”的数据之和填入单元格“B6”中,操作如下:先选定单元格“B6”,输入“=”,再双击常用工具栏中的求和符号【Σ】;接着用鼠标单击单元格“B2”并一直拖曳至“B5”,选中整个“B2~B5”区域,这时在编辑栏和“B6”中可以看到公“=sum(B2:B5)”,单击编辑栏中的“✓”(或按【Enter】键)确认,公式即建立完毕。此时如果在“B2到B5”的单元格中任意输入数据,它们的和立刻就会显示在单元格“B6”中。同样的,如果要将单元格“B2”至“D2”的数据之和填入单元格“E2”中,也是采用类似的操作,但横向操作时要注意:对建立公式的单元格(该例中的“E2”),一定要在【单元格格式】对话框中的【水平对齐】中选择【常规】方式,这样在单元格内显示的公式不会影响到旁边的单元格。如果还要将“C2”至“C5”、“D2”至“D5”、“E2”至“E5”的数据之和分别填入“C6”、“D6”和“E6”中,则可以采取简捷的方法将公式复制到“C6”、“D6”和“E6”中:先选取已建立了公式的单元格“B6”,单击常用工具栏中的【复制】图标,再选中“C6”到“E6”这一区域,单击【粘贴】图标即可将“B6”中已建立的公式相对复制到“C6”、“D6”和“E6”中。

95. 对不相邻单元格的数据求和

假如要将单元格“B2”、“C5”和“D4”中的数据之和填入“E6”中,操作如下:先选定单元格“E6”,输入“=”,双击常用工具栏中的求和符号【Σ】;接着单击单元格“B2”,键入“,”,单击“C5”,键入“,”,单击“D4”,这时在编辑栏和“E6”中可以看到公式“=sum(B2,C5,D4)”,确认后公式即建立完毕。

96. 利用公式来设置加权平均

加权平均在财务核算和统计工作中经常用到,并不是一项很复杂的计算,关键是要理解加权平均值其实就是总量值(如金额)除以总数量得出的单位平均值,而不是简单地将各个单位值(如单价)平均后得到的那个单位值。在Excel中可设置公式解决(其实就是一个除法算式),分母是各个量值之和,分子是相应的各个数量之和,它的结果就是这些量值的加权平均值。

97. 防止编辑栏显示公式

有时,你可能不希望让其他用户看到你的公式,即单击选中包含公式的单元格,在编辑栏不显示公式。为防止编辑栏中显示公式,可按以下方法设置:右击要隐藏公式的单元格区域,从快捷菜单中选择【设置单元格格式】,单击【保护】选项卡,选中【锁定】和【隐藏】。然后再单击【文件】→【信息】→【保护工作簿】→【保护当前工作表】命令,选取【保护工作表及锁定的单元格内容】,单击【确定】以后,用户将不能在编辑栏或单元格中看到已隐藏的公式,也不能编辑公式。

98. 解决SUM函数参数中的数量限制

Excel中SUM函数的参数不得超过30个,假如我们需要用SUM函数计算50个单元格“A2”、“A4”、“A6”、“A8”、“A10”、“A12”、……、“A96”、“A98”、“A100”的和,使用公式“SUM(A2,A4,A6,……,A96,A98,A100)”显然是不行的,Excel会提示“太多参数”。其实,我们只需使用双组括号的SUM函数“SUM((A2,A4,A6,……,A96,A98,A100))”即可。稍作变换即提高了由SUM函数和其他拥有可变参数的函数的引用区域数。

99. 在绝对与相对单元引用之间切换

当你在 Excel 中创建一个公式时,该公式可以使用相对单元引用,即相对于公式所在的位置引用单元,也可以使用绝对单元引用,引用特定位置上的单元。公式还可以混合使用相对单元和绝对单元。绝对引用由“$”后跟符号表示,例如,“$B$1”是对第一行 B 列的绝对引用。借助公式工作时,通过使用下面这个捷径,你可以轻松地将行和列的引用从相对引用改变到绝对引用,反之亦然。操作方法是:选中包含公式的单元格,在公式栏中选择你想要改变的引用,按下【F4】切换。

100. 快速查看所有工作表公式

只需一次简单的键盘点击,即可显示出工作表中的所有公式,包括 Excel 用来存放日期的序列值。操作方法如下:要想在显示单元格值或单元格公式之间来回切换,只需按下【Ctrl】+【,】(与“~”符号位于同一键上。在绝大多数键盘上,该键位于“1”键的左侧)。

101. 实现条件显示

统计学生成绩时,希望输入 60 以下的分数时,显示为“不及格”;输入 60 以上的分数时,显示为“及格”。这样的效果,不妨称之为“条件显示”,用 IF 函数可以实现。假设分数在“B3”单元格中,要将等级显示在“C3”单元格中。那么在“C3”单元格中输入以下公式实现不同的等级:“=if(b3<=60,“不及格”,“及格”)”,分“不及格”和“及格”2 个等级;“=if(b3<=60,“不及格”,if(b3<=90,“及格”,“优秀”))”,分 3 个等级;“=if(b3<=60,“不及格”,if(b3<=70,“及格”,if(b3<90,“良好”,“优秀”)))”分为 4 个等级。注意:符号为半角,IF 与括弧之间不能有空格,而且最多嵌套 7 层。

7.3 Powerpoint 2007 的使用技巧

1. 保护你的 PowerPoint 演示文稿

在【工具】菜单上,单击【选项】,再单击【安全性】选项卡,根据你保护文档不被查看或是不被更改的要求,把密码键入【打开权限密码】或【修改权限密码】框中,单击【确定】。

2. 重复上一动作(【F4】键)

例如,将一些文字设置为粗体,然后再选择另外一些文字,按一下【F4】键,这些字也变成了粗体。

3. 更改“Undo”的次数

一般 PowerPoint 可以撤销的操作数的默认值是 20 次。点击菜单【工具】→【选项】→【编辑】→【最多可取消操作数】,即可更改。

注:最高限制次数为 150 次。此数值越大占用系统资源越多,这是很简单的道理。

4. 幻灯片自动更新日期与时间

如果想实现自动更新日期与时间,可以进行下述操作:单击【视图】→【页眉与页脚】命令,在打开的对话框中选择【幻灯片】,选中【日期与时间】,选择【自动更新】,则每次打开文件,系统会自动更新日期与时间。假如想在幻灯片的任何位置上添加日期、时间,可按下列步骤进行:在幻灯片上,定位占位符或文本框内的插入点。点击【插入】→【日期和时间】,系统弹出【日期和时间】对话框,用户可以选择自己喜欢的时间格式。选完以后单击【确定】就可以了。

5. 让文字闪烁不停

在 PowerPoint 中可以利用【自定义动画】来制作闪烁文字，但无论选择【慢速】、【中速】还是【快速】，文字都是一闪而过，无法让文字连续闪烁。其实在这种情况下，我们只需要按照下列步骤做，就可以实现连续闪烁：选中要闪烁的文字，单击鼠标右键选择【自定义动画】命令，在出现的【自定义动画】中单击【添加效果】命令，依次单击【强调】→【闪烁】命令；在【修改：闪烁】选项中单击属性下拉式菜单（即在【开始】、【属性】、【速度】下方），选择【计时】命令。系统自动弹出【闪烁】对话框，单击【计时】命令，在【重复】的下拉式菜单中单击要重复的次数或控制要求（比如选中“2、5、10、直到下次单击”等），然后单击【确定】，文字即可按设定的次数或控制要求进行连续闪烁。

6. 计算字数、段落

PowerPoint 能否像 Word 那样计算字数呢？可以，不过形式略有不同。执行【文件】→【属性】→【统计信息】，即会列出所有文件的字数、段落等信息。在【摘要信息】标签下还有标题、主题等信息。

7. 放映时指定跳到某张幻灯片

如果在放映过程中需要临时跳到某一张，如果你记得那是第几张，例如是第 6 张，那么很简单，键入“6”然后回车，就会跳到第 6 张幻灯片。或者按鼠标右键，选择【定位】。

8. 放映时进到下一张幻灯片

进到下一张幻灯片：【N】、【Enter】、【PageDown】、【右箭头】、【下箭头】、【空格键】（或单击鼠标）。

9. 放映时退到上一张幻灯片

退到上一张幻灯片：【P】、【PageUp】、【左箭头】、【上箭头】。

10. 终止幻灯片放映：【Esc】或【-】键。

11. 放映时鼠标指针的隐藏与显现

隐藏鼠标指针：【Ctrl】+【H】；显示鼠标指针：【Ctrl】+【A】。

12. 在播放的 PPT 中使用画笔标记

【Ctrl】+【P】；擦除所画的内容：【E】键。

13. 控制放映时白屏或黑屏

上课时，如果想让学生的注意力集中到讲课上而屏蔽掉幻灯片画面对讲课的干扰，可设置为白屏或黑屏。

按一下【B】键会显示黑屏，再按一次则返回刚才放映的那张幻灯片。

按一下【W】键会显示一张空白画面，再按一次则返回刚才放映的那张幻灯片。

14. 窗口播放模式

在实际使用 PowerPoint 的演示文稿过程中，往往需要与其他程序窗口的数据配合使用以增强演示的效果，可是用鼠标点击 PowerPoint 幻灯片放映菜单中的【观看幻灯片】选项，将启动默认的全屏放映模式，而在这种模式下则必须使用【Alt】+【Tab】或【Alt】+【Esc】组合键与其他窗口切换。

播放幻灯片时，先按住【Alt】键不放，再依次按下【D】、【V】键激活幻灯片播放，这时我们所启动的幻灯片放映模式就是一个带标题栏和菜单栏的形式了。这样一来，就可以在幻灯片播放时也能对播放窗口进行操作了，如最小化和自定义大小等。

15. 在【幻灯片浏览视图】中检查切换方式

①切换到【幻灯片浏览】视图，幻灯片左下方会出现一个查看切换方式的小图标。

②单击想查看的幻灯片下方的图标，PPT 就会对该张幻灯片演示一遍切换效果。

16. 人工设置幻灯片放映时间间距

①选择要设置时间的幻灯片。

②选择【幻灯片放映/幻灯片切换】命令，打开对话框。

③选择【换页方式】栏下的【每隔】选项，在下方框中输入希望幻灯片在屏幕上出现的秒数。

④如果要将此时间应用到当前幻灯片上，则点【应用】按钮，如果应用到所有幻灯片上，就单击【全部应用】按钮。

⑤对要设置时间的每张幻灯片重复上述步骤。

注：如果希望在单击鼠标和经过预定时间后都能换页，请同时选中【单击鼠标换页】和【每隔】复选框。至于哪个起作用，则以较早发生者为准。

17. 幻灯片上做标记

①在放映时，单击鼠标右键，在打开的快捷菜单中选择【指针选项】命令，在打开的子菜单有“圆珠笔”“毡尖笔”“荧光笔”。

②如果你对绘图笔颜色不满意，还可在右击幻灯片时弹出的快捷菜单中选择【指针选项】命令，再选择【墨迹颜色】，你就可以挑一种喜欢的颜色啦。

③做这些标记不会修改幻灯片本身的内容，在右键弹出的菜单中选择“指针选项”中的“擦除幻灯片上的所有墨迹”命令，幻灯片就复原了。

④如果不需要进行绘图笔操作时，可以再次在屏幕上单击鼠标右键，在【指针选项】中选取【自动】，就把鼠标指针恢复为箭头状了。

18. 利用 PowerPoint 上网

运行 PowerPoint 时也可轻松上网，而不用打开 IE 浏览器。方法是：在【幻灯片】视图下，单击【视图】→【工具栏】→【Web】可发现在工具栏上有地址栏，在此地址栏中输入地址即可上网，另外，它还将 IE 中浏览过的地址也记录于其下，做到了完全与 IE 的兼容。

19. 播放多种音视频文件

在 PowerPoint 中往往通过【插入】→【影片和声音】→【文件中的影片（或文件中的声音）】来播放音频视频文件，这种方法不方便对音视频进行控制。

现在介绍一种利用 Media Player 控件控制音视频播放的方法。步骤如下：

①在 PowerPoint 中插入 Media Player 控件，具体方法：

a. 打开【视图】→【工具栏】→【控件工具箱】。

b. 选择控件【Windows Media Player】。

c. 然后用“+”字形在 PowerPoint 页面上画出一个矩形，即嵌入一个 Media Player 播放器。

d. 双击该播放器，或在拖画的区域内按鼠标右键，在弹出的快捷菜单中选【属性】，出现控件属性窗口。

②控件属性窗口中，在 URL 里面输入音视频文件名（包括扩展名）的地址，比如“G:\AA.mpg”（建议使用相对路径），或点击【自定义】栏后的小按钮，输入或选取要播放的文件，若取消【自动启动】选项，则按播放按钮才开始播放。

③幻灯片放映，看看是不是已经可以播放了。

20. 插入 Flash 影片

单击【视图】→【工具栏】→【控件工具箱】，选择【其他控件/Shockwave Flash Object】，在幻灯片中用鼠标拖出一个方框，调整好大小。这样，我们用插入控件的方法插入一个 Flash 控件，选择当前控件，在【属性】面板中作如下设置：【Movie】中填入所需的 Flash 影片所在的位置。

21. 将 Word 文件快速转换为 Powerpoint 文稿

首先，打开 Word 文档，全部选中，执行【复制】命令。然后，启动 PowerPoint，选择【普通】视图，单击【大纲】标签。选择【大纲】视图，将光标定位到第一张幻灯片处，执行【粘贴】命令，则将 Word 文档中的全部内容插入到了第一幻灯片中。接着，可根据需要进行文本格式的设置，包括字体、字号、字型、字的颜色和对齐方式等；然后将光标定位到需要划分为下一张幻灯片处，直接按回车键，即可创建出一张新的幻灯片；如果需要插入空行，按【Shift】+【Enter】。经过调整，很快就可以完成多张幻灯片的制作。

最后，还可以使用【大纲】工具栏，利用【升级】、【降级】、【上移】、【下移】等按钮进一步进行调整。

反之，如果是将 PowerPoint 演示文稿转换成 Word 文档，同样可以利用【大纲】视图快速完成。方法是将光标定位在除第一张以外的其他幻灯片的开始处，按[BackSpace]，重复多次，将所有的幻灯片合并为一张，然后全部选中，通过复制、粘贴到 Word 中即可。

参 考 文 献

[1] 时秀波,张建华. 计算机文化基础[M]. 北京:中国石油大学出版社,2013.
[2] 崔晶,刘广忠. 计算机网络基础[M]. 北京:清华大学出版社,2010.
[3] 杨章伟. Office 2013 应用大全[M]. 北京:机械工业出版社,2013.
[4] 恒盛杰资讯. Office 2013 从入门到精通[M]. 北京:机械工业出版社,2013.
[5] 彭爱华,刘晖. Windows 7 使用详解(修订版)[M]. 2 版. 北京:人民邮电出版社,2013.
[6] 威廉·斯托林斯. 国外计算机科学教材系列·操作系统:精髓与设计原理[M]. 陈向群,陈渝,译. 北京:电子工业出版社,2012.